土-结构动力相互作用导论

付　佳　梁建文　巴振宁　著

科学出版社
北　京

内 容 简 介

工程场地中的结构物在动力作用下，一般与周围土体存在明显的相互作用，这种相互作用对结构抗震性能和抗震设计有重要影响。本书是论述土-结构动力相互作用的专著，主要分为3个部分：第1章介绍学科相关概念、主要研究方法、学科发展历史等；第2～4章是计算方法部分，介绍采用边界元法计算基础阻抗函数的相关理论，即子结构法建立土-结构相互作用计算模型的基础；第5～7章是动力系统部分，以系统平衡方程作为主线进行展开，并配有应用算例。

本书可作为土木工程和水利工程科研人员和工程技术人员的参考用书，也可作为高等院校相关专业的高年级本科生和研究生的教材，亦有益于相关专业的从业人员拓宽视野。

图书在版编目（CIP）数据

土-结构动力相互作用导论/付佳，梁建文，巴振宁著. —北京：科学出版社，2021.7

ISBN 978-7-03-060935-9

Ⅰ. ①土… Ⅱ. ①付… ②梁… ③巴… Ⅲ. ①土力学 Ⅳ. ①TU43

中国版本图书馆CIP数据核字（2019）第054632号

责任编辑：王 钰 / 责任校对：赵丽杰

责任印制：吕春珉 / 封面设计：东方人华平面设计部

科学出版社 出版

北京东黄城根北街16号

邮政编码：100717

http://www.sciencep.com

北京中科印刷有限公司 印刷

科学出版社发行 各地新华书店经销

*

2021年7月第 一 版 开本：B5（720×1000）

2021年7月第一次印刷 印张：12 1/4 插页：2

字数：237 000

定价：98.00元

（如有印装质量问题，我社负责调换〈中科〉）

销售部电话 010-62136230 编辑部电话 010-62137026

前　　言

土-结构动力相互作用成为土木工程中的一个重要研究领域，始于 20 世纪 70 年代。经过数十年发展，该领域已经成为一门交叉学科，涉及结构动力学、土动力学、地震工程学、计算力学等诸多学科的内容。现在，人们已经普遍认识到这种相互作用对结构抗震设计的重要性，但由于其作用机制复杂，目前在我国和其他国家的抗震规范中还未充分体现。实际上，因为土-结构相互作用系统和结构自身是两个完全不同的动力系统，前者具有和后者完全不同的动力特性和抗震性能。理想的抗震设计应该是基于土-结构相互作用系统的理论体系，而不是建立在结构自身的动力特性上。

本书根据作者团队多年的研究成果撰写而成，全面阐述了土-结构动力相互作用的计算和应用两个方面的内容，而且注重两者的联系。在撰写过程中，本书力求突出以下特色：①在阐明土-结构动力相互作用基本原理的同时，注重理论的相关应用；②在写法上注意语言简洁平实，叙述深入浅出；③在总结作者多年科研和教学经验的基础上，注意吸收国内外最新研究成果。

有关土-结构动力相互作用的专著大多出版于 20 世纪八九十年代，多为该学科迅猛发展之初的成果体现。但几十年来，这些著作已经逐渐无法适应时代需求和学科发展。土-结构动力相互作用涉及多个领域的相关知识，入门往往较为困难。作者团队从 2001 年开始涉足该领域，现将多年的研究成果梳理成学科框架，并介绍适应新时代发展的学科知识。

本书涉及边界元法理论和动力系统理论，除讲述基本概念之外，还有大量的公式和数学描述，请读者在阅读时亲自推导并查阅相关文献以加深理解，特别是在编程过程中尤为必要。

本书的研究成果得到了国家自然科学基金项目（项目编号：51608447、50978183、51378348 和 51578372）的资助，其中大部分计算在国家超级计算天津中心“天河一号”上完成，在此表示衷心感谢。

土-结构动力相互作用的内容浩瀚庞杂，本书只能涉及其中的一小部分。由于作者水平有限，书中难免有疏漏和不足之处，欢迎广大读者批评指正，我们将在今后的科研和教学中逐步完善并陆续拓展。

目　录

第 1 章　概　　论

1.1　引　　言

一般传统的结构抗震设计都假设结构下卧地基是刚性基岩，在该假设前提下，结构的动力特性完全取决于结构自身，且地基土的运动也不受上部结构影响而与自由场运动相同，如图 1-1（a）所示。但实际上只有当场地土十分坚硬或者结构柔性足够大时，该假设才较为准确。工程场地中的结构物在动力作用下，一般与周围土体都存在明显的相互作用——地基土相当于结构基底的弹性支撑，土和结构形成了一个动力系统，该系统动力特性相较于结构动力特性有明显不同，如系统周期较长、阻尼较大等，如图 1-1（b）所示。

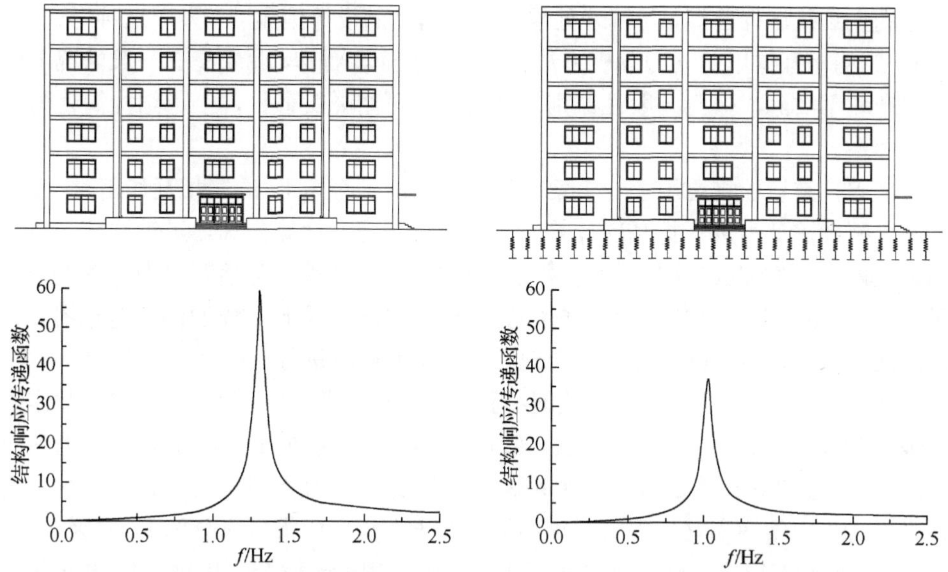

（a）传统抗震设计结构模型和模型动力响应　（b）土-结构相互作用模型和模型动力响应

图 1-1　传统抗震设计结构模型和土-结构相互作用模型

土-结构动力相互作用（soil-structure dynamic interaction）成为土木工程中的一个重要研究领域是在 20 世纪 70 年代。经过数十年发展，现在人们已经普遍认识到这种相互作用对结构抗震设计的重要性。核电站、海洋钻井平台、大型水利设施等重要结构设计时一般会较为全面地分析土-结构相互作用的影响——实际上正是20世纪六七十年代核电站建设的需要客观上促进了该领域的发展。但是对于一般的建筑结构，由于土-结构相互作用的机制复杂且计算烦琐，我国和其他大多数国家的抗震规范基本不予考虑。

我国的《建筑抗震设计规范》（2016年版）（GB 50011—2010）规定："结构抗震计算，一般情况下可不计入地基与结构相互作用的影响；8度和9度时建造于Ⅲ、Ⅳ类场地，采用箱基、刚性较好的筏基和桩箱联合基础的钢筋混凝土高层建筑，当结构基本自振周期处于特征周期的1.2倍至5倍范围时，若计入地基与结构动力相互作用的影响，对刚性地基假定计算的水平地震剪力可按下列规定折减……"[1]

欧洲抗震设计规范规定："在下列情况下应考虑土-结构相互作用：（a）P-δ效应（2阶）有明显作用的结构；（b）有大体积基础或深基础的结构，如桥墩、近海沉井和竖井等；（c）高耸挠性结构，如塔架和烟筒；（d）位于平均剪切波速小于100m/s极软土中的结构。"[2]

日本抗震设计规范规定："当计算结构在地震作用下的动力响应时，可以用含场地的全系统进行建模，从基岩处输入前面提到的设计地震动，采用这种考虑土-基础-结构相互作用的动力分析方法。然而就现阶段而言，此步骤在一般情况下过于复杂和不实际。作为一般性原则，结构基础可用弹簧替代，上部结构简化为多质点体系。"[3]

美国抗震设计规范用了一个章节的篇幅给出了考虑土-结构相互作用时，应对基底水平地震剪力进行折减的计算方法、计算步骤和计算公式。虽然这部分并非强制性内容，但和其他国家的抗震规范相比，美国抗震规范相对较为系统地考虑了土-结构相互作用对抗震设计产生的影响，本书将在第6章较为详细地介绍其计算方法体系和计算步骤，并对其合理性和适用性问题进行一些讨论。[4, 5]

在所有这些主要的规范中，美国和我国的抗震规范只对涉及土-结构相互作用的地震荷载加以折减，而欧洲抗震规范则只考虑土-结构相互作用对抗震不利的情况。可见虽然在过去的数十年中，学者在土-结构相互作用的研究方面取得了很多成果，但土-结构相互作用这一重要机制并未在规范中得到充分体现，原因如下：首先，人们长期以来习惯性地认为不考虑这一作用偏于安全；其次，土-结构相互作用的机理和分析计算都很复杂。

实际上，土-结构相互作用系统和结构自身是两个完全不同的动力系统，前者具有和后者完全不同的动力特性和抗震性能，理想的抗震设计应该是基于土-结构相互作用系统的理论体系，而不应建立在结构自身动力特性之上。另外，随着近年来研究的深入，人们发现虽然土-结构相互作用在多数情况下是有利于结构抗震的，但它使结构在地震时承受了更多载荷的情况并不少见，之前的习惯性认识往往带有较大的主观意愿[6]。

应该认识到，较少考虑土-结构相互作用的抗震设计和抗震研究，是相关研究水平未达到可规范化和工业化之前的基本合理的“权宜之计”。由于土-结构相互作用过于复杂，分析和计算成本过于昂贵，工程师除了将其忽略，通常别无选择——事实也正是如此。我们更应该认识到，在土-结构相互作用领域，需要做的工作还任重道远。我国地处欧亚地震带和环太平洋地震带两大地震带之间，地震频繁而强烈，绝大部分地区的建筑需要进行抗震设防。每次地震都在提醒人们应该重视抗震设计中的基础研究，为日后我国和世界抗震事业的发展奠定良好基础。

1.2 场地与地震动

常见的作用在结构上的动荷载包括地震、机械振动、风荷载、爆炸、撞击、波浪侵蚀等，其中对结构设计较为重要的一般是地震荷载。地震通常在地壳中发生，由地壳中的板块构造运动所引起。当板块中的岩石变形超过容许值时，它会突然发生脆性断裂，长期积累的变形能在瞬间转化为动能释放出来，形成地震波向四面八方传播就产生了地震。发生地震的断层深度通常在地表下几千米到几十千米，长度为几千米到几百千米。断层的几何中心常接近能量释放中心，此中心在地表上的投影为宏观震中，初始破裂点在地表上的投影为仪器震中，两个震中可以相距几千米到几十千米[7]。

对于目前的科学技术水平而言，我们不可能实时知道地震发生时的震源情况，以及复杂多变的地震波传播路径的地质情况，因此无法对地震断裂带到场地和结构的整个区域进行模拟。而且，即使地震发生机制和传播路径的地质资料十分清楚，模拟整个区域也不现实，因为与结构物数十米的尺度相比，一次地震的影响区域实在太大。对抗震设计研究有意义的尺度范围是结构附近的近场地壳表层沉积，可以称之为工程场地。

工程场地只涉及地球的地壳表层，通常是结构周围几十米到几百米范围内的土体，一般由坚硬基岩及松散覆盖层组成。覆盖层是岩石经风化、剥蚀、搬运、沉积作用而形成的松散沉积物，工程场地的覆盖层一般是天然水平层状结构，越接近地表的土层刚度越小，越往深处则刚度越大。当某一土层的刚度达到一定数值时，就可以被认为是基岩面，基岩面以下的土层对整个场地的动力特性影响较小，通常情况下可以忽略。场地是土-结构相互作用中的一个重要概念。在本书语境中，场地（site）等同于工程场地；基岩（bedrock）是假定的地震波入射位置，并假设基岩以下部分对场地动力特性（site dynamic characteristics）不产生影响，可以不考虑基岩以下的地质分层情况。不同场地之间的土质组成差别极大，因此场地动力特性在土-结构相互作用中有重要影响。

图 1-2 为层状场地示例图，左侧的数字代表土层厚度，右侧的数字代表土层剪切波速。根据我国《建筑抗震设计规范》(2016 年版)（GB 50011—2010），对于一般分析，从第 3 层土层开始可以将其视为基岩，若有更高的分析要求，可酌情将下面剪切波速更大的土层视为基岩，基岩的选择原则上应以其下部土层不再对场地动力特性产生明显影响为准。[1]

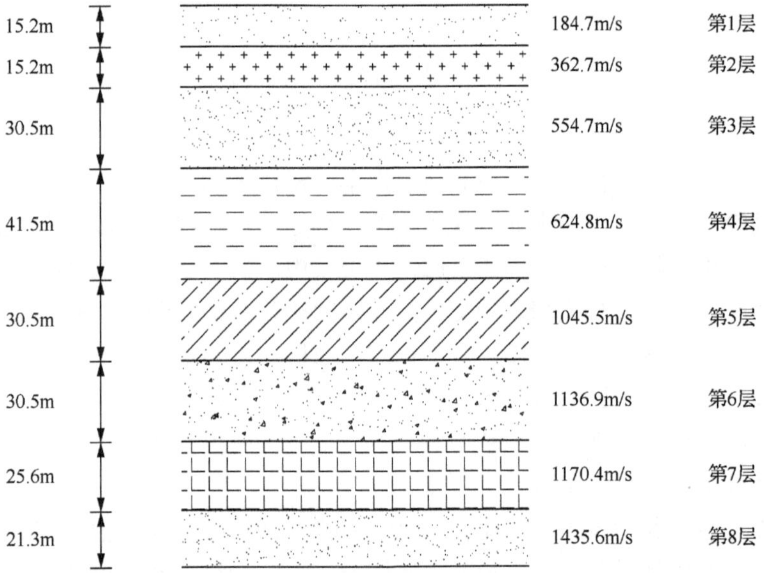

图 1-2　层状场地示例图

在不考虑地表地形变化和地表曲率的情况下，一般意义上的场地是以地表为零应力边界的无限半空间，因此无限半空间是一种理想的场地模型。在本书中，无限半空间或半空间（half-space）等同于场地。由于结构物的尺寸有限，可以找到有限自由度的模型对其进行模拟，而场地的无界性和开放性使模拟其动力特性往往较为困难。对此不难理解，土-结构相互作用研究的核心问题往往在于土体，而并非上部结构，虽然研究最终着眼点还需要落在结构动力响应和结构抗震性能方面。自土-结构相互作用逐渐成为一个重要领域以来，学者们对场地的研究就一直在进行，下面分阶段对这一情况进行介绍。

1.3 计 算 方 法

1.3.1 早期阶段

许多学者很早就已经意识到，结构和下卧土体之间并不是互相孤立存在的，但这些早期认识都局限在静力学范围内，并没有脱离土力学的范畴。到了 20 世纪 30 年代，学者们开始认识到，在机械振动这一类动荷载作用下，上部结构和下卧土体是相互影响的耦合体系，宜作为整体进行受力分析。Reissner 是最先采用波的传播理论来研究土-结构相互作用的学者，其关于均匀半空间中圆盘地表基础的竖向受迫振动的稳态解，即 Reissner 问题，开创了土-结构动力相互作用的早期研究历史[8, 9]。该问题是一个求解混合边界条件的问题，要求自由地表面的应力为零，而基底应力应满足平衡条件。后来，Reissner 问题的研究逐渐扩展到其他基础形状和运动形式，而早期的解决手段一般是将解表示为各种积分方程（如第二类 Fredholm 积分方程），并通过各种数学技巧求得解析解[10-14]。混合边值问题是一类较为复杂的数学问题，不得不经常引入一些简化条件以得到解析形式的解，这对揭示问题的本质造成了一定的障碍。早期研究机械振动下的土-结构动力相互作用一般是不考虑上部结构的，只涉及求解基础阻抗函数和基础运动的问题，少数考虑了上部结构的研究模型大多具有较大的缺陷[15, 16]。

到了 20 世纪六七十年代，一些学者开始采用地表基础上的单层或多层结构模型来研究相关问题，初步确定了土-基础-结构这种较为合理的计算模型[17, 18]（见 1.4 节）。这些研究采用地表基础的原因是当时还无法处理和计算基础具有埋深的情况；另外，这些研究采用的基础阻抗函数是与频率无关的常数。虽然由于当时的认识水平所限，这些模型的研究结果并不理想，但有关土-结构动力相互作用的问题逐渐由力学领域发展到土木工程领域，研究着眼点也由基础动力响应发展到上部结构的动力响应和抗震问题。

在土-结构相互作用的早期研究阶段，不得不提到的一个方法是波函数展开法及相关成果。波函数展开法是一种严格意义上的解析法，利用特殊函数的正交性得到适应问题边界条件的收敛解答。有关特殊函数可参考王竹溪和郭敦仁的《特殊函数概论》[19]或其他相关书籍。波函数展开法最早应用于电磁学中，Pao 和 Mow 在其专著 *Diffraction of Elastic Waves and Dynamics Stress Concentration* 中开创了波函数展开法在弹性介质中的应用[20]。对于弹性半空间问题，因自由地表面和散射体外周不属于同一边界而不涉及混合边界条件，其解的形式比积分方程法要简洁得多，一些学者通过该方法得到了局部地形散射问题的一批经典解答[21, 22]。在土-结构相互作用方面，有二维均匀半空间-半圆刚性基础-剪力墙结构的平面外动力响应解答[23]，以及后来一系列有关平面外二维土-结构相互作用模型的解答[24, 25]。但是波函数展开法基本只能处理平面外二维问题，对于平面内二维问题和三维问题则只能得到一些近似解[26, 27]，这限制了它的应用。本书采用波函数展开法的经典解来验证数值方法的精度。

有关土-结构相互作用的早期发展历史和研究成果请参考 Kausel 的经典综述论文[28]。

1.3.2　数值计算

因为上部结构的尺度有限且研究成果丰富，容易找到成熟的方法进行模拟和计算，所以建立土-结构相互作用模型的核心问题在于场地。20 世纪 70 年代以后，计算机的发展推动了各种数值方法在土-结构相互作用中的应用，如有限元法、边界元法等。数值方法在模拟场地方面具有先天优势，这些方法的应用极大促进了土-结构相互作用的研究进展，很多早期无法处理的问题得到了解答。在这个阶段，土-结构相互作用逐渐形成学科框架，成为土木工程中的一个重要研究领域。

1. 有限元法

有限元法（finite element method）不仅可以灵活处理各种基础形状，还可以考虑场地的非均匀和非线性。另外，有限元法较易于模块化，因此目前很多商业软件都以有限元法为理论基础进行土的模拟。但是有限元法计算量大，对三维空间问题尤为如此；而且采用有限元法研究无界域问题时，需要在无界域中设置人工边界条件，以模拟未被划入计算模型的土体的动力特性。然而，满足波动从近场到远场传播的人工边界条件实现起来并非易事，一个理想的人工边界应该可以实现稳定、精确、高效的近场波动分析，人工边界通常是频率相关函数。关于有限元法和人工边界条件的研究成果十分丰富，许多学者写出了很好的总结评述[29, 30]，下面仅对这些评述中有代表性的成果做简要介绍。

（1）黏性边界[31]

黏性边界（viscous boundary）是最早被提出的人工边界条件，其思想是通过在边界上设置阻尼器，吸收土-结构相互作用系统在振动过程中向外辐射的能量，模拟无限半空间的动力特性。例如，对于平面直角坐标系（x, y）中的平面外运动位移 u，黏性边界条件为

$$\frac{\partial u}{\partial x}+\frac{1}{\beta}\frac{\partial u}{\partial t}=0 \tag{1-1}$$

式中，β 为场地剪切波速；t 为时间。黏性边界特别适用于入射波与人工边界垂直或与人工边界夹角较小的情况，在夹角较大的情况下会产生较大的误差。这种人

工边界简便实用、物理概念清晰、易于程序化和模块化，目前被多种商业有限元软件采用。

黏性边界仅考虑了人工边界对外行波的吸收作用，不能模拟无限半空间地基土的弹性恢复能力，因此学者们后来提出了并联弹簧-阻尼器的黏弹性人工边界模型[32-34]。

（2）旁轴边界[35, 36]

旁轴边界（paraxial boundary）是20世纪七八十年代提出的较具代表性的人工边界条件之一，其实质在于构造一组单向运动方程代替波动方程。例如，对于平面直角坐标系中的平面外运动位移 u，前三阶旁轴边界条件为

$$\frac{\partial u}{\partial x}+\frac{1}{\beta}\frac{\partial u}{\partial t}=0 \tag{1-2a}$$

$$\frac{\partial^2 u}{\partial x\partial t}+\frac{1}{\beta}\frac{\partial^2 u}{\partial t^2}-\frac{\beta}{2}\frac{\partial^2 u}{\partial y^2}=0 \tag{1-2b}$$

$$\frac{\partial^3 u}{\partial x\partial t^2}-\frac{\beta^2}{4}\frac{\partial^3 u}{\partial x\partial y^2}+\frac{1}{\beta}\frac{\partial^3 u}{\partial t^3}-\frac{3\beta}{4}\frac{\partial^3 u}{\partial t\partial y^2}=0 \tag{1-2c}$$

可以发现，第一阶旁轴边界条件即是黏性边界。和黏性边界情况相同的是，旁轴边界在入射波与边界夹角较小时精度较好，而夹角越大则误差越大；和黏性边界情况不同的是，旁轴边界可以用阶数控制有效覆盖角度，其精度随着阶数的增加而增大。

（3）Higdon 边界[37-39]

Higdon 边界在旁轴边界的基础上，含有一组与入射波角度相关的可调参数，如对于直角坐标系中的平面外问题，第 J 阶 Higdon 边界条件为

$$\left[\prod_{j=1}^{J}\left(\cos\theta_j\frac{\partial}{\partial t}+\beta\frac{\partial}{\partial x}\right)\right]u=0 \tag{1-3}$$

式中，θ_j 为第 j 个平面波的入射角度。若入射波由一系列入射角为 θ_j 的平面波线性组合而成，则 Higdon 边界可以完全吸收入射波而不产生反射。一般对于第 J 阶 Higdon 边界，若令 $\theta_j=0$ 则可得到第 J 阶旁轴边界。在实际应用中，入射波与分析的具体问题相关，因此选择可调参数 θ_j 仅是一种近似的经验手段。

（4）迭代边界[40, 41]

迭代边界（iteration boundary）是廖振鹏在20世纪80年代提出的一种人工边界，通过直接模拟入射波的传播建立方程。对于沿 x 轴正向传播的入射波，迭代透射边界的结点位移由有限域内的结点位移递推得到，第 J 阶透射公式为

$$u_0^{p+1}=\sum_{j=1}^{J}(-1)^{j+1}C_j^J u_j^{p+1-j} \tag{1-4a}$$

$$C_0^J = \frac{J!}{(J-j)!\,j!} \tag{1-4b}$$

式中，u_j^{p+1-j} 为位移 $u = u(x,t)$ 的时空离散值，且有 $u_j^p = u(-j\beta_a \Delta t, p\Delta t)$，$\Delta t$ 为时间离散值，β_a 为视波速，j 和 p 为整数。在后来的 20 多年间，廖振鹏和刘晶波等对透射边界的精度、稳定性及可能的推广做了深入研究，逐步完善了迭代透射边界的理论基础及在实际应用中的可操作性，目前已较为广泛地应用于工程实践。

（5）无限元法

无限元法（infinite element method）是基于有限元法概念建立的一种无限域模拟方法，它采用外行波向无穷远传播的衰减解作为形函数，将远场无限域划分为许多由人工边界伸展至无限远处的单元，即无限元。Bettess 等最早提出了无限元的概念[42, 43]，此后根据形函数和权函数的不同，出现了诸多类型的无限元法。形函数的确定方法可以分为映射和非映射方法，权函数可以取为形函数或者形函数的共轭，这分别形成了非映射-非共轭、非映射-共轭、映射-非共轭和映射-共轭四种类型的无限元。

（6）薄层法[44-46]

Kausel 在 20 世纪 80 年代提出的薄层法（thin layer method）也称为一致边界条件，这种人工边界在水平方向上是精确的，而在垂直方向上采用有限元离散技术，具有有限元法的精度。薄层法尤其善于处理水平成层介质问题，并且能够严格满足无限远处的物理边界和分层界面条件，这几十年来得到了广泛的应用。

（7）比例边界有限元法

Wolf 及合作者在多细胞克隆算法[47]、一致无穷小细胞法[48]的基础上，在 20 世纪 90 年代提出了比例边界有限元方法（scaled boundary finite element method）[49, 50]。比例边界有限元法首先对人工边界进行离散处理；然后针对每个边界单元对应的无限域，将标准坐标系下的波动方程变换为比例边界坐标方程；最后利用加权残值法建立比例边界的有限元方程。比例边界有限元法兼具了有限元法和边界元法的优点，只对边界进行离散处理，从而使计算降低了一个维度，而且不需要基本解就能满足无穷远处的辐射条件。但比例边界有限元法是基于相似性的，因此其在求解区域的几何形状方面要求严格的相似性。另外，比例边界有限元法全时空耦合，会导致较大的计算存储量。

2. 边界元法

边界元法（boundary element method）的实质是通过边界积分方程，借助满足问题边界条件的基本解，将域内问题转化为边界问题进行计算的一种数值方法，边界元法的基本解也称为格林函数。当问题较为复杂时，一般需要对边界积分方程进行单元离散处理，因此后来被称为边界元法。和有限元法相比，边界元法的单元离散通常只在边界进行，可以将问题降低一个维度，一般能减少计算量；另外由于使用精确解作为基本解，边界元法一般具有较高精度且特别适合处理一些特定问题，如无界域问题。边界元法的不足之处在于，其基本解在很多情况下难以确定，如对于复杂非均匀和非线性问题，一般不宜采用边界元法，这在很大程度上限制了其工程应用范围；边界元法形成的方程一般是稠密的，在一定程度上抵消了降维带来的计算量减少的优势；另外不同问题的边界元法涉及的格林函数形式各异，较难形成程式化和标准化的计算模式，不易在商业软件中推广，因此它的应用范围没有有限元法广泛。

在土-结构相互作用中，边界元法一般用于边界子结构法的基础阻抗函数的求解，或体积子结构法的远场波动模拟。若边界方程的未知量是待定函数在区域边界上的值，则属于直接边界元法[51, 52]。若边界方程中的未知量并不是待定函数本身，而是作用在区域边界上的某种虚拟量，则属于间接边界元法[53-55]。本书将在第 2 章详细介绍边界元法。

1.4 计 算 模 型

在土-结构相互作用系统中，场地和结构都是系统的一部分，二者有着完全不同的动力特性，必须将二者完全整合在同一个模型中才能进行计算。以合为主或以分为主会产生不同的指导思想。

1.4.1 直接法

直接法（direct method）是以合为主，将结构和场地作为一个整体直接进行动力计算，通过整体的平衡方程直接得到系统动力响应。当无限半空间场地中作用静荷载时，可以人为引入一个虚拟边界，将结构周围足够大范围内的土体连同结构本身一起，共同建立有限自由度模型。然而对于动荷载激励，虚拟边界会将传播至此的波反射回土体而不能传向无穷远处，和实际情况有较大出入。通常的解决办法是 1.3.2 节中已提到的在虚拟边界处施加人工边界条件（artificial boundary condition），模拟入射波从近场有限域通过人工边界向远场无限域传播的单向过程。直接法一般通过有限元法来实现，采用有限元法和人工边界条件建立的一个模型示意图如图 1-3 所示。

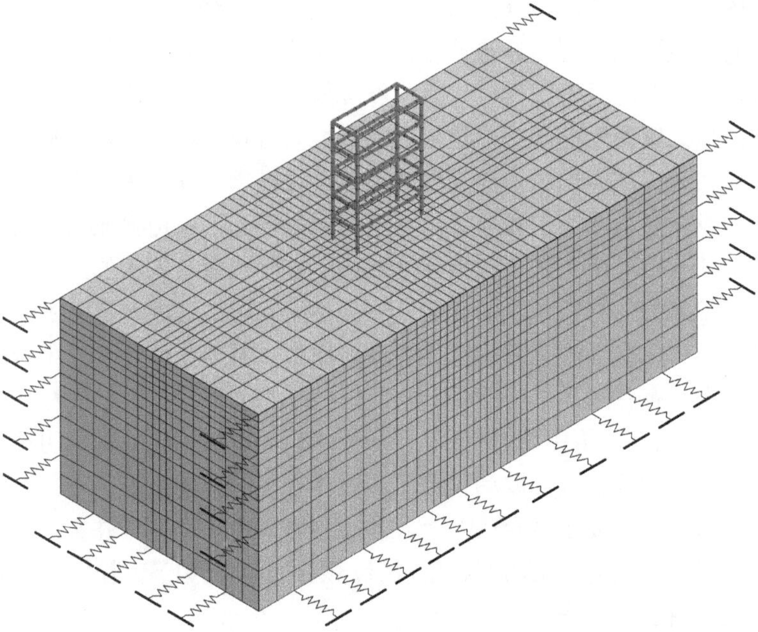

图 1-3　直接法示意图

1.4.2　子结构法

直接法会使场地土产生很大的计算自由度，若假设土-结构相互作用系统是线性系统，允许使用叠加原理，则子结构法（substructure method）可以提高计算效率，并达到较高的计算精度。子结构法将无界土体作为一个动力子结构，除了在土与结构接触边界划分单元外，土的内部不再额外设置单元和自由度。这需要确定场地与结构接触点的力-位移关系，这个关系中的刚度系数和阻尼系数在物理意义上则分别表示基底的广义弹簧和广义阻尼器，再将结构和场地这两个子结构通过动力平衡条件整合在一起。以分为主、分而再合是研究动力系统的一个广泛指导思想。土-结构相互作用的子结构法涉及散射问题（scattering problem）和辐射问题（radiation problem）两个概念。

如图 1-4（a）所示，当场地中不存在散射体时，地震波经由基岩面 A 点入射，通过覆盖土层后到达半空间的地表面 B 点，此时的场地运动称为自由场运动（free-field ground motion）。当场地开挖后，结构基础占据的空间就形成了散射体，如图 1-4（b）所示。根据惠更斯原理，散射体边界上的每一点都是散射源，因此散射体会额外引入一个散射场运动。研究散射场运动的问题称为散射问题，如结构基础形成的半空间空洞对地震波的散射作用，以及不规则地形地貌条件，如河谷、沉积河谷、山峰等地形引起的地震波放大作用也属于这一类问题。如果假设结构基础是刚性体，也有相关专著或论文将散射问题称为刚体相互作用[56]。在土-结构相互作用中，C 点的运动被称为基础输入运动（foundation input motion）。

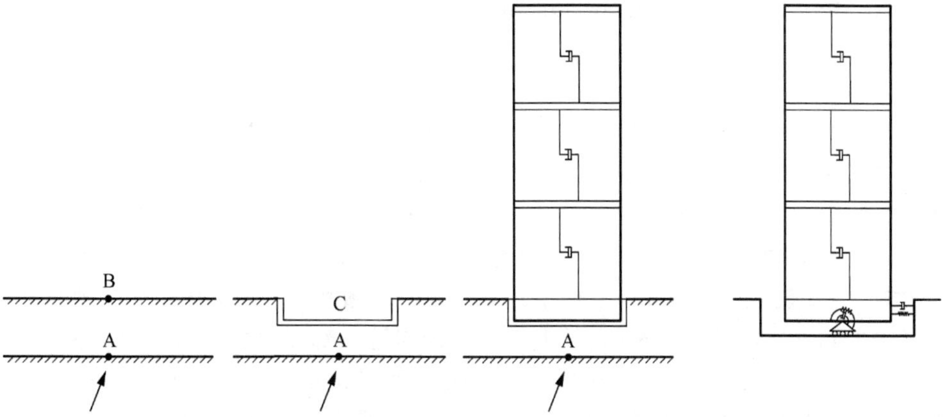

（a）自由场运动　（b）散射场运动　（c）辐射场运动　（d）边界子结构法广义弹簧和广义阻尼器

图 1-4　子结构法示意图

当建造结构后，结构及基础的质量在散射场外又额外引入一个新运动，如图 1-4（c）所示，新运动自结构向半空间辐射，故将其称为辐射问题或惯性相互作用[56]。早期对土-结构相互作用进行的研究主要是为了解决结构内部机械振动产生的结构位移，因此只涉及辐射问题。可以理解为散射问题的施动者是场地，而辐射问题的施动者是结构。在地震作用下，场地的运动是自由场运动、散射场运动与辐射场运动的叠加。

采用子结构法可将复杂的土-结构相互作用系统分解成为几个相对容易处理的部分，对场地和结构可分别采用完全不同的、各自适用的方法进行计算，再通过整个系统的动力平衡方程结合在一起。在本书中，结构是包含基础的结构，因此土-结构相互作用实际上是土-基础-上部结构相互作用，为了和一般习惯相符只按前者进行称呼，但二者实际上是同一概念。子结构法大体可分为边界子结构法和体积子结构法两类。

1. 边界子结构法

边界子结构法通常假设结构基础是刚性体，这样可以减少问题的自由度，并降低问题的复杂性。刚性基础假设在中低频范围内基本是合理的，因为地震波能量主要集中在中低频范围内，所以该假设是土-结构相互作用中一个相对较为合理的假定。基础阻抗函数（foundation impedance functions）是边界子结构法中的一个重要概念。设刚性基础上作用广义力 $\boldsymbol{F}$ 时产生的广义位移为$\boldsymbol{\Delta}$，则在力-位移关系式 $\boldsymbol{F}=\boldsymbol{K}_0\boldsymbol{\Delta}$中，$\boldsymbol{K}_0$ 为基础阻抗函数矩阵，表示基础产生单位广义位移时需施加的广义力。有时也将关系式写成位移-力关系式$\boldsymbol{\Delta}=\boldsymbol{C}_0\boldsymbol{F}$，则 $\boldsymbol{C}_0$ 为基础导纳函数（foundation compliance functions）矩阵，表示在基础上施加单位广义力时基础产生的广义位移。土-结构相互作用中的阻抗和导纳借用了电工学的相关概念。

对于三维空间问题，$\boldsymbol{F}$ 和$\boldsymbol{\Delta}$是含有 3 个平动分量和 3 个转动分量的六维向量；$\boldsymbol{K}_0$ 为 6×6 矩阵，由 2 个水平阻抗函数、2 个转动阻抗函数、4 个平转耦合阻抗函数、1 个竖向阻抗函数和 1 个扭转阻抗函数所组成。对于平面内二维问题，$\boldsymbol{F}$ 和$\boldsymbol{\Delta}$是含有 2 个平动分量和 1 个转动分量的三维向量；$\boldsymbol{K}_0$ 为 3×3 矩阵，由 1 个水平阻抗函数、1 个转动阻抗函数、2 个平转耦合阻抗函数和 1 个竖向阻抗函数所组成。而对于平面外二维问题，$\boldsymbol{F}$ 和$\boldsymbol{\Delta}$都退化为一维向量，$\boldsymbol{K}_0$ 是平面外水平阻抗函数。

基础阻抗函数一般是激励频率、基础形状和场地地质情况的函数，是场地的固有属性，与上部结构无关。基础阻抗函数同时具有刚度性质和阻尼性质，其刚度性质表示地基对结构的支撑作用，而阻尼性质表示半空间将能量向无穷远处辐射的作用。根据基础阻抗的概念，可将无限半空间抽象为结构基底的一组广义弹簧和广义阻尼器，如图 1-4（d）所示。只有场地情况和基础形状都很简单时，基础阻抗函数才有解析形式的解，求解基础阻抗函数一般需要采用数值方法，如有限元法和边界元法等。基础阻抗函数一般是频率相关函数，因此边界子结构法通常在频域内进行，得到频域计算结果后再通过傅里叶变换转换到时域内。

2. 体积子结构法

体积子结构法假定结构基础是柔性体，基础内部需要划分自由度和计算单元，一般用于下列情况：①结构基础刚度较小不宜简化为刚性体；②桩基础等一类复杂基础不宜直接采用边界子结构法时，可以将基础连同一定范围内的土体视为结构基础的延伸部分，以便能得到规则外形的两个子结构；③场地具有复杂非均匀性或需要考虑近场场地的非线性时，可将该部分场地视为结构基础的延伸部分，以便和结构一起划分计算单元。以上各种情况均不宜将基础简化为刚性体。体积子结构法的结构部分通常采用有限元法进行计算，而土体可采用任何适合的方法进行模拟。

1.5　频域与时域

入射地震波 $u_g(t)$ 是极不规则的时间强相关函数。图 1-5 为人们第一次通过强震仪记录下的大地震的地震动记录，即 1940 年发生在美国加利福尼亚州南部的因皮里尔河谷（Imperial Valley，亦称“帝谷”）地震中，由 El Centro 街道一个变电所安置的强震仪所得到的地震动加速度记录。对于看似杂乱无章的地震动时程记录 $u_g(t)$，可以通过傅里叶变换得到地震波的某个具体频率分量的强度。

$$u_g(\omega)=\int_{-\infty}^{\infty}u_g(t)e^{-i\omega t}dt \tag{1-5}$$

式中，ω 为圆频率；t 为时间。

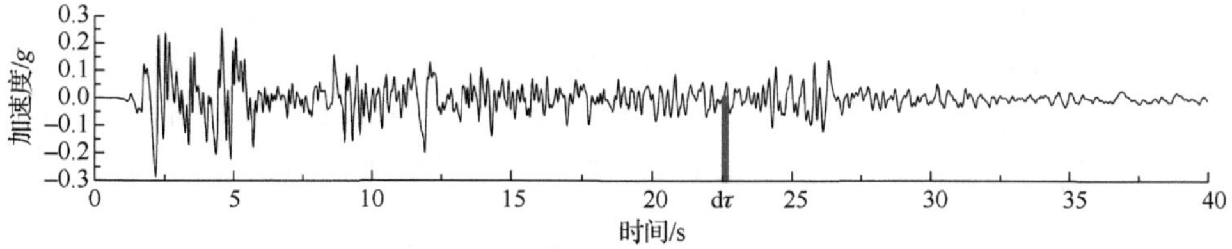

dτ—脉冲；g—重力加速度。

图 1-5　El Centro 波加速度时程记录

地震波一般包含 0～∞的各频率分量，但其能量一般主要集中在中低频段。将各频率分量都表示在直角坐标系中，就得到了入射波的频谱，如图 1-6 所示。对于线性问题，地震动的时程记录和频域函数是互相等价的。

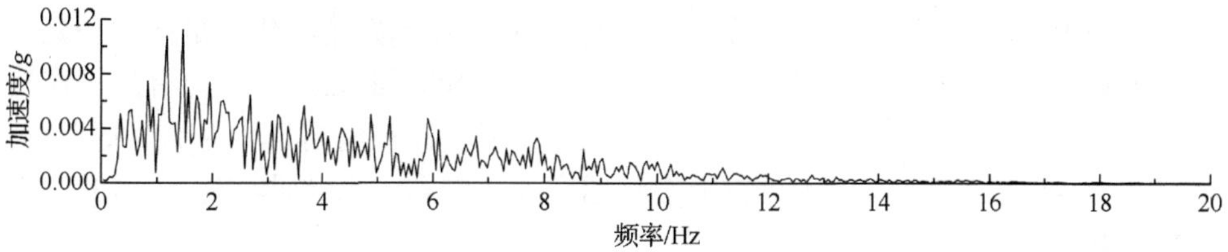

图 1-6　El Centro 波加速度频谱

传递函数（transfer function）$H(\omega)$是频域分析中的一个重要概念，它是系统受到频率为ω的单位谐振激励时系统产生的稳态响应。将激励和传递函数的乘积$u_g(\omega)H(\omega)$称为频响函数，对频响函数进行傅里叶逆变换得到系统的时域响应$P(t)$为

$$P(t)=\frac{1}{2\pi}\int_{-\infty}^{\infty}u_g(\omega)H(\omega)e^{i\omega t}d\omega \tag{1-6}$$

系统时域响应也可以在时域中直接求解，首先将频域传递函数 $H(\omega)$通过傅里叶逆变换转换为时域传递函数

$$H(t)=\frac{1}{2\pi}\int_{-\infty}^{\infty}H(\omega)e^{i\omega t}d\omega \tag{1-7}$$

然后将入射波分解成为一系列的脉冲 $d\tau$，如图 1-5 所示，并通过卷积积分得到结果

$$P(t)=\int_0^t u_{\mathrm{g}}(\tau)H(t-\tau)\mathrm{d}\tau \tag{1-8}$$

根据卷积定理，式（1-6）和式（1-8）对于线性问题是完全等价的。

20 世纪 60 年代之前，由于积分变换计算的不便，频域和时域的转换有很多困难。自从计算机和快速傅里叶变换算法出现后，计算上已无困难。因为频率在振动现象中的物理概念清晰，所以在频域中处理振动问题有诸多优点。土-结构相互作用体系的许多特性都是与频率相关的，如人工边界条件、基础阻抗函数等，对于这类体系，若不考虑非线性，则频域分析更显优越性。而对于非线性体系，若通过频域进行分析则只能采用近似方法，如非线性因素的等效线性化、频率依赖参数近似为常参数等。本书立足于线性范围内的问题讨论，非线性土-结构相互作用不是本书重点。

有关频域、时域、频谱和傅里叶变换等相关概念的详细介绍，可以参考大崎顺彦所著的《地震动的谱分析入门》[57]。

1.6　本 书 内 容

有关土-结构相互作用的专著大多出版于 20 世纪八九十年代，是此新兴交叉学科迅猛发展之初的成果体现。而近几十年来该领域不断发展，需要有新著作出现来积累学科认识，厘清学科框架。本书自成体系，注重沟通学科内部的知识点，不仅在土-结构相互作用的理论方面叙述翔实，还侧重于土-结构相互作用的工程抗震问题。

第 1 章的概论部分可作为研究土-结构相互作用这一领域的入门篇，不仅介绍了相关概念和研究方法，还简要回顾了学科发展历史，梳理出学科的知识脉络。第 2 章是边界元法的基本理论，从最简单的位势问题切入介绍相关概念，导出与土-结构相互作用有关的弹性问题的边界元方法，奠定了本书计算方法的理论基础。第 3 章介绍本书涉及的各种形式的动力格林函数，这种动力格林函数在源附近的梯度平缓，可以克服一般奇异边界元法的奇异性问题，保证计算方法的稳定性和精度。第 4 章介绍子结构法所涉及的基础阻抗函数的计算，因为计算对象主要为三维模型，计算量较大需要借助超算集群来实现，所以一并讲解基于消息传递模式的 MPI 并行化编程处理思想，同时提供大量的计算结果以供读者下载和利用。第 5 章是土-结构动力相互作用系统的相关理论，通过系统平衡方程研究系统动力特性和系统响应，简要介绍柔性基础模型的相关计算。第 6 章是土-结构动力相互作用的应用篇，体现探索土-结构相互作用实用化的一些努力，并给出算例以供读者参考，且对现有抗震规范的土-结构相互作用部分进行了一些讨论。第 7

章是饱和场地土-结构动力相互作用，介绍两相介质场地格林函数及饱和场地土-结构相互作用的相关问题，尤其是孔隙水压对土-结构相互作用的影响。

希望本书可以帮助广大读者走进土-结构动力相互作用这一学科领域，为该领域的发展继续贡献力量。

参 考 文 献

[1] 建筑抗震设计规范（2016年版）：GB 50011—2010[S]. 北京：中国建筑工业出版社，2016.

[2] European Committee for Standardization. Eurocode 8: design of structures for earthquake resistance: BSEN 1998-1: 2004[S]. Brussels: Earthquake Engineering Committee, 2004.

[3] Japan Society of civil Engineers. Earthquake resistant design codes in Japan[S]. Tokyo: Japan Society of Civil Engineers, 2000.

[4] American Society of Civil Engineers. Minimum design loads for buildings and other structures: ASCE/SEI 7-16[S]. Virginia: American Society of Civil Engineers, 2016.

[5] Building Seismic Safety Council. National earthquake hazard reduction program (NEHRP) recommended seismic provisions for new buildings and other structures: FEMA P-1050-1/2015[S].Washington: Building Seismic Safety Council, 2015.

[6] MYLONAKIS G, GAZETAS C. Seismic soil-structure interaction: beneficial or detrimental?[J]. Journal of earthquake engineering, 2000, 4(3): 277-301.

[7] 胡聿贤. 地震工程学[M]. 2版. 北京：地震出版社，2006.

[8] REISSNER E. On the theory of bending of elastic plates[J]. Journal of mathematics and physics, 1944, 23(1-4): 184-191.

[9] REISSNER E. The effect of transverse shear deformation on the bending of elastic plates[J]. Journal of applied mechanics, 1945, 12: 69-76.

[10] ARNOLD R N, BYCROFT G N, WARBURTON G B. Forced vibrations of a body on an infinite elastic solid[J]. Journal of applied mechanics, 1955, 22(3): 391-400.

[11] AWOJOBI A O, GROOTENHUIS P. Vibration of rigid bodies on semi-infinite elastic medium[J]. Proceedings of the royal society, series A, 1965, 287(1408): 27-63.

[12] ROBERTSON I A. Forced vertical vibration of arigid circular disc on a semi-infinite elastic solid[J]. Proceedings of Cambridge philosophical society, series a, 1966, 62(3): 547-553.

[13] GLADWELL G M L. Forced tangential and rotatory vibration of a rigid circular disc on a semi-infinite solid[J]. International journal of engineering science, 1968, 6(10): 591-607.

[14] KARASUDHI P, KEER L M, LEE S L. Vibratory motion of a body on and elastic half plane[J]. Journal of applied mechanics, 1968, 35(4): 697-705.

[15] LYDIK S, JACOBSEN E. Natural periods of uniform cantilever beams[J]. America society of civil engineers, 1938(2025): 402-439.

[16] HOUSNER G W. Interaction of building and ground during an earthquake[J]. Bulletin of the seismological society of America, 1957, 47(3): 179-186.

[17] JENNINGS P C, BIELAK J. Dynamics of building-soil interaction[J]. Bulletin of the seismological society of America, 1973, 63(1): 9-48.

[18] PARMELEE R A. Building-foundation interaction effects[J]. Journal of the engineering mechanics, 1967, 93: 131-152.

[19] 王竹溪，郭敦仁. 特殊函数概论[M]. 北京：北京大学出版社，2012.
[20] PAO Y H, MOW C C. Diffraction of elastic waves and dynamics stress concentration[M]. New York: Crane, Russak & Company Inc., 1973.
[21] TRIFUNAC M D. Surface motion of a semi-cylindrical alluvial valley for incident plane SH waves[J]. Bulletin of the seismological society of America, 1971, 61(6): 1755-1770.
[22] WONG H L, TRIFUNAC M D. Scattering of plane SH waves by a semi-elliptical canyon[J]. Earthquake engineering and structural dynamics, 1974, 3(2): 157-169.
[23] LUCO J E. Dynamic interaction of a shear wall with the soil[J]. Journal of the engineering mechanics, 1969, 95(2): 333-346.
[24] TRIFUNAC M D. Interaction of a shear wall with the soil for incident plane SH waves[J]. Bulletin of seismology society of America, 1972, 64(6): 63-83.
[25] WONG H L, TRIFUNAC M D. Interaction of a shear wall with the soil for incident plane SH waves: elliptical rigid foundation[J]. Bulletin of the seismological society of America, 1974, 64: 1825-1842.
[26] LEE V W, CAO H. Diffraction of SV waves by circular cylindrical canyons of various depths[J]. Journal of engineering mechanics division, 1989, 115(9): 2035-2056.
[27] TODOROVSKA M I, TRIFUNAC M D. The system damping, the system frequency and the system response peak amplitudes during in-plane building-soil interaction[J]. Earthquake engineering and structural dynamic, 1992, 21(2): 127-144.
[28] KAUSEL E. Early history of soil-structure interaction[J]. Soil dynamics and earthquake engineering, 2010, 30(9): 822-832.
[29] WOLF J P. A comparison of time-domain transmitting boundaries[J]. Earthquake engineering and structural dynamics, 1986, 14(4): 655-673.
[30] KAUSEL E. Local transmitting boundaries[J]. Journal of engineering mechanics, 1988, 114(6): 1011-1027.
[31] LYSMER J, KULEMEYER R L. Finite dynamic model for infinite media[J]. Journal of engineering mechanics division, 1969, 95(4): 859-877.
[32] DEEKS A J, RANDOLPH M F. Axisymmetric time-domain transmitting boundaries[J]. Journal of engineering mechanics division, 1994, 120(1): 25-42.
[33] 刘晶波，吕彦东. 结构-地基动力相互作用问题分析的一种直接方法[J]. 土木工程学报，1998，31（3）：55-64.
[34] 杜修力，赵密，王进挺. 近场波动模拟的人工应力边界条件[J]. 力学学报，2006，38（1）：49-56.
[35] CLAYTON R, ENGQUIST B. Absorbing boundary conditions for acoustic and elastic wave equations[J]. Bulletin of the seismological society of America, 1977, 67: 1529-1540.
[36] CLAYTON R, ENGQUIST B. Absorbing boundary conditions for wave-equation migration[J]. Geophysics, 1980, 45(5): 895-904.
[37] HIGDON R L. Absorbing boundary conditions for difference approximations to the multi-dimensional wave equation[J]. Mathematics of computation, 1986, 47(176): 437-459.
[38] HIGDON R L. Numerical absorbing boundary conditions for the wave equation[J]. Mathematics of computation, 1987, 49(179): 65-90.
[39] HIGDON R L. Absorbing boundary conditions for elastic waves[J]. Geophysics, 1991, 56(2): 231-241.
[40] 廖振鹏. 工程波动理论导论[M]. 2 版. 北京：科学出版社，2002.
[41] 廖振鹏，刘晶波. 波动有限元的基本问题[J]. 中国科学（B 辑），1992，8：874-882.
[42] BETTESS P. Infinite elements[J]. International journal for numerical methods in engineering, 1977, 11(1): 53-64.
[43] BETTESS P, ZIENKIEWICZ O C. Diffraction and refraction of surface waves using finite and infinite elements[J]. International journal for numerical methods in engineering, 1977, 11(8): 1271-1290.
[44] KAUSEL E, WAAS G, ROESSET J M. Dynamic analysis of footings on layered media[J]. Journal of engineering mechanics division, 1975, 101(5): 679-693.
[45] KAUSEL E, ROESSET J M. Stiffness matrices for layered soils[J]. Bulletin of the seismological society of America,

1981, 71(6): 1743-1751.
[46] KAUSEL E. Thin-layer method: formulation in the time domain[J]. International journal for numerical methods in engineering, 1994, 37(6): 927-941.
[47] WOLF J P, SONG C M. Dynamic stiffness matrix of unbounded soil by finite element cloning[J]. Earthquake engineering and structural dynamic, 1994, 23(3): 232-250.
[48] WOLF J P, SONG C M. Consistent infinitesimal finite element cell method in frequency domain[J]. Earthquake engineering and structural dynamics, 1996, 25(11):1307-1327.
[49] SONG C M, WOLF J P. The scaled boundary finite element method—alias consistent infinitesimal finite element cell method—for elastodynamics[J]. Computer methods in applied mechanics engineering, 1997, 147(3): 329-355.
[50] SONG C M, WOLF J P. The scaled boundary finite element method: analytical solution in frequency domain[J]. Computer methods in applied mechanics engineering, 1998, 164(2): 249-264.
[51] MANOLIS G D, BESKOS D E. Boundary element methods in elastodynamics[M]. London: Unwin Hyman, 1988.
[52] DOMINGUEZ J. Boundary elements in dynamics[M]. Southampton: Computational Mechanics Publications, 1993.
[53] WONG H L. Effect of surface topography on the diffraction of P, SV and Rayleigh waves[J]. Bulletin of the seismological society of America, 1982, 72(4): 1167-1183.
[54] SANCHEZ-SESMA F J, HERRERA I, Aviles J. A boundary method for elastic wave diffraction: application to scattering of SH waves by surface irregularities[J]. Bulletin of the seismological society of America, 1982, 72(2): 473-490.
[55] APSEL R J, LUCO J E. Impedance functions for foundations embedded in a layered medium: an integral equation approach[J]. Earthquake engineering and structural dynamics, 1987, 15(2): 213-231.
[56] WOLF J P. Dynamic soil-structure interaction[M]. Englewood Cliffs: Prentice Hall, Inc., 1985.
[57] 大崎顺彦. 地震动的谱分析入门[M]. 吕敏申，谢礼立，译. 北京：地震出版社，2008.

第 2 章　边 界 元 法

2.1 引　　言

边界元法是一种广泛用于求解工程和科学问题的数值分析方法。它以边界积分方程为数学基础，采用与有限元法类似的离散技术将问题的边界进行离散化处理，再通过边界条件求解代数方程组得到未知量。边界元法这一名称是著名学者Brebbia、Dominguez、Banerjee、Butterfiled 等于 1977 年在英国共同商定的。随着计算机技术和数值计算方法在 20 世纪 70 年代的快速发展，边界元法这个名称逐渐被接受，但现在仍有不少学者还沿用此前广泛使用的说法——边界积分方程法。

边界元法以边界变量作为基本未知量，其域内未知量可以在需要的情况下根据边界变量进行计算。边界元法的特点是降低了问题的维数，即将二维问题转化为边界线上的一维问题、将三维问题转化为边界面上的二维问题进行处理。但边界元法的数学基础较为复杂，不及有限元法直接对问题划分单元，并根据控制方程得到解答来得直观，因此边界元法在商业软件发展和工程应用方面要逊色得多。但是，对于一些能充分发挥其特点的领域，如涉及无限域的电磁场和弹性波动问题、涉及应力奇异性的断裂和接触问题等，边界元法具有独特的优势。因此，边界元法开发的多为小型专用软件，作为有限元法的补充。

本章介绍边界元法的基本理论。因为位势问题较为简洁明了，便于展开阐述，所以本章首先从位势问题的边界元理论切入，然后介绍本书涉及的弹性波动问题的边界元理论，最后采用工程实例具体说明边界元法的应用步骤。由于本书不是论述边界元法的专著，一些复杂推导只给出结论，不深入展开，感兴趣的读者可参考边界元法的相关专著[1-6]。

2.2 位 势 问 题

2.2.1 调和方程

位势是一个物理概念，代表一种定常状态，如稳定的温度场、浓度场、流量场、静电场等可以用位势来描述。位势问题从数学角度而言属于椭圆型方程问题，这些问题的共同特点是位势场满足调和方程所确定的偏微分方程关系。调和方程也称为拉普拉斯方程，设$\psi=\psi(\boldsymbol{x})$，$b=b(\boldsymbol{x})$，调和方程可统一表示为

$$\nabla^2\psi+b=0 \qquad \boldsymbol{x}\in\Omega \tag{2-1}$$

式中，ψ为位势函数，在具体问题上可以是温度、浓度、水头、电位等；b为产生位势问题的势源；Ω为问题的分析域；$\boldsymbol{x}$为场点的坐标向量；∇^2为拉普拉斯算子，表示对每个坐标方向求二次导数并遍历求和，则有

$$\nabla^2\psi=\sum_{m=1}\frac{\partial^2\psi}{\partial x_m^2} \tag{2-2}$$

二维问题指标符号的取值范围是$m\in\{1, 2\}$，而三维问题其取值范围是$m\in\{1, 2, 3\}$。为了得到式（2-1）的定解，还需要给定问题的边界条件，位势问题的边界条件分为以下两种。

1）狄利克雷（Dirichlet）边界条件为

$$\begin{cases}\nabla^2\psi+b=0 & \boldsymbol{x}\in\Omega\\ \psi=\bar{\psi} & \boldsymbol{x}\in\Gamma\end{cases} \tag{2-3a}$$

2）诺伊曼（Neumann）边界条件为

$$\begin{cases}\nabla^2\psi+b=0 & \boldsymbol{x}\in\Omega\\ p=\dfrac{\partial\psi}{\partial\boldsymbol{l}}=\bar{p} & \boldsymbol{x}\in\Gamma\end{cases} \tag{2-3b}$$

式中，Γ为问题分析域的边界；$\boldsymbol{l}$为边界的外法线方向；p为位势的方向导数；$\bar{\psi}$和$\bar{p}$分别表示位势和位势方向导数在给定边界上的已知值。

2.2.2　互等定理

设三维闭区域Ω中存在矢量场$\boldsymbol{u}$，区域的边界Γ是分段光滑的封闭曲面，若矢量场$\boldsymbol{u}$在区域$\Omega+\Gamma$上连续且可导，则有如下恒等式成立：

$$\int_\Omega\nabla\cdot\boldsymbol{u}\mathrm{d}\Omega=\int_\Gamma\boldsymbol{l}\cdot\boldsymbol{u}\mathrm{d}\Gamma \tag{2-4}$$

式中，$\boldsymbol{l}$为边界的单位外法矢量；∇为哈密尔顿算子，该算子与矢量的内积为

$$\nabla\cdot\boldsymbol{u}=\sum\frac{\partial u_m}{\partial x_m} \tag{2-5}$$

式（2-4）是高斯（Gauss）公式，其对于二维情况也成立，即格林公式。

设位势态(ψ, p, b)和(ψ^*, p^*, b^*)是闭域Ω中两个互不相关但都可以独立存在的位势态，且位势ψ和ψ^*在分析域中连续可导。在式（2-4）中，令矢量$\boldsymbol{u}=\psi^*\nabla\psi$，则有

$$\int_\Omega(\psi^*\nabla^2\psi+\nabla\psi\nabla\psi^*)\mathrm{d}\Omega=\int_\Gamma\psi^*\nabla\psi\cdot\boldsymbol{l}\mathrm{d}\Gamma=\int_\Gamma\psi^*\frac{\partial\psi}{\partial\boldsymbol{l}}\mathrm{d}\Gamma \tag{2-6}$$

式中，$\nabla\psi$ 表示标量场 ψ 的梯度。令 $\boldsymbol{u}=\psi\nabla\psi^*$ 则有

$$\int_\Omega(\psi\nabla^2\psi^*+\nabla\psi^*\nabla\psi)\mathrm{d}\Omega=\int_\Gamma\psi\frac{\partial\psi^*}{\partial\boldsymbol{l}}\mathrm{d}\Gamma \tag{2-7}$$

式（2-6）与式（2-7）相减得到

$$\int_\Gamma\left(\psi\frac{\partial\psi^*}{\partial\boldsymbol{l}}-\psi^*\frac{\partial\psi}{\partial\boldsymbol{l}}\right)\mathrm{d}\Gamma=\int_\Omega(\psi\nabla^2\psi^*-\psi^*\nabla^2\psi)\mathrm{d}\Omega \tag{2-8}$$

由于 p 是位势的方向导数，有

$$\int_\Gamma(\psi p^*-\psi^*p)\mathrm{d}\Gamma=-\int_\Omega(\psi b^*-\psi^*b)\mathrm{d}\Omega \tag{2-9}$$

可以得到位势问题的互等定理为

$$\int_\Gamma\psi p^*\mathrm{d}\Gamma+\int_\Omega\psi b^*\mathrm{d}\Omega=\int_\Gamma\psi^*p\mathrm{d}\Gamma+\int_\Omega\psi^*b\mathrm{d}\Omega \tag{2-10}$$

2.2.3　边界积分方程

互等定理实际上确立了两种位势状态之间的关系。为了建立边界积分方程，在实际应用中，这两组位势态通常一组是待求的真实状态，而另一组是人为引入的辅助状态。一般情况下引入的辅助状态是，当域内任一点 $\boldsymbol{\xi}$ 存在点源 $b^*=\delta(\boldsymbol{x}-\boldsymbol{\xi})$ 时，调和方程（2-1）的特解 $\psi^*=G(\boldsymbol{x},\boldsymbol{\xi})$，此特解称为基本解或格林函数。其中 δ 为狄拉克函数，具有下列性质

$$\delta(\boldsymbol{x}-\boldsymbol{\xi})=\begin{cases}0 & \boldsymbol{x}\neq\boldsymbol{\xi}\\ \infty & \boldsymbol{x}=\boldsymbol{\xi}\end{cases} \tag{2-11a}$$

$$\int_\Omega\delta(\boldsymbol{x}-\boldsymbol{\xi})\,\mathrm{d}\Omega=1\qquad \boldsymbol{x}\in\Omega \tag{2-11b}$$

对于三维空间位势问题，格林函数的形式为

$$G(\boldsymbol{x},\ \boldsymbol{\xi})=\frac{1}{4\pi r} \tag{2-12}$$

式中，$r=|\boldsymbol{x}-\boldsymbol{\xi}|$ 是从源点到场点的矢径长度。另外还需要用到基本解的方向导数，也将其称为格林函数，即

$$F(\boldsymbol{x},\ \boldsymbol{\xi})=\frac{\partial G(\boldsymbol{x},\ \boldsymbol{\xi})}{\partial\boldsymbol{l}}=-\frac{1}{4\pi r^2} \tag{2-13}$$

对于二维平面问题，格林函数的形式为

$$G(\boldsymbol{x},\ \boldsymbol{\xi})=\frac{1}{2\pi}\ln\frac{1}{r} \tag{2-14}$$

$$F(\boldsymbol{x},\ \boldsymbol{\xi})=\frac{\partial G(\boldsymbol{x},\ \boldsymbol{\xi})}{\partial\boldsymbol{l}}=-\frac{1}{2\pi r} \tag{2-15}$$

对真实状态和辅助状态应用互等定理可以得到

$$\int_{\Omega}\psi(\boldsymbol{x})\delta(\boldsymbol{x}-\boldsymbol{\xi})\mathrm{d}\Omega=\int_{\Gamma}G(\boldsymbol{x},\ \boldsymbol{\xi})p(\boldsymbol{x})\mathrm{d}\Gamma-\int_{\Gamma}F(\boldsymbol{x},\ \boldsymbol{\xi})\psi(\boldsymbol{x})\mathrm{d}\Gamma+\int_{\Omega}G(\boldsymbol{x},\ \boldsymbol{\xi})b(\boldsymbol{x})\mathrm{d}\Omega \tag{2-16}$$

即

$$C\psi(\boldsymbol{\xi})=\int_{\Gamma}G(\boldsymbol{x},\ \boldsymbol{\xi})p(\boldsymbol{x})\mathrm{d}\Gamma-\int_{\Gamma}F(\boldsymbol{x},\ \boldsymbol{\xi})\psi(\boldsymbol{x})\mathrm{d}\Gamma+\int_{\Omega}G(\boldsymbol{x},\ \boldsymbol{\xi})b(\boldsymbol{x})\mathrm{d}\Omega$$

$$C=\begin{cases}0 & \boldsymbol{\xi}\notin\Omega\\ 1 & \boldsymbol{\xi}\in\Omega\end{cases} \tag{2-17}$$

式（2-17）为边界积分方程的基本公式。一般而言，边界位势 $\overline{\psi}$ 或边界位势的方向导数 $\overline{p}$ 其中有一组是已知量，而另一组可以根据式（2-17）进行求解，然后再通过式（2-17）计算域内任一点 $\boldsymbol{\xi}$ 的位势以得到问题的解答。所以早期也将这种方法称为边界积分方程法。

2.2.4　无界域处理

式（2-17）是在有界域中进行推导得到的边界积分公式，下面证明式（2-17）也适用于无界域。以二维问题为例，设 $\boldsymbol{\xi}$ 是有界域边界 Γ 上的一点，$\overline{\Gamma}$ 是以 $\boldsymbol{\xi}$ 为圆心，以 R 为半径的圆形区域的边界，Ω 是边界 Γ 和 $\overline{\Gamma}$ 之间的有界区域，如图 2-1 所示。则以 $\Gamma+\overline{\Gamma}$ 为边界的有限域 Ω 的边界积分方程可以写为

$$\begin{aligned}C\psi(\boldsymbol{\xi})=&\int_{\Gamma}G(\boldsymbol{x},\ \boldsymbol{\xi})p(\boldsymbol{x})\mathrm{d}\Gamma-\int_{\Gamma}F(\boldsymbol{x},\ \boldsymbol{\xi})\psi(\boldsymbol{x})\mathrm{d}\Gamma+\int_{\overline{\Gamma}}G(\boldsymbol{x},\ \boldsymbol{\xi})p(\boldsymbol{x})\mathrm{d}\overline{\Gamma}\\&-\int_{\overline{\Gamma}}F(\boldsymbol{x},\ \boldsymbol{\xi})\psi(\boldsymbol{x})\mathrm{d}\overline{\Gamma}+\int_{\Omega}G(\boldsymbol{x},\ \boldsymbol{\xi})b(\boldsymbol{x})\mathrm{d}\Omega\end{aligned} \tag{2-18}$$

即

$$\begin{aligned}&C\psi(\boldsymbol{\xi})-\int_{\Gamma}G(\boldsymbol{x},\ \boldsymbol{\xi})p(\boldsymbol{x})\mathrm{d}\Gamma+\int_{\Gamma}F(\boldsymbol{x},\ \boldsymbol{\xi})\psi(\boldsymbol{x})\mathrm{d}\Gamma\\&=\int_{\overline{\Gamma}}G(\boldsymbol{x},\ \boldsymbol{\xi})p(\boldsymbol{x})\mathrm{d}\overline{\Gamma}-\int_{\overline{\Gamma}}F(\boldsymbol{x},\ \boldsymbol{\xi})\psi(\boldsymbol{x})\mathrm{d}\overline{\Gamma}+\int_{\Omega}G(\boldsymbol{x},\ \boldsymbol{\xi})b(\boldsymbol{x})\mathrm{d}\Omega\end{aligned} \tag{2-19}$$

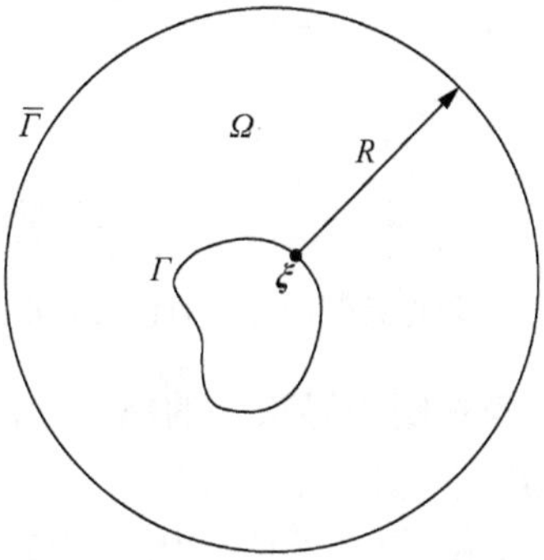

图 2-1　无界域边界积分方程示意图

因此只有当下式成立时

$$\lim_{R\to\infty}\left(\int_{\overline{\Gamma}} G(\boldsymbol{x},\ \boldsymbol{\xi})p(\boldsymbol{x})\mathrm{d}\overline{\Gamma}-\int_{\overline{\Gamma}} F(\boldsymbol{x},\ \boldsymbol{\xi})\psi(\boldsymbol{x})\mathrm{d}\overline{\Gamma}\right)=0 \tag{2-20}$$

式（2-17）才能适用于无界域。下面证明式（2-20）成立。对于二维问题，$G(\boldsymbol{x},\ \boldsymbol{\xi})$ 的数量级为 $1/\ln R$， $F(\boldsymbol{x},\ \boldsymbol{\xi})$ 的数量级为 $1/R$，而 $\psi(\boldsymbol{x})$ 和 $p(\boldsymbol{x})$ 分别具有与 $G(\boldsymbol{x},\ \boldsymbol{\xi})$ 和 $F(\boldsymbol{x},\ \boldsymbol{\xi})$ 相同的数量级。经过曲线积分后，式(2-20)的数量级为 $1/\ln R$，因此当 $R\to\infty$ 可以判定式（2-20）成立。因而，式（2-17）也适用于无界域的情况。

2.2.5　奇性系数

当辅助状态的源点不位于边界上时（$\boldsymbol{\xi}\notin\Gamma$），式（2-17）等号右侧的边界积分项（前两项）不存在奇异性，域内积分项（第三项）在源点处的积分为弱奇性，也较为容易处理。而当源点 $\boldsymbol{\xi}$ 位于边界上时（$\boldsymbol{\xi}\in\Gamma$），因为位势格林函数 $G(\boldsymbol{x},\ \boldsymbol{\xi})$ 含有 r 的正幂次因子，尤其是位势导数格林函数 $F(\boldsymbol{x},\ \boldsymbol{\xi})$ 含有 r 的高次正幂次因子，所以当场点 $\boldsymbol{x}$ 趋近源点 $\boldsymbol{\xi}$ 时，该项将呈现强奇性。计算这类广义积分有时会产生非零的奇性系数，对此必须谨慎对待，否则会出现足够以假乱真的结果。源点 $\boldsymbol{\xi}$ 位于边界时的奇异性处理如图 2-2 所示。

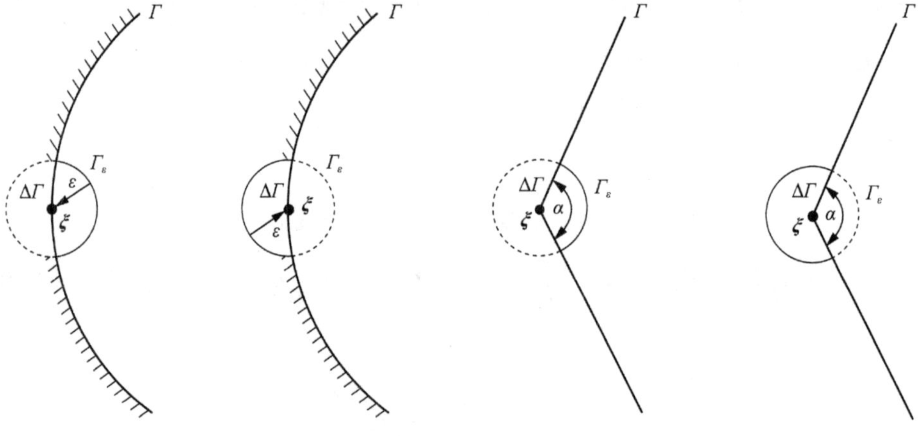

（a）域外点法　（b）域内点法　（c）角点域外点法　（d）角点域内点法

图 2-2　源点 $\boldsymbol{\xi}$ 位于边界时的奇异性处理

下面分析式（2-17）等号右侧边界积分的第二项，即含有位势导数格林函数的积分项。仍以平面问题为例，如图 2-2（a）所示，设想以 $\boldsymbol{\xi}$ 为圆心，以 ε 为半径从域 Ω 内切去一个微小的圆，使分析边界从 Γ 成为 $\Gamma-\Delta\Gamma+\Gamma_{\varepsilon}$。其中 $\Delta\Gamma$ 是边界 Γ 上半径小于 ε 的 $\boldsymbol{\xi}$ 点的邻域部分，Γ_{ε} 是切割后新生的内凹微圆面，它的外法线指向 $\boldsymbol{\xi}$ 点，这样 $\boldsymbol{\xi}$ 点就被划分在了分析域外。当微圆的半径趋于 0 时，这个

假想的分析对象就趋于原状态，即

$$\int_{\Gamma} F(\boldsymbol{x},\ \boldsymbol{\xi})\psi(\boldsymbol{x})\mathrm{d}\Gamma = \lim_{\varepsilon\to 0}\int_{\Gamma-\Delta\Gamma+\Gamma_\varepsilon} F(\boldsymbol{x},\ \boldsymbol{\xi})\psi(\boldsymbol{x})\mathrm{d}\Gamma \tag{2-21}$$

只有当等号右侧的极限存在时，边界积分方程（2-17）在$\boldsymbol{\xi}\in\Gamma$时才有意义。

一般将式（2-21）所表示的广义积分称为柯西（Cauchy）主值积分，或广义积分在 Cauchy 主值意义下存在。拆分式（2-21）的积分域可以得到

$$\begin{aligned}&\lim_{\varepsilon\to 0}\int_{\Gamma-\Delta\Gamma+\Gamma_\varepsilon} F(\boldsymbol{x},\ \boldsymbol{\xi})\psi(\boldsymbol{x})\mathrm{d}\Gamma\\ &= \lim_{\varepsilon\to 0}\int_{\Gamma_\varepsilon} F(\boldsymbol{x},\ \boldsymbol{\xi})\psi(\boldsymbol{x})\mathrm{d}\Gamma + \lim_{\varepsilon\to 0}\int_{\Gamma-\Delta\Gamma} F(\boldsymbol{x},\ \boldsymbol{\xi})\psi(\boldsymbol{x})\mathrm{d}\Gamma\end{aligned} \tag{2-22}$$

式（2-22）等号右侧的第一项积分为

$$\begin{aligned}\lim_{\varepsilon\to 0}\int_{\Gamma_\varepsilon} F(\boldsymbol{x},\ \boldsymbol{\xi})\psi(\boldsymbol{x})\mathrm{d}\Gamma &= \psi(\boldsymbol{\xi})\left(\lim_{\varepsilon\to 0}\int_{\Gamma_\varepsilon}\frac{1}{2\pi\varepsilon}\mathrm{d}\Gamma\right)\\ &= \psi(\boldsymbol{\xi})\left(\lim_{\varepsilon\to 0}\int_0^{\pi}\frac{1}{2\pi\varepsilon}\varepsilon\mathrm{d}\theta\right) = \frac{1}{2}\psi(\boldsymbol{\xi})\end{aligned} \tag{2-23}$$

式（2-22）等号右侧的第二项仍是 Cauchy 主值积分，记为

$$\lim_{\varepsilon\to 0}\int_{\Gamma-\Delta\Gamma} F(\boldsymbol{x},\ \boldsymbol{\xi})\psi(\boldsymbol{x})\mathrm{d}\Gamma = \mathrm{P.V.}\int_{\Gamma} F(\boldsymbol{x},\ \boldsymbol{\xi})\psi(\boldsymbol{x})\mathrm{d}\Gamma \tag{2-24}$$

将式（2-23）和式（2-24）代入式（2-17），但为了方便仍将式（2-24）右侧写成原公式中的形式，则有

$$\frac{1}{2}\psi(\boldsymbol{\xi}) = \int_{\Gamma} G(\boldsymbol{x},\ \boldsymbol{\xi})p(\boldsymbol{x})\mathrm{d}\Gamma - \int_{\Gamma} F(\boldsymbol{x},\ \boldsymbol{\xi})\psi(\boldsymbol{x})\mathrm{d}\Gamma + \int_{\Omega} G(\boldsymbol{x},\ \boldsymbol{\xi})b(\boldsymbol{x})\mathrm{d}\Omega \tag{2-25}$$

即$C=1/2$，这里C是 Cauchy 主值积分过程中产生的奇性系数。

若以$\boldsymbol{\xi}$为圆心，以ε为半径为域Ω增加一个微小的圆也可以得到同样结论，如图 2-2（b）所示。新生微圆面Γ_ε为外凸面，它的外法线指向$\boldsymbol{\xi}$点，这种情况下的分析边界为$\Gamma-\Delta\Gamma-\Gamma_\varepsilon$，按照类似的步骤，可以得

$$\begin{aligned}\psi(\boldsymbol{\xi}) = &\int_{\Gamma} G(\boldsymbol{x},\ \boldsymbol{\xi})p(\boldsymbol{x})\mathrm{d}\Gamma + \frac{1}{2}\psi(\boldsymbol{\xi}) - \int_{\Gamma} F(\boldsymbol{x},\ \boldsymbol{\xi})\psi(\boldsymbol{x})\mathrm{d}\Gamma\\ &+\int_{\Omega} G(\boldsymbol{x},\ \boldsymbol{\xi})b(\boldsymbol{x})\mathrm{d}\Omega\end{aligned} \tag{2-26}$$

式中的奇性系数仍为$C=1/2$。当Γ为非光滑边界且源点$\boldsymbol{\xi}$位于不光滑点时，如图 2-2（c）和（d）所示，无论采用域外点法还是域内点法，均有

$$C=\frac{\alpha}{2\pi} \tag{2-27}$$

式中，α 为边界夹角弧度。

继续分析式（2-17）等号右侧边界积分的第一项，即含位势格林函数的积分项，可以发现其奇性系数为 0，因此式（2-17）的完整形式为

$$C\psi(\boldsymbol{\xi})=\int_{\Gamma}G(\boldsymbol{x},\ \boldsymbol{\xi})p(\boldsymbol{x})\mathrm{d}\Gamma-\int_{\Gamma}F(\boldsymbol{x},\ \boldsymbol{\xi})\psi(\boldsymbol{x})\mathrm{d}\Gamma+\int_{\Omega}G(\boldsymbol{x},\ \boldsymbol{\xi})b(\boldsymbol{x})\mathrm{d}\Omega$$
$$C=\begin{cases}0 & \boldsymbol{\xi}\notin\Omega\\ 1/2 & \boldsymbol{\xi}\in\Gamma\\ 1 & \boldsymbol{\xi}\in\Omega\end{cases} \tag{2-28}$$

为了与 2.3 节介绍的间接边界元法的书写习惯保持一致，调整式（2-28）中源点和场点的符号，并根据互等定理：

$$G(\boldsymbol{x},\ \boldsymbol{\xi})=G(\boldsymbol{\xi},\ \boldsymbol{x}),\qquad F(\boldsymbol{x},\ \boldsymbol{\xi})=F(\boldsymbol{\xi},\ \boldsymbol{x}) \tag{2-29}$$

可以得到

$$C\psi(\boldsymbol{x})+\int_{\Gamma}F(\boldsymbol{x},\ \boldsymbol{\xi})\psi(\boldsymbol{\xi})\mathrm{d}\Gamma=\int_{\Gamma}G(\boldsymbol{x},\ \boldsymbol{\xi})p(\boldsymbol{\xi})\mathrm{d}\Gamma+\int_{\Omega}G(\boldsymbol{x},\ \boldsymbol{\xi})b(\boldsymbol{\xi})\mathrm{d}\Omega$$
$$C=\begin{cases}0 & \boldsymbol{x}\notin\Omega\\ 1/2 & \boldsymbol{x}\in\Gamma\\ 1 & \boldsymbol{x}\in\Omega\end{cases} \tag{2-30}$$

式（2-30）也是边界积分方程的完整形式。对于点源格林函数，因为场点 $\boldsymbol{x}$ 趋近源点 $\boldsymbol{\xi}$ 时，格林函数 $G(\boldsymbol{x},\ \boldsymbol{\xi})$ 和 $F(\boldsymbol{x},\ \boldsymbol{\xi})$ 具有奇异性，所以式（2-30）中的积分仍为 Cauchy 主值积分。有关主值积分、强奇性、弱奇性等数学概念，一般的工科学生并不熟悉，本书作为附录列在最后，供读者参考。

对于空间问题，可以得到完全类似的奇性系数，只是当边界曲面非光滑时，奇性系数应为

$$C=\frac{\alpha}{4\pi} \tag{2-31}$$

式中，α 为微球面对应的立体角。

2.3　两种代表性方法

2.3.1　直接边界元法

对于式（2-30）中的边界积分方程所涉及的格林函数，只有在极简单的情况

下才有解析形式的解，从而在整个边界进行积分计算。一般而言，大多数实际问题需要用到的格林函数都需通过数值方法进行计算，这就要对边界 Γ 进行离散处理，使其成为若干单元后再对每个单元应用边界积分方程。这种处理方式使原问题的无限自由度转化为有限自由度，这种基于边界积分方程的离散化数值分析方法就是边界元法。

下面阐述具体步骤。首先将问题的边界按照一定方式离散为 N 个单元，在每个单元上选取一个源点 $\boldsymbol{\xi}^j$，并用上脚标 j 表示源点的序号，如图 2-3 所示。场点 $\boldsymbol{x}^l$ 可以位于边界上、域内或域外，并用上脚标 l 表示场点的序号。

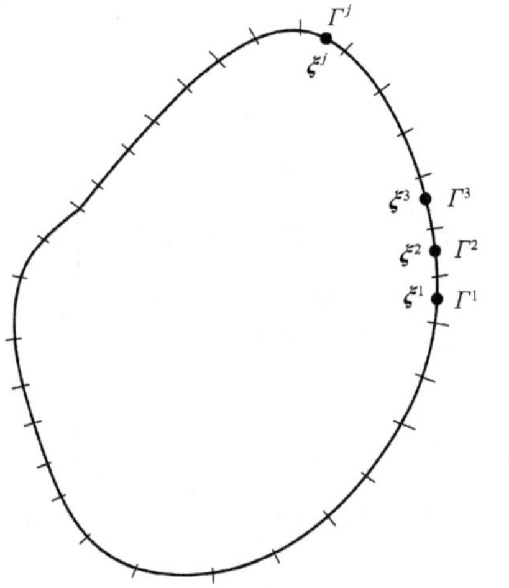

图 2-3 边界单元离散与边界元法

经过边界离散后，式（2-30）成为

$$\sum_{j=1}^{N}\int_{\Gamma^j} F^{lj}\chi^j\psi^j = \sum_{j=1}^{N}\int_{\Gamma^j} G^{lj}\chi^j p^j + B^l \tag{2-32}$$

式中，Γ^j 为属于第 j 单元的边界；χ^j 为单元插值函数，另外

$$F^{lj} = \begin{cases} F(\boldsymbol{x}^l,\ \boldsymbol{\xi}^j) & \text{其他} \\ F(\boldsymbol{x}^l,\ \boldsymbol{\xi}^j)+0.5 & \boldsymbol{x}^l \in \Gamma,\ \boldsymbol{x}^l = \boldsymbol{\xi}^j \\ F(\boldsymbol{x}^l,\ \boldsymbol{\xi}^j)+1 & \boldsymbol{x}^l \in \Omega \end{cases} \tag{2-33a}$$

$$G^{lj} = G(\boldsymbol{x}^l,\ \boldsymbol{\xi}^j) \tag{2-33b}$$

$$\psi^j = \psi(\boldsymbol{\xi}^j) \tag{2-33c}$$

$$p^j = p(\boldsymbol{\xi}^j) \tag{2-33d}$$

$$B^l = \int_{\Omega} G(\boldsymbol{x}^l, \boldsymbol{\xi}) b(\boldsymbol{\xi}) \mathrm{d}\Omega \qquad \boldsymbol{\xi} \in \Omega \tag{2-33e}$$

若取插值函数为常数，并将每一段边界 Γ^j 简化为直线段，式（2-32）成为

$$\sum_{j=1}^{N} F^{lj} \psi^j s^j = \sum_{j=1}^{N} G^{lj} p^j s^j + B^l \tag{2-34}$$

式中，s^j 表示边界 Γ^j 的长度，这里应注意，当源点 $\boldsymbol{\xi}^j$ 和场点 $\boldsymbol{x}^l$ 是边界上的不光滑点时，式（2-33a）的奇性系数应按式（2-27）或式（2-31）取用。

若以 $l=1, 2, \cdots, N$ 等一系列场点作为计算目标，则可以得到一组 N 阶线性代数方程组

$$\boldsymbol{F}\boldsymbol{\psi} = \boldsymbol{G}\boldsymbol{P} + \boldsymbol{B}$$

$$\boldsymbol{F} = \begin{bmatrix} F^{11} & F^{12} & \cdots & F^{1j} & \cdots & F^{1N} \\ F^{21} & F^{22} & \cdots & F^{2j} & \cdots & F^{2N} \\ \vdots & \vdots & & \vdots & & \vdots \\ F^{l1} & F^{l2} & \cdots & F^{lj} & \cdots & F^{lN} \\ \vdots & \vdots & & \vdots & & \vdots \\ F^{N1} & F^{N2} & \cdots & F^{Nj} & \cdots & F^{NN} \end{bmatrix}, \quad \boldsymbol{\psi} = \begin{bmatrix} \psi^1 \\ \psi^2 \\ \vdots \\ \psi^j \\ \vdots \\ \psi^N \end{bmatrix}$$

$$\boldsymbol{G} = \begin{bmatrix} G^{11} & G^{12} & \cdots & G^{1j} & \cdots & G^{1N} \\ G^{21} & G^{22} & \cdots & G^{2j} & \cdots & G^{2N} \\ \vdots & \vdots & & \vdots & & \vdots \\ G^{l1} & G^{l2} & \cdots & G^{lj} & \cdots & G^{lN} \\ \vdots & \vdots & & \vdots & & \vdots \\ G^{N1} & G^{N2} & \cdots & G^{Nj} & \cdots & G^{NN} \end{bmatrix}, \quad \boldsymbol{P} = \begin{bmatrix} p^1 \\ p^2 \\ \vdots \\ p^j \\ \vdots \\ p^N \end{bmatrix}, \quad \boldsymbol{B} = \begin{bmatrix} B^1 \\ B^2 \\ \vdots \\ B^j \\ \vdots \\ B^N \end{bmatrix} \tag{2-35}$$

当真实状态的边界位势 $\boldsymbol{\psi}$ 已知时，可解方程（2-35）得到边界位势的方向导数 $\boldsymbol{P}$，或当真实状态的边界位势方向导数 $\boldsymbol{P}$ 已知时，可解方程得到边界位势 $\boldsymbol{\psi}$。在整个过程中未知量仅出现在边界，而不涉及域内未知量。在生成线性代数方程组的过程中，源点数量也可以不等于场点数量，这种情况下应通过最小二乘法得到结果。所有的边界元问题最终都可以归结为类似式(2-35)的一组方程组，当体源项 $\boldsymbol{B}=\boldsymbol{0}$ 时，可以得到

$$\boldsymbol{F}\boldsymbol{\psi} = \boldsymbol{G}\boldsymbol{P} \tag{2-36}$$

式（2-36）为边界元法的本征值方程。由于式（2-35）是直接根据边界积分方程得到的本征值方程，这种边界元方法称为直接边界元法。

2.3.2 间接边界元法

设区域Ω的边界Γ上存在某种未知的分布势源$\Psi(\boldsymbol{\xi})$，根据格林函数的含义，任一场点$\boldsymbol{x}$的位势和位势方向导数可以通过边界积分表示为

$$\psi(\boldsymbol{x})=\int_{\Gamma}G(\boldsymbol{x},\ \boldsymbol{\xi})\Psi(\boldsymbol{\xi})\mathrm{d}\Gamma \tag{2-37a}$$

$$p(\boldsymbol{x})=\hat{C}\Psi(\boldsymbol{x})+\int_{\Gamma}F(\boldsymbol{x},\ \boldsymbol{\xi})\Psi(\boldsymbol{\xi})\mathrm{d}\Gamma \qquad \hat{C}=\begin{cases}0 & \boldsymbol{x}\notin\Gamma\\ 1/2 & \boldsymbol{x}\in\Gamma\end{cases} \tag{2-37b}$$

和直接边界元法的情况相同，当场点$\boldsymbol{x}$和源点$\boldsymbol{\xi}$均位于边界上时，强奇性积分的奇性系数为$\hat{C}$=1/2，且式（2-37）中的积分仍为Cauchy主值积分。

仍然将问题边界按照一定方式离散为N个单元，并在每个单元上选取源点$\boldsymbol{\xi}^j$，按照和直接边界元法类似的思路，可以得到方程组

$$\boldsymbol{\psi}=\boldsymbol{G\Psi} \tag{2-38a}$$

$$\boldsymbol{p}=\boldsymbol{F\Psi} \tag{2-38b}$$

式中，位势$\boldsymbol{\psi}$、位势方向导数$\boldsymbol{p}$、格林函数$\boldsymbol{G}$和$\boldsymbol{F}$的表达式与式（2-35）相同，而分布势源$\boldsymbol{\Psi}$为

$$\boldsymbol{\Psi}=\begin{bmatrix}\Psi^1 & \Psi^2 & \cdots & \Psi^j & \cdots & \Psi^N\end{bmatrix}^{\mathrm{T}} \tag{2-39}$$

但注意格林函数$\boldsymbol{F}$的元素在间接边界元法中稍有不同

$$F^{lj}=\begin{cases}F(\boldsymbol{x}^l,\ \boldsymbol{\xi}^j) & \text{其他}\\ F(\boldsymbol{x}^l,\ \boldsymbol{\xi}^j)+0.5 & \boldsymbol{x}^l\in\Gamma,\ \boldsymbol{x}^l=\boldsymbol{\xi}^j\end{cases} \tag{2-40}$$

式中，$\boldsymbol{x}^l$仍表示场点。当边界位势$\boldsymbol{\psi}$已知时，根据式（2-37a）并选取适合个数的场点后，可求得分布势源$\boldsymbol{\Psi}$，进而根据式（2-37a）和式（2-37b）计算任一点的位势和位势方向导数。而当边界位势方向导数$\boldsymbol{p}$为已知时，也可按照类似步骤进行。这里的分布势源$\boldsymbol{\Psi}$并非真实存在的势源，而是边界上的某个间接变量，可以将其理解为边界上的虚拟荷载。因为是通过虚拟荷载间接地对位势或位势方向导数进行计算，所以这种边界元方法也称为间接边界元法。

2.3.3 等价性

就一般习惯而言，直接边界元法是对场点进行积分，如式（2-28），而间接边界元法是对源点进行积分，且两种方法的思维逻辑、计算方法、公式表达都不同。但可以证明，间接边界元法式（2-37）与直接边界元法式（2-30）是完全等价的，

二者实际上属于同一问题的两种不同表述方式。

1）先以 $\boldsymbol{x}\in\Omega$ 为例。不考虑体源 b 的作用有

$$\psi(\boldsymbol{x})=\int_{\Gamma}G(\boldsymbol{x},\ \boldsymbol{\xi})p(\boldsymbol{\xi})\mathrm{d}\Gamma-\int_{\Gamma}F(\boldsymbol{x},\ \boldsymbol{\xi})\psi(\boldsymbol{\xi})\mathrm{d}\Gamma \tag{2-41}$$

设 Ω' 是 Ω 的外部区域，两个区域共享边界 Γ 。在区域 Ω' 中定义一个新的位势问题 ψ'，使其在边界 Γ 上满足以下边界条件

$$\psi'=\psi \tag{2-42}$$

根据式（2-30），因 $\boldsymbol{x}\in\Omega$，故而 $\boldsymbol{x}\notin\Omega'$，所以有

$$0=-\int_{\Gamma}G(\boldsymbol{x},\ \boldsymbol{\xi})p'(\boldsymbol{\xi})\mathrm{d}\Gamma-\int_{\Gamma}F(\boldsymbol{x},\ \boldsymbol{\xi})\psi'(\boldsymbol{\xi})\mathrm{d}\Gamma \tag{2-43}$$

因两个区域 Ω' 和 Ω 的外法线方向刚好相反，所以式（2-43）等号右边的第一项存在负号。式（2-41）与式（2-43）相减得到

$$\psi(\boldsymbol{x})=\int_{\Gamma}G(\boldsymbol{x},\ \boldsymbol{\xi})[p(\boldsymbol{\xi})+p'(\boldsymbol{\xi})]\mathrm{d}\Gamma \tag{2-44}$$

设 $\Psi(\boldsymbol{\xi})=p(\boldsymbol{\xi})+p'(\boldsymbol{\xi})$，有

$$\psi(\boldsymbol{x})=\int_{\Gamma}G(\boldsymbol{x},\ \boldsymbol{\xi})\Psi(\boldsymbol{\xi})\mathrm{d}\Gamma \tag{2-45}$$

式中，$\Psi(\boldsymbol{\xi})$ 为式（2-37a）中的虚拟荷载。

若在区域 Ω' 中定义另一个新位势问题 ψ'，使其在边界 Γ 上满足以下边界条件

$$p'=p \tag{2-46}$$

则式（2-41）与式（2-43）相加得到

$$\psi(\boldsymbol{x})=\int_{\Gamma}F(\boldsymbol{x},\ \boldsymbol{\xi})[-\psi(\boldsymbol{\xi})-\psi'(\boldsymbol{\xi})]\mathrm{d}\Gamma \tag{2-47}$$

设 $\Phi(\boldsymbol{\xi})=-\psi(\boldsymbol{\xi})-\psi'(\boldsymbol{\xi})$，有

$$\psi(\boldsymbol{x})=\int_{\Gamma}F(\boldsymbol{x},\ \boldsymbol{\xi})\Phi(\boldsymbol{\xi})\mathrm{d}\Gamma \tag{2-48}$$

对于线性问题，可以通过调整 $\Phi(\boldsymbol{\xi})$ 的表达式使下式成立

$$p(\boldsymbol{x})=\int_{\Gamma}F(\boldsymbol{x},\ \boldsymbol{\xi})\Phi(\boldsymbol{\xi})\mathrm{d}\Gamma \tag{2-49}$$

式中，$\Phi(\boldsymbol{\xi})$ 为式（2-37b）中的虚拟荷载——虽然 $\Phi(\boldsymbol{\xi})$ 可能与式（2-37b）中虚拟荷载 $\Psi(\boldsymbol{\xi})$ 的含义不同。

下面证明式（2-49）的虚拟荷载$\Phi(\xi)$和式（2-37b）的虚拟荷载$\Psi(\xi)$是完全相同的两个量。对式（2-30）的符号稍做改写，不考虑体源项时有

$$C\psi(\boldsymbol{\xi}')+\int_{\Gamma'}F(\boldsymbol{\xi}',\boldsymbol{x})\psi(\boldsymbol{x})\mathrm{d}\Gamma'=\int_{\Gamma'}G(\boldsymbol{\xi}',\boldsymbol{x})p(\boldsymbol{x})\mathrm{d}\Gamma' \qquad \boldsymbol{x}\in\Gamma',\ \boldsymbol{\xi}'\in\Gamma \tag{2-50}$$

式中，Γ'是Γ内部的一条边界。因$\boldsymbol{x}\in\Omega$，所以$\boldsymbol{\xi}'$相对于$\boldsymbol{x}$而言是外部点，取$C=0$。将式（2-45）和式（2-49）代入式（2-50）则有

$$\int_{\Gamma'}F(\boldsymbol{\xi}',\boldsymbol{x})\left[\int_{\Gamma}G(\boldsymbol{x},\boldsymbol{\xi})\Psi(\boldsymbol{\xi})\mathrm{d}\Gamma\right]\mathrm{d}\Gamma'=\int_{\Gamma'}G(\boldsymbol{\xi}',\boldsymbol{x})\left[\int_{\Gamma}F(\boldsymbol{x},\boldsymbol{\xi})\Phi(\boldsymbol{\xi})\mathrm{d}\Gamma\right]\mathrm{d}\Gamma' \tag{2-51}$$

因$\boldsymbol{\xi}'$和$\boldsymbol{\xi}$同属边界点，且格林函数具有源点与场点的可交换性，故有

$$\int_{\Gamma'}\int_{\Gamma}F(\boldsymbol{\xi}',\boldsymbol{x})G(\boldsymbol{x},\boldsymbol{\xi})\Psi(\boldsymbol{\xi})\mathrm{d}\Gamma\mathrm{d}\Gamma'=\int_{\Gamma'}\int_{\Gamma}F(\boldsymbol{\xi}',\boldsymbol{x})G(\boldsymbol{x},\boldsymbol{\xi})\Phi(\boldsymbol{\xi})\mathrm{d}\Gamma\mathrm{d}\Gamma' \tag{2-52}$$

所以必有$\Phi(\boldsymbol{\xi})=\Psi(\boldsymbol{\xi})$。

证毕。

由证明过程可知，间接边界元法的虚拟荷载虽然可由位势或位势方向导数通过某种映射关系得到，但其实际上并无任何特别明确的物理含义，应将其理解为对求解问题有所帮助的一个间接变量。

2）当$\boldsymbol{x}\in\Gamma$时，通过在区域Ω'中定义两个新的位势问题，并调整虚拟荷载的表达式，可以得到

$$\psi(\boldsymbol{x})=\int_{\Gamma}G(\boldsymbol{x},\boldsymbol{\xi})\Psi(\boldsymbol{\xi})\mathrm{d}\Gamma \tag{2-53a}$$

$$p(\boldsymbol{x})=\frac{1}{2}\Phi(\boldsymbol{x})+\int_{\Gamma}F(\boldsymbol{x},\boldsymbol{\xi})\Phi(\boldsymbol{\xi})\mathrm{d}\Gamma \tag{2-53b}$$

在式（2-53）中，因$\boldsymbol{\xi}'$和$\boldsymbol{x}$均为边界点，有$\hat{C}=1/2$。将式（2-53）代入式（2-50）可以得到

$$\begin{aligned}&\frac{1}{2}\psi(\boldsymbol{\xi}')+\int_{\Gamma'}F(\boldsymbol{\xi}',\boldsymbol{x})\left[\int_{\Gamma}G(\boldsymbol{x},\boldsymbol{\xi})\Psi(\boldsymbol{\xi})\mathrm{d}\Gamma\right]\mathrm{d}\Gamma'\\&=\int_{\Gamma'}G(\boldsymbol{\xi}',\boldsymbol{x})\left[\frac{1}{2}\Phi(\boldsymbol{x})+\int_{\Gamma}F(\boldsymbol{x},\boldsymbol{\xi})\Phi(\boldsymbol{\xi})\mathrm{d}\Gamma\right]\mathrm{d}\Gamma'\end{aligned} \tag{2-54}$$

因$\boldsymbol{\xi}'$、$\boldsymbol{\xi}$和$\boldsymbol{x}$均为边界点，有

$$\begin{aligned}&\frac{1}{2}\psi(\boldsymbol{\xi}')+\int_{\Gamma}\int_{\Gamma}F(\boldsymbol{\xi}',\boldsymbol{x})G(\boldsymbol{x},\boldsymbol{\xi})\Psi(\boldsymbol{\xi})\mathrm{d}\Gamma\mathrm{d}\Gamma\\&=\int_{\Gamma}\frac{1}{2}G(\boldsymbol{\xi}',\boldsymbol{x})\Phi(\boldsymbol{x})\mathrm{d}\Gamma+\int_{\Gamma}G(\boldsymbol{\xi}',\boldsymbol{x})\left[\int_{\Gamma}F(\boldsymbol{x},\boldsymbol{\xi})\Phi(\boldsymbol{\xi})\mathrm{d}\Gamma\right]\mathrm{d}\Gamma\end{aligned} \tag{2-55}$$

即

$$\frac{1}{2}\psi(\boldsymbol{\xi}')+\int_{\Gamma}\int_{\Gamma}F(\boldsymbol{\xi}',\boldsymbol{x})G(\boldsymbol{x},\boldsymbol{\xi})\Psi(\boldsymbol{\xi})\mathrm{d}\Gamma\mathrm{d}\Gamma$$
$$=\frac{1}{2}\psi(\boldsymbol{\xi}')+\int_{\Gamma}\int_{\Gamma}F(\boldsymbol{\xi}',\boldsymbol{x})G(\boldsymbol{x},\boldsymbol{\xi})\Phi(\boldsymbol{\xi})\mathrm{d}\Gamma\mathrm{d}\Gamma \tag{2-56}$$

所以必有$\Phi(\boldsymbol{\xi})=\Psi(\boldsymbol{\xi})$，证毕。

3）当$\boldsymbol{x}\notin\Omega$时，因$\boldsymbol{x}\in\Omega'$，所以证明方法和情况1）基本类似。仍在区域$\Omega'$中定义两个新的位势问题$\psi'$和$p'$，并通过调整虚拟荷载表达式得到

$$\psi'(\boldsymbol{x})=\int_{\Gamma}G(\boldsymbol{x},\boldsymbol{\xi})\Psi(\boldsymbol{\xi})\mathrm{d}\Gamma \tag{2-57a}$$

$$p'(\boldsymbol{x})=\int_{\Gamma}F(\boldsymbol{x},\boldsymbol{\xi})\Phi(\boldsymbol{\xi})\mathrm{d}\Gamma \tag{2-57b}$$

因原位势问题ψ在区域Ω'中无定义，所以式（2-57）等号右边的$G(\boldsymbol{x},\boldsymbol{\xi})$和$F(\boldsymbol{x},\boldsymbol{\xi})$是另外定义在区域$\Omega'$中的格林函数。

仍设$\boldsymbol{\xi}'\in\Gamma$，对区域$\Omega'$而言，$\boldsymbol{\xi}'$是$\boldsymbol{x}$的外部点，因此式（2-50）应为

$$0\times\psi'(\boldsymbol{\xi}')+\int_{\Gamma'}F(\boldsymbol{\xi}',\boldsymbol{x})\psi'(\boldsymbol{x})\mathrm{d}\Gamma'=\int_{\Gamma'}G(\boldsymbol{\xi}',\boldsymbol{x})p'(\boldsymbol{x})\mathrm{d}\Gamma' \quad \boldsymbol{x}\in\Gamma' \tag{2-58}$$

将式（2-57）代入式（2-58）得到

$$\int_{\Gamma'}F(\boldsymbol{\xi}',\boldsymbol{x})\left[\int_{\Gamma}G(\boldsymbol{x},\boldsymbol{\xi})\Psi(\boldsymbol{\xi})\mathrm{d}\Gamma\right]\mathrm{d}\Gamma'=\int_{\Gamma'}G(\boldsymbol{\xi}',\boldsymbol{x})\left[\int_{\Gamma}F(\boldsymbol{x},\boldsymbol{\xi})\Phi(\boldsymbol{\xi})\mathrm{d}\Gamma\right]\mathrm{d}\Gamma' \tag{2-59}$$

因$\boldsymbol{\xi}'$和$\boldsymbol{\xi}$同属边界点，有

$$\int_{\Gamma'}\int_{\Gamma}F(\boldsymbol{\xi}',\boldsymbol{x})G(\boldsymbol{x},\boldsymbol{\xi})\Psi(\boldsymbol{\xi})\mathrm{d}\Gamma\mathrm{d}\Gamma'=\int_{\Gamma'}\int_{\Gamma}F(\boldsymbol{\xi}',\boldsymbol{x})G(\boldsymbol{x},\boldsymbol{\xi})\Phi(\boldsymbol{\xi})\mathrm{d}\Gamma\mathrm{d}\Gamma' \tag{2-60}$$

所以必有$\Phi(\boldsymbol{\xi})=\Psi(\boldsymbol{\xi})$，证毕。

通过以上证明，可知直接边界元法和间接边界元法实质上是同一种方法，只是表达方式不同。在间接边界元法虚拟荷载建立的过程中，对Ω和Ω'的边界位势或其方向导数进行了相加或相减，因此可以将间接边界元法的虚拟荷载理解为边界上的双层势，而直接边界元法的式（2-28）或式（2-30）中的位势或位势方向导数，则是一种单层势。

2.4　弹性力学问题

2.4.1　控制微分方程

弹性力学问题是高次超静定问题，必须综合运用平衡条件、几何方程和物理方程，再配以相应的边界条件才能得到定解。对于各向同性的线弹性体，可以列

出 15 个独立方程，具体如下。

1）3 个表示受力状态的平衡方程。

$$\sigma_{mn,n}+b_m=0 \qquad \boldsymbol{x}\in\Omega \tag{2-61}$$

对于静力问题，等号右边的惯性力项为 0，若以位移为基本未知量可将平衡方程表示为

$$(\lambda+\mu)u_{n,nm}+\mu u_{m,nn}+b_m=0 \qquad \boldsymbol{x}\in\Omega \tag{2-62}$$

式（2-62）是弹性力学问题的拉梅方程。

2）6 个表示位移和应变关系的几何方程。

$$\varepsilon_{mn}=\frac{u_{m,n}+u_{n,m}}{2} \qquad \boldsymbol{x}\in\Omega \tag{2-63}$$

3）6 个表示应力和应变关系的物理方程，即广义胡克定律。

$$\sigma_{mn}=2\mu\varepsilon_{mn}+\lambda\varepsilon_{kk}\delta_{mn} \qquad \boldsymbol{x}\in\Omega \tag{2-64}$$

式（2-62）~式（2-64）中，变量σ、ε、u和b分别表示点$\boldsymbol{x}$处的应力、应变、位移和分布体力；λ和μ为两个拉梅常数；Ω为问题的分析域。变量的角标是根据指标符号表示的求和约定。根据这一约定，如果公式的某一项重复出现了两个相同的指标，则代表将该指标符号遍历取值范围并求和；同一项中不重复的指标为自由指标，自由指标也应遍历整个取值范围，但不求和；δ_{mn}是根据求和约定表示的特殊指标符号——克罗内克符号。对于二维问题，指标符号的取值范围为$m,n,k\in\{1, 2\}$，对于三维问题其取值范围$m,n,k\in\{1, 2, 3\}$。用指标符号表示的变量代表张量中的元素。有关指标符号、求和约定和张量请参考附录 A。

线弹性体的 15 个控制微分方程一共涉及了 15 个未知量，即 3 个位移分量、6 个应变分量和 6 个应力分量。为了得到定解，这些未知量需要满足一定的边界条件，弹性力学的边界条件仍然分为以下两种。

1）Dirichlet 边界条件为

$$u_m=\bar{u}_m \qquad \boldsymbol{x}\in\Gamma \tag{2-65}$$

2）Neumann 边界条件为

$$t_m=\sigma_{mn}l_n=\bar{t}_m \qquad \boldsymbol{x}\in\Gamma \tag{2-66}$$

式中，l_n表示边界Γ上点$\boldsymbol{x}$处的外法线方向；t_m为点$\boldsymbol{x}$沿该方向的应力；$\bar{u}_m$和$\bar{t}_m$为已知的边界位移和应力。

2.4.2　互等定理

下面考虑同一弹性体的两种受力状态：对于一个具有边界 $\varGamma$ 的区域 $\varOmega$，存在由体力 b_m 和表面力 t_m 引起的位移 u_m 状态，以及由体力 b'_m 和表面力 t'_m 引起的位移 u'_m 状态，两种力状态都是可能的静力平衡状态，而对应的两种变形状态都满足变形协调条件。计算 b'_m 和 t'_m 在 u_m 上所做的功，利用平衡方程可以写出

$$\int_{\varOmega} b'_m u_m \mathrm{d}\varOmega + \int_{\varGamma} t'_m u_m \mathrm{d}\varGamma = -\int_{\varOmega} \sigma'_{mn,n} u_m \mathrm{d}\varOmega + \int_{\varGamma} \sigma'_{mn} l_n u_m \mathrm{d}\varGamma \qquad \boldsymbol{x} \in \varOmega \tag{2-67}$$

需要注意的是，用指标符号表示的求和约定，重复出现两个相同指标的项都代表将该项指标符号遍历取值范围并求和。再根据高斯公式有

$$\begin{aligned}\int_{\varOmega} b'_m u_m \mathrm{d}\varOmega + \int_{\varGamma} t'_m u_m \mathrm{d}\varGamma &= \int_{\varOmega} (\sigma'_{mn} u_{m,n}) \mathrm{d}\varOmega - \int_{\varOmega} \sigma'_{mn,n} u_m \mathrm{d}\varOmega \\ &= \int_{\varOmega} \sigma'_{mn} u_{m,n} \mathrm{d}\varOmega = \int_{\varOmega} \sigma'_{mn} \varepsilon_{mn} \mathrm{d}\varOmega \qquad \boldsymbol{x} \in \varOmega\end{aligned} \tag{2-68}$$

式（2-68）是虚功原理的表达式，具体可以表述为，某一静力可能状态在另一与之不相关的变形可能状态上所做的虚功，等于其变形能。在虚功原理的推导过程中没有涉及本构关系，因此虚功原理适用于任何连续体，不仅包括线弹性体，还包括非线弹性体。

而对于线弹性体，根据胡克定律可以进一步得到

$$\int_{\varOmega} b'_m u_m \mathrm{d}\varOmega + \int_{\varGamma} t'_m u_m \mathrm{d}\varGamma = \int_{\varOmega} E \varepsilon'_{mn} \varepsilon_{mn} \mathrm{d}\varOmega \qquad \boldsymbol{x} \in \varOmega \tag{2-69}$$

式中，E 为弹性模量。计算 b_m 和 b_m 在 u'_m 上所做的虚功，可以写出和式（2-69）等号右端完全相同的结果，因此可以得到

$$\int_{\varOmega} b'_m u_m \mathrm{d}\varOmega + \int_{\varGamma} t'_m u_m \mathrm{d}\varGamma = \int_{\varOmega} b_m u'_m \mathrm{d}\varOmega + \int_{\varGamma} t_m u'_m \mathrm{d}\varGamma \qquad \boldsymbol{x} \in \varOmega \tag{2-70}$$

式（2-70）是弹性力学的贝蒂（Betti）互等定理，它可以叙述如下：当线弹性体承受两组受力状态时，那么第一组体积力和表面力在由第二组力所引起的位移上做的功，等于第二组体积力和表面力在第一组力所引起的位移上做的功。应该强调的是，互等定理只适用于线弹性体。

2.4.3　边界积分方程

弹性体边界积分方程的推导和位势问题边界积分方程的推导类似，首先假定弹性体互等定理的两组状态，一组是待求的真实状态，另一组是为了求解方便而引入的辅助状态。一般情况下引入的辅助状态是，当沿着源点 $\boldsymbol{\xi} = (\xi_1 \quad \xi_2 \quad \xi_3)$ 的 m 方向作用一集中力时（$m = 1,2,3$），场点 $\boldsymbol{x} = (x_1 \quad x_2 \quad x_3)$ 沿 n 方向的位移响应（$n = 1,2,3$），它是含有体力 b_m 的方程（2-61）的解。

$$b_m = \delta_{mn} \delta(\boldsymbol{x} - \boldsymbol{\xi}) \tag{2-71}$$

式中，δ_{mn} 为克罗内克符号，具有下列性质

$$\delta_{mn}=\begin{cases}0 & m\neq n\\ 1 & m=n\end{cases} \tag{2-72}$$

辅助态的解就是弹性力学中的经典开尔文（Kelvin）问题。对于在整个区域上材料常数都为定值的弹性体，这个问题存在经典的解析表达式。若将 Kelvin 问题的位移表示为位移格林函数 $G_{mn}(\boldsymbol{x},\boldsymbol{\xi})$，将应力表示为应力格林函数 $F_{mn}(\boldsymbol{x},\boldsymbol{\xi})$，则有

$$G_{mn}(\boldsymbol{x},\boldsymbol{\xi})=\frac{1}{16\pi(1-\nu)\mu r}\left[(3-4\nu)\delta_{mn}+\frac{\partial r}{\partial x_m}\frac{\partial r}{\partial x_n}\right] \tag{2-73a}$$

$$F_{mn}(\boldsymbol{x},\boldsymbol{\xi})=-\frac{1}{8\pi(1-\nu)r^2}\left\{\left[(1-2\nu)\delta_{mn}+3\frac{\partial r}{\partial x_m}\frac{\partial r}{\partial x_n}\right]\frac{\partial r}{\partial l}-(1-2\nu)\left(\frac{\partial r}{\partial x_m}l_n-\frac{\partial r}{\partial x_n}l_m\right)\right\} \tag{2-73b}$$

式中，ν 为泊松比；$r=|\boldsymbol{x}-\boldsymbol{\xi}|$；$r_m=x_m-\xi_m$。通过对三维解（2-73）在某个方向上进行积分，可以得到二维解为

$$G_{mn}(\boldsymbol{x},\boldsymbol{\xi})=\frac{1}{8\pi(1-\nu)\mu}\left[(3-4\nu)\ln\frac{1}{r}\delta_{mn}+\frac{\partial r}{\partial x_m}\frac{\partial r}{\partial x_n}\right] \tag{2-74a}$$

$$F_{mn}(\boldsymbol{x},\boldsymbol{\xi})=-\frac{1}{4\pi(1-\nu)r}\left\{\left[(1-2\nu)\delta_{mn}+2\frac{\partial r}{\partial x_m}\frac{\partial r}{\partial x_n}\right]\frac{\partial r}{\partial l}-(1-2\nu)\left(\frac{\partial r}{\partial x_m}l_n-\frac{\partial r}{\partial x_n}l_m\right)\right\} \tag{2-74b}$$

这是弹性力学的经典 Kelvin 解。

再对真实状态和辅助状态这两种状态应用互等定理可以得到

$$\begin{aligned}&\int_\Gamma F_{mn}(\boldsymbol{x},\boldsymbol{\xi})u_m(\boldsymbol{x})\mathrm{d}\Gamma+\int_\Omega \delta(\boldsymbol{x}-\boldsymbol{\xi})u_m(\boldsymbol{x})\mathrm{d}\Omega\\ &=\int_\Gamma G_{mn}(\boldsymbol{x},\boldsymbol{\xi})t_m(\boldsymbol{x})\mathrm{d}\Gamma+\int_\Omega G_{mn}(\boldsymbol{x},\boldsymbol{\xi})b_m(\boldsymbol{x})\mathrm{d}\Omega\end{aligned} \tag{2-75}$$

进一步得到

$$C\delta_{mn}u_m(\boldsymbol{x})=\int_\Gamma G_{mn}(\boldsymbol{x},\boldsymbol{\xi})t_m(\boldsymbol{x})\mathrm{d}\Gamma-\int_\Gamma F_{mn}(\boldsymbol{x},\boldsymbol{\xi})u_m(\boldsymbol{x})\mathrm{d}\Gamma+\int_\Omega G_{mn}(\boldsymbol{x},\boldsymbol{\xi})b_m(\boldsymbol{x})\mathrm{d}\Omega$$

$$C=\begin{cases}0 & \boldsymbol{\xi}\notin\Omega\\ 1/2 & \boldsymbol{\xi}\in\Gamma\\ 1 & \boldsymbol{\xi}\in\Omega\end{cases} \tag{2-76}$$

式（2-76）是著名的 Somigliana 等式，即弹性问题的边界积分方程，它具有和位势边界积分方程相似的表达方式，可以按照相似的步骤进行边界离散处理，并建立边界元方程求解未知量，还可以根据边界位移和应力计算域内任一点的位移和

应力。式（2-76）同样也适用于无界域，但前提是格林函数本身必须满足无限远处的辐射衰减条件。

格林函数具有源点与场点的可交换性，可以将式（2-76）写成对源点积分的形式，即

$$C\delta_{mn}u_n(\boldsymbol{\xi})=\int_{\Gamma}G_{mn}(\boldsymbol{x},\boldsymbol{\xi})t_n(\boldsymbol{\xi})\mathrm{d}\Gamma-\int_{\Gamma}F_{mn}(\boldsymbol{x},\boldsymbol{\xi})u_n(\boldsymbol{\xi})\mathrm{d}\Gamma+\int_{\Omega}G_{mn}(\boldsymbol{x},\boldsymbol{\xi})b_n(\boldsymbol{\xi})\mathrm{d}\Omega$$

$$C=\begin{cases}0 & \boldsymbol{x}\notin\Omega\\ 1/2 & \boldsymbol{x}\in\Gamma\\ 1 & \boldsymbol{x}\in\Omega\end{cases}\tag{2-77}$$

若采用形如（2-73）和式（2-74）的基本解，当源点和场点均位于边界上时，弹性力学的边界积分方程存在奇异性，式（2-76）和式（2-77）中的边界积分是Cauchy 主值积分。当源点是边界上的光滑点时，奇性系数$C=1/2$；而当源点是边界上的非光滑点时，奇性系数是角度和泊松比的函数，其显示表达式稍微烦琐[6]。实际上，对于很多较为复杂的问题，很难推导出奇性系数的显示表达式，这种情况下往往通过数值计算得到奇性系数。

式（2-77）和位势问题边界积分方程的不同在于，弹性力学问题的位移和应力具有方向性。若定义位移格林函数矩阵和应力格林函数矩阵分别为

$$\boldsymbol{G}(\boldsymbol{x},\boldsymbol{\xi})=\begin{bmatrix}G_{11}(\boldsymbol{x},\boldsymbol{\xi}) & G_{12}(\boldsymbol{x},\boldsymbol{\xi}) & G_{13}(\boldsymbol{x},\boldsymbol{\xi})\\ G_{21}(\boldsymbol{x},\boldsymbol{\xi}) & G_{22}(\boldsymbol{x},\boldsymbol{\xi}) & G_{23}(\boldsymbol{x},\boldsymbol{\xi})\\ G_{31}(\boldsymbol{x},\boldsymbol{\xi}) & G_{32}(\boldsymbol{x},\boldsymbol{\xi}) & G_{33}(\boldsymbol{x},\boldsymbol{\xi})\end{bmatrix}\tag{2-78a}$$

$$\boldsymbol{F}(\boldsymbol{x},\boldsymbol{\xi})=\begin{bmatrix}F_{11}(\boldsymbol{x},\boldsymbol{\xi})+C & F_{12}(\boldsymbol{x},\boldsymbol{\xi}) & F_{13}(\boldsymbol{x},\boldsymbol{\xi})\\ F_{21}(\boldsymbol{x},\boldsymbol{\xi}) & F_{22}(\boldsymbol{x},\boldsymbol{\xi})+C & F_{23}(\boldsymbol{x},\boldsymbol{\xi})\\ F_{31}(\boldsymbol{x},\boldsymbol{\xi}) & F_{32}(\boldsymbol{x},\boldsymbol{\xi}) & F_{33}(\boldsymbol{x},\boldsymbol{\xi})+C\end{bmatrix}\tag{2-78b}$$

这两个矩阵皆为二阶张量，且定义

$$\boldsymbol{u}(\boldsymbol{\xi})=\begin{bmatrix}u_1(\boldsymbol{\xi})\\ u_2(\boldsymbol{\xi})\\ u_3(\boldsymbol{\xi})\end{bmatrix},\quad \boldsymbol{t}(\boldsymbol{\xi})=\begin{bmatrix}t_1(\boldsymbol{\xi})\\ t_2(\boldsymbol{\xi})\\ t_3(\boldsymbol{\xi})\end{bmatrix},\quad \boldsymbol{b}(\boldsymbol{\xi})=\begin{bmatrix}b_1(\boldsymbol{\xi})\\ b_2(\boldsymbol{\xi})\\ b_3(\boldsymbol{\xi})\end{bmatrix}\tag{2-79}$$

分别代表某点的位移张量、应力张量和体力张量，且有克罗内克符号矩阵，即

$$\delta=\begin{bmatrix}1 & 0 & 0\\ 0 & 1 & 0\\ 0 & 0 & 1\end{bmatrix}\tag{2-80}$$

则式（2-77）的矢量形式为

$$C\delta\boldsymbol{u}(\boldsymbol{\xi})=\int_{\Gamma}\boldsymbol{G}(\boldsymbol{x},\boldsymbol{\xi})\boldsymbol{t}(\boldsymbol{\xi})\mathrm{d}\Gamma-\int_{\Gamma}\boldsymbol{F}(\boldsymbol{x},\boldsymbol{\xi})\boldsymbol{u}(\boldsymbol{\xi})\mathrm{d}\Gamma+\int_{\Omega}\boldsymbol{G}(\boldsymbol{x},\boldsymbol{\xi})\boldsymbol{b}(\boldsymbol{\xi})\mathrm{d}\Omega$$

$$C=\begin{cases}0 & \boldsymbol{x}\notin\Omega\\ 1/2 & \boldsymbol{x}\in\Gamma\\ 1 & \boldsymbol{x}\in\Omega\end{cases}\tag{2-81}$$

2.4.4 弹性动力学问题

弹性动力学问题的平衡方程需要在弹性静力学问题的式（2-61）中增加惯性项，即

$$\sigma_{mn,n}+b_m=\rho\ddot{u}_m(\boldsymbol{x},t)\qquad \boldsymbol{x}\in\Omega\tag{2-82}$$

式中，ρ 为密度；u_m 为点 $\boldsymbol{x}$ 在 t 时刻的位移，$\ddot{u}_m(\boldsymbol{x},t)$ 表示位移对时间的二次导数。对于谐振激励，可将方程（2-82）写成

$$\sigma_{mn,n}+b_m=-\omega^2\rho u_m\qquad \boldsymbol{x}\in\Omega\tag{2-83}$$

式中，ω 为圆频率。若以位移为基本未知量，可将弹性动力学问题的平衡方程表示为

$$(\lambda+\mu)u_{n,nm}+\mu u_{m,nn}+b_m=-\omega^2\rho u_m\qquad \boldsymbol{x}\in\Omega\tag{2-84}$$

对于时变激励，可通过傅里叶变换得

$$u_m(\boldsymbol{x},\omega)=\int_{-\infty}^{\infty}u_m(\boldsymbol{x},t)\exp(-\mathrm{i}\omega t)\mathrm{d}t\tag{2-85}$$

先将问题转化至频域进行计算，在频域中得到频响函数后再通过傅里叶逆变换转换到时域，得到时域的解答。

下面将经典的 Betti 互等定理推广到弹性动力学中。对于谐振激励，仍然考虑同一弹性体的两种平衡状态 $\boldsymbol{A}=(b_m\quad t_m\quad u_m)$ 和 $\boldsymbol{B}=(b'_m\quad t'_m\quad u'_m)$，经过类似的推导

$$\int_{\Omega}b'_m u_m\mathrm{d}\Omega+\int_{\Gamma}t'_m u_m\mathrm{d}\Gamma=-\int_{\Omega}(\boldsymbol{\sigma}'_{mn,n}+\omega^2\rho u'_m)u_m\mathrm{d}\Omega+\int_{\Gamma}\sigma'_{mn}l_n u_m\mathrm{d}\Gamma\qquad \boldsymbol{x}\in\Omega\tag{2-86}$$

有

$$\int_{\Omega}b'_m u_m\mathrm{d}\Omega+\int_{\Gamma}t'_m u_m\mathrm{d}\Gamma=\int_{\Omega}\sigma'_{mn}\varepsilon_{mn}\mathrm{d}\Omega-\int_{\Omega}\omega^2\rho u'_m u_m\mathrm{d}\Omega\qquad \boldsymbol{x}\in\Omega\tag{2-87}$$

因此同样有

$$\int_{\Omega}b'_m u_m\mathrm{d}\Omega+\int_{\Gamma}t'_m u_m\mathrm{d}\Gamma=\int_{\Omega}b_m u'_m\mathrm{d}\Omega+\int_{\Gamma}t_m u'_m\mathrm{d}\Gamma\qquad \boldsymbol{x}\in\Omega\tag{2-88}$$

对于弹性动力学问题，可以得到和弹性静力学问题完全相同的互等定理，进一步可以得到和静力学式（2-81）完全相同的边界积分方程，但这里需要采用的是动力格林函数。

对于一般的时变激励，也能得到类似的互等定理，但是需要用卷积积分来代替乘积，且需要在互等定理中加入初始条件函数。本书不涉及时域格林函数和时域边界元法，因此不做详细介绍，感兴趣的读者可参考 Manolis 和 Beskos 有关边界元法的经典著作[7]。

2.4.5　边界元法的应用示例

对于无任何地形地貌条件的自由地表面，当一列频率为 ω 的谐波入射时，由于地表的反射作用会在场地中形成自由场运动。设自由场运动的位移场为 $\boldsymbol{U}_{\mathrm{f}}(\boldsymbol{x})$，应力场为 $\boldsymbol{T}_{\mathrm{f}}(\boldsymbol{x})$，它们是入射波和反射波的叠加运动。河谷是河流侵蚀切割地表面后形成的沟槽，如图 2-4（a）所示。当场地中存在河谷地形时，根据惠更斯原理，河谷边界 Γ 的每一点都可视为一个散射源，采用间接边界元法进行计算时，可以将河谷地形所形成的散射场通过虚拟荷载表示为

$$\boldsymbol{U}_{\mathrm{s}}(\boldsymbol{x})=\int_{\Gamma}\boldsymbol{G}(\boldsymbol{x},\ \boldsymbol{\xi})\boldsymbol{\varPsi}(\boldsymbol{\xi})\mathrm{d}\Gamma \tag{2-89a}$$

$$\boldsymbol{T}_{\mathrm{s}}(\boldsymbol{x})=\hat{\boldsymbol{C}}\boldsymbol{\varPsi}(\boldsymbol{x})+\int_{\Gamma}\boldsymbol{F}(\boldsymbol{x},\ \boldsymbol{\xi})\boldsymbol{\varPsi}(\boldsymbol{\xi})\mathrm{d}\Gamma \tag{2-89b}$$

式中，格林函数 $\boldsymbol{G}(\boldsymbol{x},\ \boldsymbol{\xi})$ 和 $\boldsymbol{F}(\boldsymbol{x},\ \boldsymbol{\xi})$ 应该是满足半空间地表零应力条件和无限远处辐射条件的格林函数。问题的边界条件是，自由场和散射场形成的总波场在河谷边界 Γ 上的应力为 0。

$$\boldsymbol{T}_{\mathrm{s}}(\boldsymbol{x})+\boldsymbol{T}_{\mathrm{f}}(\boldsymbol{x})=\boldsymbol{0}\qquad \boldsymbol{x}\in\Gamma \tag{2-90}$$

式（2-90）是河谷地形在入射谐波激励下的边界积分方程。若采用全空间格林函数，应该将足够大范围内的自由地表面也包含于问题的边界，并在自由地表面也设置虚拟荷载源，问题的边界条件除式（2-90）外，还应包含地表零应力条件[5]。

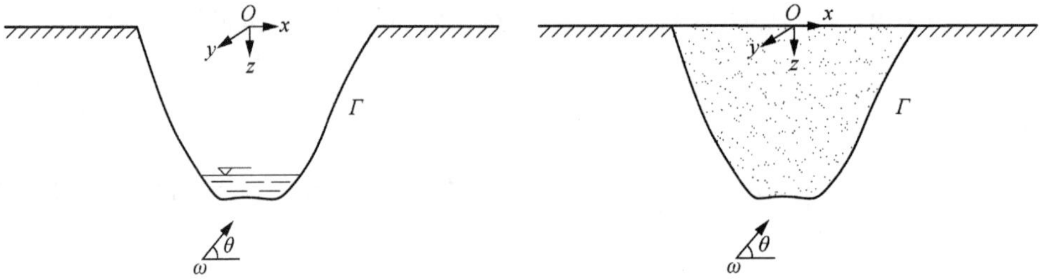

（a）河谷地形　　（b）沉积河谷地形

图 2-4　河谷地形和沉积河谷地形

下一步应将连续边界Γ离散为边界单元，并通过选取合适的一系列场点将式（2-90）分解成一组线性代数方程组，即

$$\boldsymbol{F\Psi}+\boldsymbol{T}_{\mathrm{f}}=\boldsymbol{0} \tag{2-91}$$

以求得边界上每个单元的虚拟荷载$\boldsymbol{\Psi}(\boldsymbol{\xi})$，其中

$$\boldsymbol{F}=\begin{bmatrix} \boldsymbol{F}^{11}(\boldsymbol{x}^1,\boldsymbol{\xi}^1) & \boldsymbol{F}^{12}(\boldsymbol{x}^1,\boldsymbol{\xi}^2) & \cdots & \boldsymbol{F}^{1j}(\boldsymbol{x}^1,\boldsymbol{\xi}^j) & \cdots & \boldsymbol{F}^{1N}(\boldsymbol{x}^1,\boldsymbol{\xi}^N) \\ \boldsymbol{F}^{21}(\boldsymbol{x}^2,\boldsymbol{\xi}^1) & \boldsymbol{F}^{22}(\boldsymbol{x}^2,\boldsymbol{\xi}^2) & \cdots & \boldsymbol{F}^{2j}(\boldsymbol{x}^2,\boldsymbol{\xi}^j) & \cdots & \boldsymbol{F}^{2N}(\boldsymbol{x}^2,\boldsymbol{\xi}^N) \\ \vdots & \vdots & & \vdots & & \vdots \\ \boldsymbol{F}^{l1}(\boldsymbol{x}^l,\boldsymbol{\xi}^1) & \boldsymbol{F}^{l2}(\boldsymbol{x}^l,\boldsymbol{\xi}^2) & \cdots & \boldsymbol{F}^{lj}(\boldsymbol{x}^l,\boldsymbol{\xi}^j) & \cdots & \boldsymbol{F}^{lN}(\boldsymbol{x}^l,\boldsymbol{\xi}^N) \\ \vdots & \vdots & & \vdots & & \vdots \\ \boldsymbol{F}^{N1}(\boldsymbol{x}^N,\boldsymbol{\xi}^1) & \boldsymbol{F}^{N2}(\boldsymbol{x}^N,\boldsymbol{\xi}^2) & \cdots & \boldsymbol{F}^{Nj}(\boldsymbol{x}^N,\boldsymbol{\xi}^j) & \cdots & \boldsymbol{F}^{NN}(\boldsymbol{x}^N,\boldsymbol{\xi}^N) \end{bmatrix}$$

$$\boldsymbol{\Psi}=\begin{bmatrix} \boldsymbol{\Psi}^1 \\ \boldsymbol{\Psi}^2 \\ \vdots \\ \boldsymbol{\Psi}^j \\ \vdots \\ \boldsymbol{\Psi}^N \end{bmatrix}=\begin{bmatrix} \boldsymbol{\Psi}(\boldsymbol{\xi}^1) \\ \boldsymbol{\Psi}(\boldsymbol{\xi}^2) \\ \vdots \\ \boldsymbol{\Psi}(\boldsymbol{\xi}^j) \\ \vdots \\ \boldsymbol{\Psi}(\boldsymbol{\xi}^N) \end{bmatrix},\quad \boldsymbol{T}_{\mathrm{f}}=\begin{bmatrix} \boldsymbol{T}_{\mathrm{f}}^1 \\ \boldsymbol{T}_{\mathrm{f}}^2 \\ \vdots \\ \boldsymbol{T}_{\mathrm{f}}^j \\ \vdots \\ \boldsymbol{T}_{\mathrm{f}}^N \end{bmatrix}=\begin{bmatrix} \boldsymbol{T}_{\mathrm{f}}(\boldsymbol{x}^1) \\ \boldsymbol{T}_{\mathrm{f}}(\boldsymbol{x}^2) \\ \vdots \\ \boldsymbol{T}_{\mathrm{f}}(\boldsymbol{x}^j) \\ \vdots \\ \boldsymbol{T}_{\mathrm{f}}(\boldsymbol{x}^N) \end{bmatrix} \tag{2-92}$$

式中，格林函数矩阵$\boldsymbol{F}$中的每一个元素$\boldsymbol{F}^{lj}(\boldsymbol{x}^l,\boldsymbol{\xi}^j)$都是诸如式（2-78）的$3\times3$矩阵，而$\boldsymbol{\Psi}^j$和$\boldsymbol{T}_{\mathrm{f}}^j$的每一个元素都是三维向量。

当河谷被沉积物填满后，就形成了沉积河谷场地，如图2-4（b）所示。这种地形在入射谐波激励下，由于边界Γ的散射作用，会在河谷外部和沉积内部分别形成散射场。

$$\boldsymbol{U}_{\mathrm{s\_in}}(\boldsymbol{x})=\int_{\Gamma}\boldsymbol{G}_{\mathrm{in}}(\boldsymbol{x},\ \boldsymbol{\xi})\boldsymbol{\Psi}_{\mathrm{in}}(\boldsymbol{\xi})\mathrm{d}\Gamma \tag{2-93a}$$

$$\boldsymbol{T}_{\mathrm{s\_in}}(\boldsymbol{x})=\hat{C}\boldsymbol{\Psi}_{\mathrm{in}}(\boldsymbol{x})+\int_{\Gamma}\boldsymbol{F}_{\mathrm{in}}(\boldsymbol{x},\ \boldsymbol{\xi})\boldsymbol{\Psi}_{\mathrm{in}}(\boldsymbol{\xi})\mathrm{d}\Gamma \tag{2-93b}$$

$$\boldsymbol{U}_{\mathrm{s\_out}}(\boldsymbol{x})=\int_{\Gamma}\boldsymbol{G}_{\mathrm{out}}(\boldsymbol{x},\ \boldsymbol{\xi})\boldsymbol{\Psi}_{\mathrm{out}}(\boldsymbol{\xi})\mathrm{d}\Gamma \tag{2-93c}$$

$$\boldsymbol{T}_{\mathrm{out}}(\boldsymbol{x})=\hat{C}\boldsymbol{\Psi}_{\mathrm{out}}(\boldsymbol{x})-\int_{\Gamma}\boldsymbol{F}_{\mathrm{out}}(\boldsymbol{x},\ \boldsymbol{\xi})\boldsymbol{\Psi}_{\mathrm{out}}(\boldsymbol{\xi})\mathrm{d}\Gamma \tag{2-93d}$$

这里注意到，因为河谷外部和沉积内部两个区域的边界外法线方向正好相反，所以式（2-93b）和式（2-93d）的应力势函数的符号正好相反。该问题的边界条件是，在河谷边界Γ上位移和应力是连续的。

$$\boldsymbol{U}_{\mathrm{s\_in}}(\boldsymbol{x})=\boldsymbol{U}_{\mathrm{s\_out}}(\boldsymbol{x})+\boldsymbol{U}_{\mathrm{f}}(\boldsymbol{x})\qquad \boldsymbol{x}\in\Gamma \tag{2-94a}$$

$$\boldsymbol{T}_{\mathrm{s\_in}}(\boldsymbol{x})=\boldsymbol{T}_{\mathrm{s\_out}}(\boldsymbol{x})+\boldsymbol{T}_{\mathrm{f}}(\boldsymbol{x})\qquad \boldsymbol{x}\in\Gamma \tag{2-94b}$$

式（2-94）是沉积河谷地形在入射谐波激励下的边界积分方程。下一步仍然是将连续边界Γ离散为边界单元后，求解一组线性代数方程组，可以同时得到内域和

外域的虚拟荷载值 $\boldsymbol{\Psi}_{\text{in}}(\boldsymbol{\xi})$ 和 $\boldsymbol{\Psi}_{\text{out}}(\boldsymbol{\xi})$ 。

图 2-5 是二维河谷地形在平面外 SH 谐波激励下二维半圆河谷地形的地表位移场 u_y ，设入射波幅值为单位 1 且频率为 ω，河谷是半径为 a 的半圆形散射体，均匀半空间无阻尼且剪切波速为 β。对于平面外二维问题，$\boldsymbol{F}$ 的元素退化为一个常数（1×1矩阵）。河谷地形在迎波面对入射波产生了明显的放大作用，而其背波面对入射波却产生了“盾牌”效应，阻隔了地震波的部分能量。有关不规则地形散射问题的计算结果和结论，可以参考梁建文等的相关文献[8-10]。当地震波是时程记录时，可以通过傅里叶变换将其分解为一系列的谐波激励，得到每一个频率下的放大谱后，再将频响函数进行傅里叶逆变换，得到时域解答。

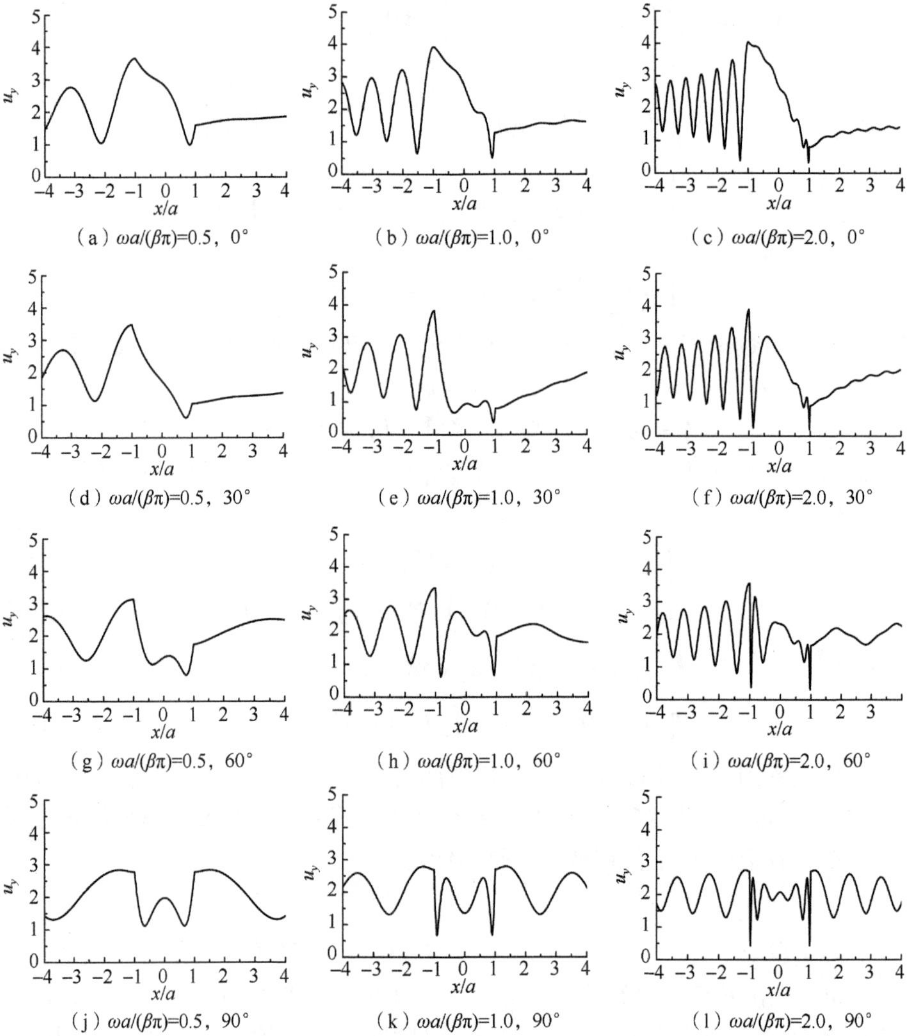

（a）$\omega a/(\beta\pi)$=0.5，0°　（b）$\omega a/(\beta\pi)$=1.0，0°　（c）$\omega a/(\beta\pi)$=2.0，0°

（d）$\omega a/(\beta\pi)$=0.5，30°　（e）$\omega a/(\beta\pi)$=1.0，30°　（f）$\omega a/(\beta\pi)$=2.0，30°

（g）$\omega a/(\beta\pi)$=0.5，60°　（h）$\omega a/(\beta\pi)$=1.0，60°　（i）$\omega a/(\beta\pi)$=2.0，60°

（j）$\omega a/(\beta\pi)$=0.5，90°　（k）$\omega a/(\beta\pi)$=1.0，90°　（l）$\omega a/(\beta\pi)$=2.0，90°

图 2-5　平面外 SH 谐波激励下二维半圆河谷地形的地表位移场

2.4.6　域外点法

对于直接边界元法和间接边界元法的边界积分方程式（2-30）和式（2-37）的使用条件，一般而言，可以将场点和源点置于边界，因此边界元法的一个典型特征就是它的积分奇异性。但也有一些学者选择把场点置于域外或把源点移置域内，以避免积分奇异性的问题，如图 2-6 所示。当方程中的奇异积分难以处理甚至无法处理的情况下，这不失为一条摆脱困难的途径。但在奇异积分不难处理的情况下，并不应该去刻意避免奇异积分，因为奇异积分往往可以保证最终求解的线性代数方程组具有良好的条件数，即对角元素占优，这对于保证精度和计算效率很有意义。但是域外场点法或域内源点法（统称为域外点法）又增加了一个新问题，即新增的辅助边界的位置问题，若处理不好会直接影响解答的精度甚至正确性，这一般需要通过反复试验最终确定。

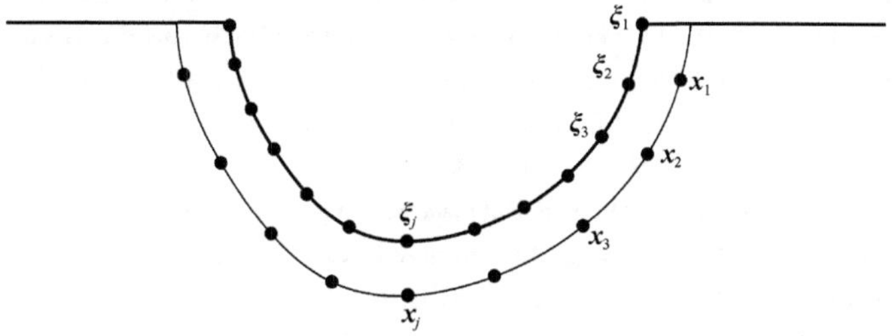

图 2-6　域外点法示意图

在半空间散射问题中，采用域外点法克服积分奇异性的代表性学者有 Sanchez-Sesma 等[11,12]、Dravinski 等[13,14]、Luco 等[15]。例如，Sanchez-Sesma 等[11,12]和 Dravinski 等[13,14]采用波函数展开法得到了均匀半空间点源格林函数，Luco 等[15]采用数值计算方法得到了层状半空间点源格林函数，他们都将源点置于域内，并设置了不同的源点数量和场点数量，通过最小二乘法得到了代数方程组的解答。这些学者采用最小二乘法而不是求解线性代数方程组的原因是，当时的计算机条件所限，减少场点数量可以有效降低计算量，并尽可能保证精度。但就一般情况而言，求解边界元法的本征值方程应该尽量避免采用最小二乘法，而通过代数方程组得到解答。

参 考 文 献

[1] BREBBIA C A, TELLES J C F, WROBEL L C. Boundary element techniques[M]. Berlin Heidelberg: Springer-Verlag, 1984.

[2] BANERJEE P K, BUTTERFIELD R. Boundary element methods in engineering science[M]. London: McGraw-Hill Book Company, 1981.
[3] 姚振汉，王海涛. 边界元法[M]. 北京：高等教育出版社，2009.
[4] BECKER A A. The boundary element method in engineering: a complete course[M]. London: McGraw-Hill Book Company, 1992.
[5] DOMINGUEZ J. Boundary elements in dynamics[M]. Southampton: Computational Mechanics Publications, 1993.
[6] 王有成. 工程中的边界元方法[M]. 北京：中国水利水电出版社，1993.
[7] MANOLIS G D, BESKOS D E. Boundary element methods in elastodynamics[M]. London: Unwin Hyman, 1988.
[8] 梁建文，巴振宁. 弹性层状半空间中沉积谷地对入射平面 SH 波的放大作用[J]. 地震工程与工程振动，2007，27（3）：1-9.
[9] 梁建文，巴振宁. 弹性层状半空间中凸起地形对入射平面 SH 波的放大作用[J]. 地震工程与工程振动，2008，28（1）：1-10.
[10] 梁建文，张季，巴振宁. 层状半空间中洞室群对地震动的时域放大作用[J]. 土木工程学报，2012，45（S1）：152-157.
[11] SANCHEZ-SESMA F J, BRAVO M A, HERRERA I. Surface motion of topographical irregularities for incident P, SV and Rayleigh waves[J]. Bulletin of the seismological society of America, 1985, 75(1): 263-269.
[12] SANCHEZ-SESMA F J, CHAVEZ-GARCIA F J, BRAVO M A. Seismic response of a class of alluvial valleys for incident SH waves[J]. Bulletin of the seismological society of America, 1988, 78(1): 83-95.
[13] DRAVINSKI M. Scattering of plane harmonic SH wave by dipping layers or arbitrary shape[J]. Bulletin of the seismological society of America, 1983, 73: 1303-1319.
[14] DRAVINSKI M, MOSSESSIAN T K. Scattering of plane harmonic P, SV and Rayleigh waves by dipping layers of arbitrary shape[J]. Bulletin of the seismological society of America, 1987, 77(1): 212-235.
[15] LUCO J E, BARROS F C P. Three-dimensional response of a layered cylindrical valley embedded in a layered half-space[J]. Earthquake engineering and structural dynamics, 1995, 24(1): 109-125.

本 章 附 录

本章符号较为复杂，为便于理解，对其做如下定义。

在本章中，若F、G、ψ、P、σ等符号后面出现括号，则表示以括号中字母为变量的函数；若这些符号出现上角标，则表示函数经边界离散后产生的边界元值；若这些符号单独用黑体显示，则表示边界值形成的矩阵或向量。在涉及弹性力学问题的表示中，若这些符号出现下角标并紧随括号，则表示以括号中字母为变量的张量函数在坐标上的分量，且括号可省略；若这些符号以黑体显示并紧随括号，则表示以括号中字母为变量的张量函数；若以黑体加上角标，并紧随括号的形式出现，则表示张量经边界离散后产生的边界张量，且括号可省略；若这些符号单独用黑体显示，则仍表示边界张量形成的矩阵或向量。若黑体符号的下角标也为黑体，则二者是一个整体符号，表示某具体量。其他章节的黑体符号一般只表示矩阵或向量，而无张量的含义。本章符号的定义如表 2-1 所示。

表 2-1　本章符号的定义

序号	括号	黑体	上角标	下角标	定义
1	√	×	×	×	函数
2	×	×	√	×	函数的边界元值
3	×	√	×	×	（函数和张量函数）边界元的矩阵或向量
4	√	×	×	√	张量函数的坐标分量
5	×	×	×	√	张量函数的坐标分量
6	√	√	×	×	张量函数
7	√	√	√	×	张量函数的边界元值
8	×	√	√	×	张量函数的边界元值

第3章　动力格林函数

3.1　引　　言

动力格林函数（简称为格林函数）是介质中的某一点或在某一区域存在单位激励时任意位置处产生的响应。格林函数是边界元法的基本解，出现在边界积分方程的核函数位置，它是边界元法的基础。不同问题的格林函数形式各异，适合的格林函数能使边界元法达到很高的计算精度和计算效率。

对于均匀介质的弹性力学问题，可以得到一些解析形式的格林函数，如前面提到的 Kelvin 解是全空间中的点源格林函数，而 Mindlin 解是半空间中的点源格林函数；对于弹性动力问题，Lamb 解是半空间点源格林函数[1]。然而，由于地质构造和沉积年代的不同，地壳浅地表土层一般大体呈天然水平层状结构，且特定场地具有特定明确的组成结构和动力特性，均匀半空间模型一般并不能体现出场地的实际情况，而层状半空间模型无疑是更加合理的场地模型。层状半空间格林函数一般需要通过数值方法进行计算，对于动力学问题，其中一些有代表性的格林函数有二维层状半空间点源格林函数[2, 3]、层状半空间埋置点源格林函数[4, 5]、层状半空间埋置线源格林函数和水平面源格林函数等[6]。这些格林函数可以是时域的[2]，也可以是频域的[4-6]。

本章从弹性波动方程开始，详细介绍一种三维层状半空间面源分布荷载格林函数。这种格林函数最早见于梁建文和巴振宁所著的相关文献中[6-8]，其退化的二维形式，即 Wolf 经典专著中描述的线源分布荷载格林函数[9]。点源格林函数的点源是空间中的奇点，格林函数在点源附近存在奇异性，而分布荷载格林函数在分布源附近则不存在奇异性，并且分布源附近的格林函数梯度很小。采用这种分布荷载格林函数作为核函数，可以使边界元法达到很高的计算精度。

3.2　弹性波的传播

3.2.1　横波与纵波

根据亥姆霍兹定理，任何一个单值且导数连续有界的矢量场 $\boldsymbol{u}$ 都可以表示成

为一个标量场 φ 的梯度和一个矢量场 $\boldsymbol{\psi}$ 的旋度之和

$$\boldsymbol{u} = \nabla\varphi + \nabla\times\boldsymbol{\psi} \qquad (\nabla\cdot\boldsymbol{\psi} = 0) \tag{3-1}$$

式中，φ 和 $\boldsymbol{\psi}$ 分别称为场的标量势和矢量势。其中标量场的梯度 $\nabla\varphi$ 确定了一个无旋场，而矢量场的旋度 $\nabla\times\boldsymbol{\psi}$ 确定了一个无源场。将式（3-1）代入式（2-62）中得到

$$\nabla[(\lambda+2\mu)\nabla^2\varphi - \rho\ddot{\varphi}] + \nabla\times[\mu\nabla^2\boldsymbol{\psi} - \rho\ddot{\boldsymbol{\psi}}] = 0 \tag{3-2}$$

可以得到两组解耦的标量势亥姆霍兹方程

$$\alpha^2\nabla^2\varphi = \ddot{\varphi} \qquad \alpha^2 = (\lambda+2\mu)/\rho \tag{3-3a}$$

$$\beta^2\nabla^2\boldsymbol{\psi} = \ddot{\boldsymbol{\psi}} \qquad \beta^2 = \mu/\rho \tag{3-3b}$$

根据亥姆霍兹定理（完备性定理），方程（2-62）的每一个解都包含在式（3-3a）或式（3-3b）中，式（3-1）确定的场是完备的。

因为弹性体既能传播拉压应力，又能传播剪切应力，所以弹性介质中包含且只包含两种体波，第一种是和标量势 φ 有关的以波速 α 传播的波，位移矢量平行于波振面的法矢量，称为压缩波、无旋波或纵波；第二种是和矢量势 $\boldsymbol{\psi}$ 有关的以波速 β 传播的波，位移矢量垂直于波阵面的法矢量，称之为剪切波、无源波或横波。两种波的波速比为

$$\frac{\alpha}{\beta} = \sqrt{\frac{(\lambda+2\mu)/\rho}{\mu/\rho}} = \sqrt{\frac{2(1-\nu)}{1-2\nu}} \tag{3-4}$$

式中，ν 是泊松比。因为式（3-4）的右端总是大于 1 的，所以纵波波速总是大于横波波速，在地震中先到达的总是纵波，也将纵波称为 P 波（preliminary wave，初波），而将横波称为 S 波（secondary wave，次波）。

3.2.2　波函数

传播时等相位面为平面的波是平面波。根据叠加原理，任何类型的平面波都可视为由不同频率的平面简谐波叠加而成，因此平面简谐波是最基本的一种波，球面波和柱面波也可通过积分变换由平面简谐波叠加而生成[10]。

首先考虑标量势方程（3-3a），其在直角坐标系下的展开形式为

$$\frac{\partial^2\varphi}{\partial x^2}+\frac{\partial^2\varphi}{\partial y^2}+\frac{\partial^2\varphi}{\partial z^2}=\frac{1}{\alpha^2}\frac{\partial^2\varphi}{\partial t^2} \tag{3-5}$$

根据偏微分方程理论，式（3-5）为施图姆-刘维尔（Sturm-Liouville）型方程，可采用分离变量法进行求解，假设其解具有如下形式：

$$\varphi=X(x)Y(y)Z(z)T(t) \tag{3-6}$$

代入式（3-5），可以得到

$$\frac{1}{X}\frac{\mathrm{d}^2X}{\mathrm{d}x^2}+\frac{1}{Y}\frac{\mathrm{d}^2Y}{\mathrm{d}x^2}+\frac{1}{Z}\frac{\mathrm{d}^2Z}{\mathrm{d}x^2}=\frac{1}{\alpha^2T}\frac{\mathrm{d}^2T}{\mathrm{d}t^2} \tag{3-7}$$

令式（3-7）左右两端都等于常数k^2，则有

$$\frac{\mathrm{d}^2X}{\mathrm{d}x^2}=k_{x\mathrm{P}}^2X,\quad \frac{\mathrm{d}^2Y}{\mathrm{d}y^2}=k_{y\mathrm{P}}^2Y,\quad \frac{\mathrm{d}^2Z}{\mathrm{d}x^2}=k_{z\mathrm{P}}^2Z,\quad \frac{\mathrm{d}^2T}{\mathrm{d}t^2}=k^2\alpha^2T \tag{3-8}$$

式中，$k^2=k_{x\mathrm{P}}^2+k_{y\mathrm{P}}^2+k_{z\mathrm{P}}^2$。$k$是波数，表示单位长度内波长的个数；而$[k_{x\mathrm{P}}\ \ k_{y\mathrm{P}}\ \ k_{z\mathrm{P}}]$是传播方向上的视波数。此组微分方程的解是

$$X=A_1\exp(\mathrm{i}k_{x\mathrm{P}}x)+A_2\exp(-\mathrm{i}k_{x\mathrm{P}}x) \tag{3-9a}$$

$$Y=B_1\exp(\mathrm{i}k_{y\mathrm{P}}y)+B_2\exp(-\mathrm{i}k_{y\mathrm{P}}y) \tag{3-9b}$$

$$Z=C_1\exp(\mathrm{i}k_{z\mathrm{P}}z)+C_2\exp(-\mathrm{i}k_{z\mathrm{P}}z) \tag{3-9c}$$

$$T=D_1\exp(\mathrm{i}\omega t)+D_2\exp(-\mathrm{i}\omega t) \tag{3-9d}$$

式中，i为虚数单位，$\mathrm{i}=\sqrt{-1}$；A_1、A_2、B_1、B_2、C_1、C_2、D_1、D_2为求解微分方程时产生的待定常数。由式（3-9d）可以得到$k=\omega/\alpha$，ω即谐波频率。分离变量形式的式（3-5）的解为

$$\begin{aligned}\varphi&=B_\mathrm{P}\exp\left[\mathrm{i}\left(-k_{x\mathrm{P}}x-k_{y\mathrm{P}}y-k_{z\mathrm{P}}z+\omega t\right)\right]\\&=B_\mathrm{P}\exp\left[\mathrm{i}\frac{\omega}{\alpha}\left(-h_xx-h_yy-h_zz\right)\right]\exp\left(\mathrm{i}\omega t\right)\end{aligned} \tag{3-10}$$

式中，φ表示沿方向$[k_{x\mathrm{P}}\ \ k_{y\mathrm{P}}\ \ k_{z\mathrm{P}}]$传播的平面P波，而$[h_x\ \ h_y\ \ h_z]$是传播方向的单位矢量；$B_\mathrm{P}$表示P波的幅值。

因为纵波沿着波的传播方向振动，其位移矢量的方向总是确定的，而横波垂

直于波的传播方向振动，只能确定其位移矢量在垂直传播方向的平面内，所以有必要通过人工方式进一步明确波的振动方向。一般可以再额外设定一个平面，将横波沿此平面方向和垂直于此平面方向进行投影，在人工平面内的横波称为平面内 SV 波，而垂直人工平面的横波称为平面外 SH 波。由于$\boldsymbol{\psi}$的每个坐标方向的分量都须满足一个类似式（3-5）的方程，若假定 S 波传播方向的单位法矢量为$[m_x \ \ m_y \ \ m_z]$，则可将矢量势$\boldsymbol{\psi}$写成

$$\boldsymbol{\psi}=\left(\begin{Bmatrix} -\dfrac{m_y m_z^2}{\sqrt{m_x^2+m_y^2}}-m_y\sqrt{m_x^2+m_y^2} \\ \dfrac{m_x m_z^2}{\sqrt{m_x^2+m_y^2}}+m_x\sqrt{m_x^2+m_y^2} \\ 0 \end{Bmatrix} B_{\mathrm{SV}}+\begin{Bmatrix} -\dfrac{m_x m_z}{\sqrt{m_x^2+m_y^2}} \\ -\dfrac{m_y m_z}{\sqrt{m_x^2+m_y^2}} \\ \sqrt{m_x^2+m_y^2} \end{Bmatrix} B_{\mathrm{SH}}\right)$$
$$\times\exp\left[\mathrm{i}(-k_{x\mathrm{S}}x-k_{y\mathrm{S}}y-k_{z\mathrm{S}}z)\right]\exp(\mathrm{i}\omega t) \tag{3-11}$$

式中，B_{SH}、B_{SV}分别表示 SH 波和 SV 波的幅值。可以证明，波的传播方向、SV 波位移矢量和 SH 波位移矢量三者互相垂直。

为了研究平面谐波在 z 方向的变化规律，需使 P 波和 S 波在 x 方向和 y 方向具有相同的波数k_x和k_y，有

$$k_x=\frac{\omega h_x}{\alpha}=\frac{\omega m_x}{\beta}, \qquad k_y=\frac{\omega h_y}{\alpha}=\frac{\omega m_y}{\beta} \tag{3-12}$$

而视波数和方向法矢量之间需满足

$$[k_x \ \ k_y \ \ k_{z\mathrm{P}}]=\frac{\omega}{\alpha}[h_x \ \ h_y \ \ h_z], \qquad [k_x \ \ k_y \ \ k_{z\mathrm{S}}]=\frac{\omega}{\beta}[m_x \ \ m_y \ \ m_z] \tag{3-13}$$

根据完备性定理式（3-1），可以写出位移$\boldsymbol{u}=[u \ \ v \ \ w]$各坐标分量的表达式，即

$$u(x,y,z)=\left[h_x B_{\mathrm{P}}\exp(-\mathrm{i}k_{z\mathrm{P}}z)-\frac{m_x m_z}{\sqrt{m_x^2+m_y^2}}B_{\mathrm{SV}}\exp(-\mathrm{i}k_{z\mathrm{S}}z)-\frac{m_y}{\sqrt{m_x^2+m_y^2}}B_{\mathrm{SH}}\exp(-\mathrm{i}k_{z\mathrm{S}}z)\right]$$
$$\times\exp(-\mathrm{i}k_x x)\exp(-\mathrm{i}k_y y)\exp(\mathrm{i}\omega t) \tag{3-14a}$$

$$v(x,y,z)=\left[h_y B_{\mathrm{P}}\exp(-\mathrm{i}k_{z\mathrm{P}}z)-\frac{m_y m_z}{\sqrt{m_x^2+m_y^2}}B_{\mathrm{SV}}\exp(-\mathrm{i}k_{z\mathrm{S}}z)+\frac{m_x}{\sqrt{m_x^2+m_y^2}}B_{\mathrm{SH}}\exp(-\mathrm{i}k_{z\mathrm{S}}z)\right]$$
$$\times\exp(-\mathrm{i}k_x x)\exp(-\mathrm{i}k_y y)\exp(\mathrm{i}\omega t) \tag{3-14b}$$

$$w(x,y,z)=\left[h_z B_{\mathrm{P}}\exp(-\mathrm{i}k_{z\mathrm{P}}z)-\sqrt{m_x^2+m_y^2}B_{\mathrm{SV}}\exp(-\mathrm{i}k_{z\mathrm{S}}z)\right]$$
$$\times\exp(-\mathrm{i}k_x x)\exp(-\mathrm{i}k_y y)\exp(\mathrm{i}\omega t) \tag{3-14c}$$

3.3　三维格林函数

3.3.1　层状半空间动力刚度矩阵

如图 3-1 所示，假设无限半空间由弹性基岩和 N 个水平覆盖土层所组成，覆盖土层的总厚度为 D，其中包含了所有的场地自然分层和为计算精度需要而加入的人工分层，基岩和每个土层都是弹性、均匀、各向同性的介质。基岩的材料特性用两个拉梅常数λ_{R}和μ_{R}、压缩波速α_{R}、剪切波速β_{R}、质量密度ρ_{R}、泊松比ν_{R}和黏滞阻尼系数ξ_{R}表示；第 j 层土的厚度为 d_j，其材料特性用两个拉梅常数λ_j和μ_j、压缩波速α_j、剪切波速β_j、质量密度ρ_j、泊松比ν_j和黏滞阻尼系数ξ_j（$j=1,2,\cdots,N$）表示。复数材料常数通过对应原理用上标星号表示为

$$\mu_j^*=\mu_j\left(1+2\mathrm{i}\xi\right),\qquad \lambda_j^*=\lambda_j\left(1+2\mathrm{i}\xi\right),\qquad \alpha_j^*=\alpha_j\sqrt{1+2\mathrm{i}\xi},\qquad \beta_j^*=\beta_j\sqrt{1+2\mathrm{i}\xi} \tag{3-15}$$

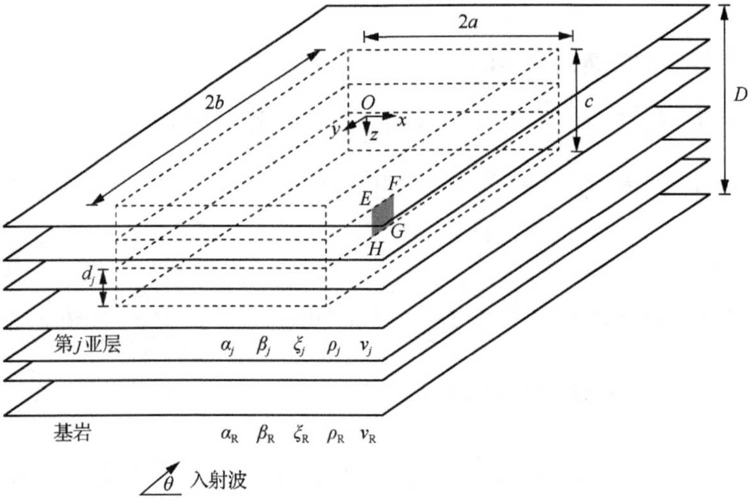

图 3-1　层状半空间和三维埋置矩形基础（$2a\times 2b\times c$，$b>a$）

基岩和每个土层中的弹性波运动都应由式（3-14）来确定。因为每个土层都有顶面和底面两个边界，所以每个土层中都应该存在一组来波（未知幅值 A_{P}、A_{SV}、A_{SH}）和一组去波（未知幅值 B_{P}、B_{SV}、B_{SH}）。两组波沿水平方向的变化是相同的，即土层和基岩沿水平方向都具有相同的波数 k_x 和 k_y，但沿深度方向的法矢量却相反。设场地中的激励频率为ω，则第 j 亚层沿 x、y 和 z 这 3 个坐标方向的位移分别为

$$u(x,y,z)=u(z)\exp(-\mathrm{i}k_x x)\exp(-\mathrm{i}k_y y)\exp(\mathrm{i}\omega t) \tag{3-16a}$$

$$v(x,y,z)=v(z)\exp(-\mathrm{i}k_x x)\exp(-\mathrm{i}k_y y)\exp(\mathrm{i}\omega t) \tag{3-16b}$$

$$w(x,y,z)=w(z)\exp(-\mathrm{i}k_x x)\exp(-\mathrm{i}k_y y)\exp(\mathrm{i}\omega t) \tag{3-16c}$$

式中，

$$\begin{aligned}u(z)=&h_{xj}[A_{\mathrm{P}}\exp(\mathrm{i}k_{z\mathrm{P}}z)+B_{\mathrm{P}}\exp(-\mathrm{i}k_{z\mathrm{P}}z)]\\&-\frac{m_{xj}m_{zj}}{\sqrt{m_{xj}^2+m_{yj}^2}}[A_{\mathrm{SV}}\exp(\mathrm{i}k_{z\mathrm{S}}z)-B_{\mathrm{SV}}\exp(-\mathrm{i}k_{z\mathrm{S}}z)]\\&-\frac{m_{yj}}{\sqrt{m_{xj}^2+m_{yj}^2}}[A_{\mathrm{SH}}\exp(\mathrm{i}k_{z\mathrm{S}}z)+B_{\mathrm{SH}}\exp(-\mathrm{i}k_{z\mathrm{S}}z)]\end{aligned} \tag{3-17a}$$

$$\begin{aligned}v(z)=&h_{yj}[A_{\mathrm{P}}\exp(\mathrm{i}k_{z\mathrm{P}}z)+B_{\mathrm{P}}\exp(-\mathrm{i}k_{z\mathrm{P}}z)]\\&-\frac{m_{yj}m_{zj}}{\sqrt{m_{xj}^2+m_{yj}^2}}[A_{\mathrm{SV}}\exp(\mathrm{i}k_{z\mathrm{S}}z)-B_{\mathrm{SV}}\exp(-\mathrm{i}k_{z\mathrm{S}}z)]\\&+\frac{m_{xj}}{\sqrt{m_{xj}^2+m_{yj}^2}}[A_{\mathrm{SH}}\exp(\mathrm{i}k_{z\mathrm{S}}z)+B_{\mathrm{SH}}\exp(-\mathrm{i}k_{z\mathrm{S}}z)]\end{aligned} \tag{3-17b}$$

$$\begin{aligned}w(z)=&h_{zj}[A_{\mathrm{P}}\exp(\mathrm{i}k_{z\mathrm{P}}z)-B_{\mathrm{P}}\exp(-\mathrm{i}k_{z\mathrm{P}}z)]\\&-\sqrt{m_{xj}^2+m_{yj}^2}[A_{\mathrm{SV}}\exp(\mathrm{i}k_{z\mathrm{S}}z)+B_{\mathrm{SV}}\exp(-\mathrm{i}k_{z\mathrm{S}}z)]\end{aligned} \tag{3-17c}$$

为了叙述方便，时间因子 $\exp(\mathrm{i}\omega t)$ 在下面的推导中予以省略。

根据式（2-63）和式（2-64），z 为常数的平面上的应力为

$$\tau_{zx}=\mu_j^*\left(\frac{\partial u}{\partial z}+\frac{\partial w}{\partial x}\right) \tag{3-18a}$$

$$\tau_{zy}=\mu_j^*\left(\frac{\partial v}{\partial z}+\frac{\partial w}{\partial y}\right) \tag{3-18b}$$

$$\sigma_z = \lambda_j^* \left(\frac{\partial u}{\partial x} + \frac{\partial v}{\partial y} + \frac{\partial w}{\partial z} \right) + 2u_j^* \frac{\partial w}{\partial z} \tag{3-18c}$$

根据式（3-17）和式（3-18）可以得到该亚层 $z=0$ 的顶面位移和应力($u_1, v_1, w_1, \tau_{zx1}, \tau_{zy1}, \sigma_{z1}$)及 $z=d_j$ 的底面位移和应力($u_2, v_2, w_2, \tau_{zx2}, \tau_{zy2}, \sigma_{z2}$)，它们都是来波和去波幅值的函数，可通过矩阵形式表示为

$$[u_1 \;\; v_1 \;\; \mathrm{i}w_1 \;\; u_2 \;\; v_2 \;\; \mathrm{i}w_2]^{\mathrm{T}} = \boldsymbol{E}_1[A_{\mathrm{P}} \;\; B_{\mathrm{P}} \;\; A_{\mathrm{SV}} \;\; B_{\mathrm{SV}} \;\; A_{\mathrm{SH}} \;\; B_{\mathrm{SH}}]^{\mathrm{T}} \tag{3-19a}$$

$$[-\tau_{zx1} \;\; -\tau_{zy1} \;\; -\mathrm{i}\sigma_{z1} \;\; \tau_{zx2} \;\; \tau_{zy2} \;\; \mathrm{i}\sigma_{z2}]^{\mathrm{T}} = \boldsymbol{E}_2[A_{\mathrm{P}} \;\; B_{\mathrm{P}} \;\; A_{\mathrm{SV}} \;\; B_{\mathrm{SV}} \;\; A_{\mathrm{SH}} \;\; B_{\mathrm{SH}}]^{\mathrm{T}} \tag{3-19b}$$

式中，$\boldsymbol{E}_1$ 和 $\boldsymbol{E}_2$ 的元素见附录 B。为了得到对称的土层动力刚度矩阵，z 方向的正应力和位移前被冠以虚数单位，且顶面应力被冠以负号。若将式（3-19）合并写成

$$[-\tau_{zx1} \;\; -\tau_{zy1} \;\; -\mathrm{i}\sigma_{z1} \;\; \tau_{zx2} \;\; \tau_{zy2} \;\; \mathrm{i}\sigma_{z2}]^{\mathrm{T}} = \boldsymbol{E}_j[u_1 \;\; v_1 \;\; \mathrm{i}w_1 \;\; u_2 \;\; v_2 \;\; \mathrm{i}w_2]^{\mathrm{T}} \tag{3-20}$$

则有

$$\boldsymbol{E}_j = \boldsymbol{E}_1 \boldsymbol{E}_2^{-1} \tag{3-21}$$

式中，$\boldsymbol{E}_j$ 为第 j 亚层的土层动力刚度矩阵，为 6×6 对称矩阵。

基岩中只存在一组去波，因此基岩顶面的位移(u_1, v_1, w_1)和应力($\tau_{zx1}, \tau_{zy1}, \sigma_{z1}$)可在式（3-14）中令 z=0 得到。类似的，可将基岩中的位移和应力关系写成

$$[-\tau_{zx1} \;\; -\tau_{zy1} \;\; -\mathrm{i}\sigma_{z1}]^{\mathrm{T}} = \boldsymbol{E}_{\mathrm{R}}[u_1 \;\; v_1 \;\; \mathrm{i}w_1]^{\mathrm{T}} \tag{3-22}$$

式中，$\boldsymbol{E}_{\mathrm{R}}$ 是基岩动力刚度矩阵，为 3×3 对称矩阵，其元素见附录 B。对于整个无限半空间，第 j 界面的位移应由第（j−1）亚层的底面位移和第 j 亚层的顶面位移两部分所组成，而其应力同样应由第（j−1）亚层的底面应力和第 j 亚层的顶面应力两部分所组成，因此将各亚层的土层动力刚度矩阵 $\boldsymbol{E}_j$（j=1, 2,⋯, N）及基岩动力刚度矩阵 $\boldsymbol{E}_{\mathrm{R}}$ 按式（3-23）组合，即得到了到半空间的动力刚度矩阵 $\boldsymbol{S}$。

20 世纪 50 年代，Thomson 和 Haskell 提出了层状半空间波动传播问题的传递矩阵法，可称为 Thomson-Haskell 矩阵法[11, 12]，之后学者对这个方法进行了完善，即本节介绍的层状半空间动力刚度矩阵。这为土动力学尤其是有关层状场地问题的研究提供了有力的方法和手段。

$$
\boldsymbol{S}=\begin{bmatrix}
E_1^{11} & E_1^{12} & E_1^{13} & E_1^{14} & E_1^{15} & E_1^{16} & 0 & 0 & 0 & & & & & & \\
E_1^{21} & E_1^{22} & E_1^{23} & E_1^{24} & E_1^{25} & E_1^{26} & 0 & 0 & 0 & & & & & & \\
E_1^{31} & E_1^{32} & E_1^{33} & E_1^{34} & E_1^{35} & E_1^{36} & 0 & 0 & 0 & & & & & & \\
E_1^{41} & E_1^{42} & E_1^{43} & E_1^{44}+E_2^{11} & E_1^{45}+E_2^{12} & E_1^{46}+E_2^{13} & E_2^{14} & E_2^{15} & E_2^{16} & & & & & & \\
E_1^{51} & E_1^{52} & E_1^{53} & E_1^{54}+E_2^{21} & E_1^{55}+E_2^{22} & E_1^{56}+E_2^{23} & E_2^{24} & E_2^{25} & E_2^{26} & & & & & & \\
E_1^{61} & E_1^{62} & E_1^{63} & E_1^{64}+E_2^{31} & E_1^{65}+E_2^{32} & E_1^{66}+E_2^{33} & E_2^{34} & E_2^{35} & E_2^{36} & & & & & & \\
0 & 0 & 0 & E_2^{41} & E_2^{42} & E_2^{43} & E_2^{44}+E_3^{11} & E_2^{45}+E_3^{12} & E_2^{46}+E_3^{13} & & & & & & \\
0 & 0 & 0 & E_2^{51} & E_2^{52} & E_2^{53} & E_2^{54}+E_3^{21} & E_2^{55}+E_3^{22} & E_2^{56}+E_3^{23} & & & & & & \\
0 & 0 & 0 & E_2^{61} & E_2^{62} & E_2^{63} & E_2^{64}+E_3^{31} & E_2^{65}+E_3^{32} & E_2^{66}+E_3^{33} & & & & & & \\
 & & & & & & & & & \ddots & & & & & \\
 & & & & & & & & & & E_N^{11}+E_{N-1}^{44} & E_N^{12}+E_{N-1}^{45} & E_N^{13}+E_{N-1}^{46} & E_N^{14} & E_N^{15} & E_N^{16} \\
 & & & & & & & & & & E_N^{21}+E_{N-1}^{54} & E_N^{22}+E_{N-1}^{55} & E_N^{23}+E_{N-1}^{56} & E_N^{24} & E_N^{25} & E_N^{26} \\
 & & & & & & & & & & E_N^{31}+E_{N-1}^{64} & E_N^{32}+E_{N-1}^{65} & E_N^{33}+E_{N-1}^{66} & E_N^{34} & E_N^{35} & E_N^{36} \\
 & & & & & & & & & & E_N^{41} & E_N^{42} & E_N^{43} & E_N^{44}+E_R^{11} & E_N^{45}+E_R^{12} & E_N^{46}+E_R^{13} \\
 & & & & & & & & & & E_N^{51} & E_N^{52} & E_N^{53} & E_N^{54}+E_R^{21} & E_N^{55}+E_R^{22} & E_N^{56}+E_R^{23} \\
 & & & & & & & & & & E_N^{61} & E_N^{62} & E_N^{63} & E_N^{64}+E_R^{31} & E_N^{65}+E_R^{32} & E_N^{66}+E_R^{33}
\end{bmatrix} \tag{3-23}
$$

3.3.2　垂直矩形分布荷载

如图 3-2 所示，垂直矩形 $EFGH$ 的 4 个角点 $E(0, y_1, 0)$、$F(0, -y_1, 0)$、$H(0, y_1, d_j)$、$G(0, -y_1, d_j)$位于第 j(j=1, 2,⋯, N)亚层的顶面或底面上，且局部坐标系 xyz 的原点 O 位于矩形顶边 EF 的中点，采用这种局部坐标系求解格林函数是较为方便的。在矩形 $EFGH$ 上作用着沿 3 个坐标方向的单位均布荷载 p_j、q_j 和 r_j，以沿 x 方向的水平荷载为例，可将该均布荷载写成

$$p_j(x, y, z) = \delta(x)\exp(\mathrm{i}\omega t) \qquad 0 \leqslant z \leqslant d_j, -y_1 \leqslant y \leqslant y_1 \tag{3-24}$$

式中，$\delta(x)$ 为狄拉克函数。为叙述方便，时间因子 $\exp(\mathrm{i}\omega t)$ 在下面的推导中予以省略。

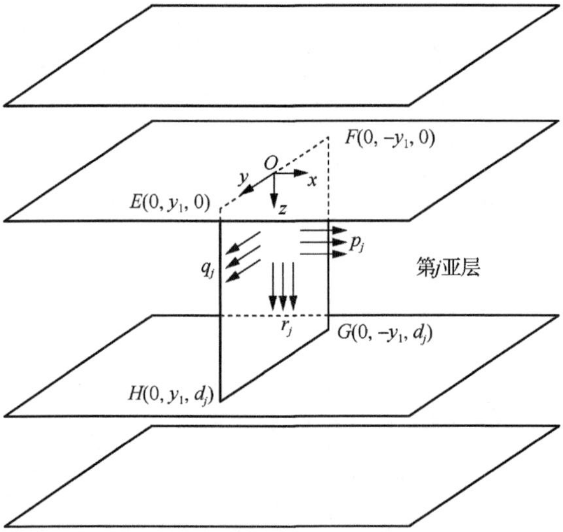

图 3-2　第 j 亚层的局部坐标系 xyz 和垂直矩形均布荷载

在单位均布荷载的激励下，任意位置处产生的动力响应即格林函数，为了后面方便叙述，将均布激励称为源，并将响应点称为场点。式（3-24）中的源是空间函数，直接求解它产生的响应是困难的，解决办法是通过傅里叶逆变换将其从空间域转换至波数域，求出波数域中的响应后，再通过傅里叶变换返回至空间域，即得到需要的格林函数。

对于空间面源，对式（3-24）进行二重傅里叶逆变换，得到波数域内的荷载形式为

$$p_j(k_x,k_y,z)=\frac{1}{4\pi^2}\int_{-\infty}^{\infty}\int_{-\infty}^{\infty}p_j(x,y,z)\exp(\mathrm{i}k_x x)\exp(\mathrm{i}k_y y)\mathrm{d}x\mathrm{d}y$$
$$=\frac{\exp(\mathrm{i}k_y y_1)}{4\pi^2\mathrm{i}k_y}+\frac{-\exp(-\mathrm{i}k_y y_1)}{4\pi^2\mathrm{i}k_y} \tag{3-25}$$

式中，k_x 和 k_y 是值域在$(-\infty,+\infty)$内的实数。可以注意到，虽然空间域荷载 $p_j(x,y,z)$ 是深度 z 的函数，但波数域荷载 $p_j(k_x,k_y,z)$ 却与深度 z 无关。另外需要指出的是，因为最后需要通过两个方向的波数对波数域计算结果进行二重傅里叶变换，返回至空间域，所以式（3-25）及下面求得的所有波数域中的位移响应和应力响应，实际上都带有积分变换因子 $\exp(-\mathrm{i}k_x x)\exp(-\mathrm{i}k_y y)$，为方便起见将这个因子省略。

将亚层与亚层之间的交界面视为结点，在波数域内计算动力响应的思路类似结构力学中的位移法。第一步，将荷载作用层的顶面和底面用刚臂固定，并通过弹性动力学的方法求得 $p_j(k_x,k_y,z)$ 作用下的刚臂中的作用力，可视为结点荷载；第二步，将这个结点荷载反向施加到刚臂上，相当于撤去刚臂恢复原状态，并求解反向结点荷载作用下的结点位移和结点应力；第三步，通过结点位移和结点应力求解任意点处的位移和应力；第四步，进行二重傅里叶变换，将频域内的位移和应力结果返回至空间域，得到格林函数。下面详细介绍各计算步骤。

第一步实际是定解条件下的偏微分方程的求解。该层沿 3 个坐标轴方向的位移 $u_j(k_x,k_y,z)$、$v_j(k_x,k_y,z)$ 和 $w_j(k_x,k_y,z)$ 应满足偏微分方程

$$(\lambda_j^*+\mu_j^*)\left(\frac{\partial^2 u}{\partial x^2}+\frac{\partial^2 v}{\partial x\partial y}+\frac{\partial^2 w}{\partial x\partial z}\right)+\mu_j^*\left(\frac{\partial^2 u}{\partial x^2}+\frac{\partial^2 u}{\partial y^2}+\frac{\partial^2 u}{\partial z^2}\right)+p_j(k_x,k_y,z)=-\rho_j\omega^2 u \tag{3-26a}$$

$$(\lambda_j^*+\mu_j^*)\left(\frac{\partial^2 u}{\partial y\partial x}+\frac{\partial^2 v}{\partial y^2}+\frac{\partial^2 w}{\partial y\partial z}\right)+\mu_j^*\left(\frac{\partial^2 v}{\partial x^2}+\frac{\partial^2 v}{\partial y^2}+\frac{\partial^2 v}{\partial z^2}\right)=-\rho_j\omega^2 v \tag{3-26b}$$

$$(\lambda_j^*+\mu_j^*)\left(\frac{\partial^2 u}{\partial z\partial x}+\frac{\partial^2 v}{\partial z\partial y}+\frac{\partial^2 w}{\partial z^2}\right)+\mu_j^*\left(\frac{\partial^2 w}{\partial x^2}+\frac{\partial^2 w}{\partial y^2}+\frac{\partial^2 w}{\partial z^2}\right)=-\rho_j\omega^2 w \tag{3-26c}$$

式（3-26）是第 2 章弹性动力学平衡方程（2-84）的坐标展开形式，方程中的分布体力项即等号右侧的分布荷载 $p_j(k_x,k_y,z)$。而问题的定解条件是该亚层顶面和底面 3 个方向的位移全部为 0，因为已经将其用刚臂固定。式（3-26）是一组二阶常系数非齐次线性偏微分方程，根据式（3-25）中的荷载形式，假设特解为

$$u^{\mathrm{P}}(k_x,k_y,z)=a_1\frac{\exp(\mathrm{i}k_y y_1)}{4\pi^2\mathrm{i}k_y}+a_2\frac{-\exp(-\mathrm{i}k_y y_1)}{4\pi^2\mathrm{i}k_y} \tag{3-27a}$$

$$v^{\mathrm{P}}(k_x,k_y,z)=b_1\frac{\exp(\mathrm{i}k_y y_1)}{4\pi^2\mathrm{i}k_y}+b_2\frac{-\exp(-\mathrm{i}k_y y_1)}{4\pi^2\mathrm{i}k_y} \tag{3-27b}$$

$$w^{\mathrm{P}}(k_x,k_y,z)=c_1\frac{\exp(\mathrm{i}k_y y_1)}{4\pi^2\mathrm{i}k_y}+c_2\frac{-\exp(-\mathrm{i}k_y y_1)}{4\pi^2\mathrm{i}k_y} \tag{3-27c}$$

式中，a_1、a_2、b_1、b_2、c_1和c_2为6个未知量。将式（3-27）代入式（3-26），得到方程组

$$\begin{bmatrix}\rho_j\omega^2-\lambda_j^*k_x^2-\mu_j^*(2k_x^2+k_y^2) & -(\lambda_j^*+\mu_j^*)k_xk_y & 0\\ -(\lambda_j^*+\mu_j^*)k_xk_y & \rho_j\omega^2-\lambda_j^*k_y^2-\mu_j^*(k_x^2+2k_y^2) & 0\\ 0 & 0 & \rho_j\omega^2-\mu_j^*(k_x^2+k_y^2)\end{bmatrix}\begin{bmatrix}a_1\\ b_1\\ c_1\end{bmatrix}=\begin{bmatrix}-1\\ 0\\ 0\end{bmatrix} \tag{3-28}$$

并发现，含未知量a_2、b_2和c_2的一组方程与式（3-28）完全相同。通过式（3-28）可解得此6个未知量，从而得到位移特解。而应力特解则可由第2章的式（2-63）和式（2-64）进行计算得到。然后通过 z=0 求得该层的顶面位移和顶面应力的特解$[u_1^{\mathrm{P}}\ \ v_1^{\mathrm{P}}\ \ w_1^{\mathrm{P}}\ \ \sigma_{x1}^{\mathrm{P}}\ \ \sigma_{y1}^{\mathrm{P}}\ \ \sigma_{z1}^{\mathrm{P}}\ \ \tau_{xz1}^{\mathrm{P}}\ \ \tau_{xy1}^{\mathrm{P}}\ \ \tau_{yz1}^{\mathrm{P}}]$，并通过 $z=d_j$ 求得该层的底面位移和底面应力的特解$[u_2^{\mathrm{P}}\ \ v_2^{\mathrm{P}}\ \ w_2^{\mathrm{P}}\ \ \sigma_{x2}^{\mathrm{P}}\ \ \sigma_{y2}^{\mathrm{P}}\ \ \sigma_{z2}^{\mathrm{P}}\ \ \tau_{xz2}^{\mathrm{P}}\ \ \tau_{xy2}^{\mathrm{P}}\ \ \tau_{yz2}^{\mathrm{P}}]$。实际上，因为频域中的分布荷载$p_j(k_x,k_y,z)$是与深度$z$无关的量，所以位移特解和应力特解也是与深度无关的量。

偏微分方程（3-26）的全解是特解与齐解之和，因为全解必须满足零位移的边界条件，所以该层顶面和底面的位移齐解（用上标 h 表示）是该层顶面和底面的位移特解的负数值。而该层顶面和底面的应力特解可通过土层动力刚度矩阵得到

$$\begin{bmatrix}-\tau_{zx1}^{\mathrm{h}}\\ -\tau_{zy1}^{\mathrm{h}}\\ -\mathrm{i}\sigma_{z1}^{\mathrm{h}}\\ \tau_{zx2}^{\mathrm{h}}\\ \tau_{zy2}^{\mathrm{h}}\\ \mathrm{i}\sigma_{z2}^{\mathrm{h}}\end{bmatrix}=\boldsymbol{E}_j\begin{bmatrix}u_1^{\mathrm{h}}\\ v_1^{\mathrm{h}}\\ \mathrm{i}w_1^{\mathrm{h}}\\ u_2^{\mathrm{h}}\\ v_2^{\mathrm{h}}\\ \mathrm{i}w_2^{\mathrm{h}}\end{bmatrix}=-\boldsymbol{E}_j\begin{bmatrix}u_1^{\mathrm{P}}\\ v_1^{\mathrm{P}}\\ \mathrm{i}w_1^{\mathrm{P}}\\ u_2^{\mathrm{P}}\\ v_2^{\mathrm{P}}\\ \mathrm{i}w_2^{\mathrm{P}}\end{bmatrix} \tag{3-29}$$

因此该层顶面和底面的总结点荷载$\boldsymbol{N}_{\mathrm{L}}$是

$$
\boldsymbol{N}_{\mathrm{L}}=\begin{bmatrix}-\tau_{zx1}\\-\tau_{zy1}\\-\mathrm{i}\sigma_{z1}\\\tau_{zx2}\\\tau_{zy2}\\\mathrm{i}\sigma_{z2}\end{bmatrix}=\begin{bmatrix}-\tau_{zx1}^{\mathrm{P}}\\-\tau_{zy1}^{\mathrm{P}}\\-\mathrm{i}\sigma_{z1}^{\mathrm{P}}\\\tau_{zx2}^{\mathrm{P}}\\\tau_{zy2}^{\mathrm{P}}\\\mathrm{i}\sigma_{z2}^{\mathrm{P}}\end{bmatrix}+\begin{bmatrix}-\tau_{zx1}^{\mathrm{h}}\\-\tau_{zy1}^{\mathrm{h}}\\-\mathrm{i}\sigma_{z1}^{\mathrm{h}}\\\tau_{zx2}^{\mathrm{h}}\\\tau_{zy2}^{\mathrm{h}}\\\mathrm{i}\sigma_{z2}^{\mathrm{h}}\end{bmatrix} \tag{3-30}
$$

第二步，将结点荷载反向施加到刚臂上，并通过下式求解反向结点荷载作用下的结点位移。

$$
\boldsymbol{SV}=\boldsymbol{Q} \tag{3-31}
$$

$\boldsymbol{N}_{\mathrm{L}}$ 作用在第 j 和第$(j+1)$界面上，则有

$$
\boldsymbol{Q}=[0\quad 0\quad 0\quad \cdots\quad \tau_{zx1}\quad \tau_{zy1}\quad \mathrm{i}\sigma_{z1}\quad -\tau_{zx2}\quad -\tau_{zy2}\quad -\mathrm{i}\sigma_{z2}\quad \cdots\quad 0\quad 0\quad 0]^{\mathrm{T}} \tag{3-32}
$$

设求得的结点位移为

$$
\boldsymbol{V}=[u_1\ \ v_1\ \ \mathrm{i}w_1\ \ u_2\ \ v_2\ \ \mathrm{i}w_2\ \ \cdots\ \ u_N\ \ v_N\ \ \mathrm{i}w_N\ \ u_{N+1}\ \ v_{N+1}\ \ \mathrm{i}w_{N+1}]^{\mathrm{T}} \tag{3-33}
$$

第三步，通过结点位移求解第 l 亚层中任意点的位移和应力，这里用 l 表示场点所在的亚层。首先，通过式（3-17）和 6 个边界条件 $u_l(z=0)$、$v_l(z=0)$、$w_l(z=0)$、$u_{l+1}(z=d_l)$、$v_{l+1}(z=d_l)$、$w_{l+1}(z=d_l)$来求解该层来波和去波的 6 个未知幅值 $[A_{\mathrm{P}}\ \ B_{\mathrm{P}}\ \ A_{\mathrm{SV}}\ \ B_{\mathrm{SV}}\ \ A_{\mathrm{SH}}\ \ B_{\mathrm{SH}}]^{\mathrm{T}}$。然后，该层任意深度 $z=z_l$ 处的位移 $u(k_x, k_y, z_l)$、$v(k_x, k_y, z_l)$和 $w(k_x, k_y, z_l)$仍然通过式（3-17）进行计算，而应力$\sigma_x(k_x, k_y, z_l)$、$\sigma_y(k_x, k_y, z_l)$、$\sigma_z(k_x, k_y, z_l)$、$\tau_{xy}(k_x, k_y, z_l)$、$\tau_{zx}(k_x, k_y, z_l)$和$\tau_{zy}(k_x, k_y, z_l)$则可以通过式（2-63）和式（2-64）计算得到。

应该指出的是，对于荷载作用层（即当$j=l$时），其应力和位移还应额外包含当 $z=z_l$ 时的特解部分和齐解部分。特解部分的计算无需赘述，而齐解部分的计算和上一段的计算类似，只是求解来波和去波幅值时应采用的 6 个边界条件为$u_1^{\mathrm{h}}(z=0)$、$v_1^{\mathrm{h}}(z=0)$、$w_1^{\mathrm{h}}(z=0)$、$u_2^{\mathrm{h}}(z=d_j)$、$v_2^{\mathrm{h}}(z=d_j)$和 $w_2^{\mathrm{h}}(z=d_j)$。

第四步，通过二重傅里叶变换将上述波数域内的动力响应变换回至空间域，以得到某场点 $\boldsymbol{x}_l=[x_l\quad y_l\quad z_l]$的位移格林函数($g_u^{lj}$、$g_v^{lj}$和 g_w^{lj})和应力格林函数($g_{\sigma x}^{lj}$、$g_{\sigma y}^{lj}$、$g_{\sigma z}^{lj}$、$g_{\tau xy}^{lj}$、$g_{\tau xz}^{lj}$和 $g_{\tau yz}^{lj}$)。以应力$\sigma_x(k_x, k_y, z_l)$为例，傅里叶变换的形式为

$$g_{\sigma x}^{lj}(\boldsymbol{x}_l,q_j)=\int_{-\infty}^{\infty}\int_{-\infty}^{\infty}\sigma_x(k_x,k_y,z_l)\exp(-\mathrm{i}k_x x_l)\exp(-\mathrm{i}k_y y_l)\mathrm{d}k_x\mathrm{d}k_y \tag{3-34}$$

另外可以证明，波数域内的应力值$\sigma_x(k_x, k_y, z_l)$、$\sigma_x(-k_x, k_y, z_l)$、$\sigma_x(k_x, -k_y, z_l)$和$\sigma_x(-k_x, -k_y, z_l)$互相相等或互为相反数，因此式（3-35）可进一步写成

$$\begin{aligned}g_{\sigma x}^{lj}(\boldsymbol{x}_l,q_j)=\int_{0}^{\infty}\int_{0}^{\infty}\sigma_x(k_x,k_y,z_l)[&\exp(-\mathrm{i}k_x x_l)\exp(-\mathrm{i}k_y y_l)-\exp(\mathrm{i}k_x x_l)\exp(-\mathrm{i}k_y y_l)\\&+\exp(-\mathrm{i}k_x x_l)\exp(\mathrm{i}k_y y_l)-\exp(\mathrm{i}k_x x_l)\exp(\mathrm{i}k_y y_l)]\mathrm{d}k_x\mathrm{d}k_y\end{aligned} \tag{3-35}$$

因此对式（3-35）进行二重傅里叶变换时只需计算 $k_x>0$ 和 $k_y>0$ 时的$\sigma_x(k_x, k_y, z_l)$值，这可节省近 3/4 的计算量。其他应力和位移关于波数的对称性如表 3-1 所示。

表 3-1　位移和应力关于波数的对称性

项目	(k_x, k_y)			$(-k_x, k_y)$			$(k_x, -k_y)$			$(-k_x, -k_y)$		
	p_j	q_j	r_j	p_j	q_j	r_j	p_j	q_j	r_j	p_j	q_j	r_j
u	+	+	+	+	−	−	+	−	+	+	+	−
v	+	+	+	−	+	+	−	+	−	+	+	−
w	+	+	+	−	+	+	+	−	+	−	−	+
σ_x	+	+	+	−	+	+	+	−	+	−	−	+
σ_y	+	+	+	−	+	+	+	−	+	−	−	+
σ_z	+	+	+	−	+	+	+	−	+	−	−	+
τ_{xy}	+	+	+	+	−	−	−	+	−	−	−	+
τ_{xz}	+	+	+	+	−	−	+	−	+	+	+	−
τ_{yz}	+	+	+	−	+	+	−	+	−	+	+	−

矩形 $EFGH$ 上作用 y 方向均布荷载 $q_j(x,y,z)$ 和 z 方向均布荷载 $r_j(x,y,z)$ 时，格林函数的计算过程完全类似，只是式（3-28）中等号右侧的向量应分别为 $[0\quad -1\quad 0]$ 和 $[0\quad 0\quad -1]$。将场点 $\boldsymbol{x}_l$ 的位移格林函数和应力格林函数分别写成 3×3 的矩阵形式 $\boldsymbol{g}_u^{lj}(\boldsymbol{x}_l)$ 和 $\boldsymbol{g}_\sigma^{lj}(\boldsymbol{x}_l)$，即

$$\boldsymbol{g}_u^{lj}(\boldsymbol{x}_l)=\begin{bmatrix} g_u^{lj}(\boldsymbol{x}_l,p_j) & g_u^{lj}(\boldsymbol{x}_l,q_j) & g_u^{lj}(\boldsymbol{x}_l,r_j)\\ g_v^{lj}(\boldsymbol{x}_l,p_j) & g_v^{lj}(\boldsymbol{x}_l,q_j) & g_v^{lj}(\boldsymbol{x}_l,r_j)\\ g_w^{lj}(\boldsymbol{x}_l,p_j) & g_w^{lj}(\boldsymbol{x}_l,q_j) & g_w^{lj}(\boldsymbol{x}_l,r_j)\end{bmatrix} \tag{3-36a}$$

$$\boldsymbol{g}_\sigma^{lj}(\boldsymbol{x}_l)=\begin{bmatrix} g_x^{lj}(\boldsymbol{x}_l,p_j) & g_x^{lj}(\boldsymbol{x}_l,q_j) & g_x^{lj}(\boldsymbol{x}_l,r_j)\\ g_y^{lj}(\boldsymbol{x}_l,p_j) & g_y^{lj}(\boldsymbol{x}_l,q_j) & g_y^{lj}(\boldsymbol{x}_l,r_j)\\ g_z^{lj}(\boldsymbol{x}_l,p_j) & g_z^{lj}(\boldsymbol{x}_l,q_j) & g_z^{lj}(\boldsymbol{x}_l,r_j)\end{bmatrix}$$

$$=\begin{bmatrix} e_x^l g_{\sigma x}^{lj}+e_y^l g_{\tau xy}^{lj}+e_z^l g_{\tau xz}^{lj} & e_x^l g_{\sigma x}^{lj}+e_y^l g_{\tau xy}^{lj}+e_z^l g_{\tau xz}^{lj} & e_x^l g_{\sigma x}^{lj}+e_y^l g_{\tau xy}^{lj}+e_z^l g_{\tau xz}^{lj} \\ e_x^l g_{\tau xy}^{lj}+e_y^l g_{\sigma y}^{lj}+e_z^l g_{\tau yz}^{lj} & e_x^l g_{\tau xy}^{lj}+e_y^l g_{\sigma y}^{lj}+e_z^l g_{\tau yz}^{lj} & e_x^l g_{\tau xy}^{lj}+e_y^l g_{\sigma y}^{lj}+e_z^l g_{\tau yz}^{lj} \\ e_x^l g_{\tau xz}^{lj}+e_y^l g_{\tau yz}^{lj}+e_z^l g_{\sigma z}^{lj} & e_x^l g_{\tau xz}^{lj}+e_y^l g_{\tau yz}^{lj}+e_z^l g_{\sigma z}^{lj} & e_x^l g_{\tau xz}^{lj}+e_y^l g_{\tau yz}^{lj}+e_z^l g_{\sigma z}^{lj} \end{bmatrix} \tag{3-36b}$$

式中，e_x^l、e_y^l、e_z^l分别为第 l 单元上 x 向、y 向、z 向的外法矢量。

3.3.3 水平分布荷载

1. 矩形荷载

如图 3-3 所示，水平放置的矩形 $EFGH$ 位于第 j 界面上，两边长分别为$2\varDelta_a$和$2\varDelta_b$，局部坐标系 xyz 的原点 O 是矩形的中心点，而 4 个共面点$E(-\varDelta_a,\varDelta_b,0)$、$F(-\varDelta_a,-\varDelta_b,0)$、$G(\varDelta_a,-\varDelta_b,0)$和$H(\varDelta_a,\varDelta_b,0)$分别是矩形的 4 个角点。在矩形 $EFGH$ 上作用着沿 3 个坐标轴方向的单位均布荷载 p_j、q_j 和 r_j。仍以水平荷载 p_j 为例

$$p_j(x,y)=1\cdot\exp(\mathrm{i}\omega t)\ \ (-\varDelta_a\leqslant x\leqslant\varDelta_a,\ -\varDelta_b\leqslant y\leqslant\varDelta_b) \tag{3-37}$$

用两个方向的波数k_x和k_y对其进行二重傅里叶逆变换

$$p_j(k_x,k_y)=\frac{1}{4\pi^2}\int_{-\varDelta_a}^{\varDelta_a}\int_{-\varDelta_b}^{\varDelta_b}\exp(\mathrm{i}k_x x)\exp(\mathrm{i}k_y y)\mathrm{d}x\mathrm{d}y=\frac{\sin(k_x\varDelta_a)\sin(k_y\varDelta_b)}{\pi^2 k_x k_y} \tag{3-38}$$

则每个界面的结点位移可由结点荷载向量

$$\boldsymbol{N}_\mathrm{L}=[0\quad 0\quad 0\quad \cdots\quad p_j\quad 0\quad 0\quad \cdots\quad 0\quad 0\quad 0]^\mathrm{T}\qquad j=1,2,\cdots,N+1 \tag{3-39}$$

通过式（3-31）进行计算。之后的步骤和 3.3.2 节中的第三步和第四步是相同的，只是不需要考虑特解和齐解[6-8]。同样可以证明，波数域内的位移和应力关于波数(k_x, k_y)、$(-k_x, k_y)$、$(k_x, -k_y)$和$(-k_x, -k_y)$也存在对称性，且对称性和垂直矩形格林函数的情况相同，如表 3-1 所示。因此进行二重傅里叶变换时同样只需计算 $k_x>0$ 和 $k_y>0$ 时的位移和应力值。

2. 梯形荷载

如图 3-4 所示，第 j 界面上的 4 个点$E(x_1,y_1,0)$，$F(x_1,-y_1,0)$，$G(x_2,-y_2,0)$，$H(x_2,y_2,0)$组成了一个水平放置的等腰梯形，局部坐标系 xyz 的原点位于梯形两条中线的交点上。在梯形 $EFGH$ 上作用着沿 3 个坐标轴方向的单位均布荷载 p_j、q_j 和 r_j。以水平荷载 p_j 为例，用两个方向的波数k_x和k_y对其进行二重傅里叶逆变换。

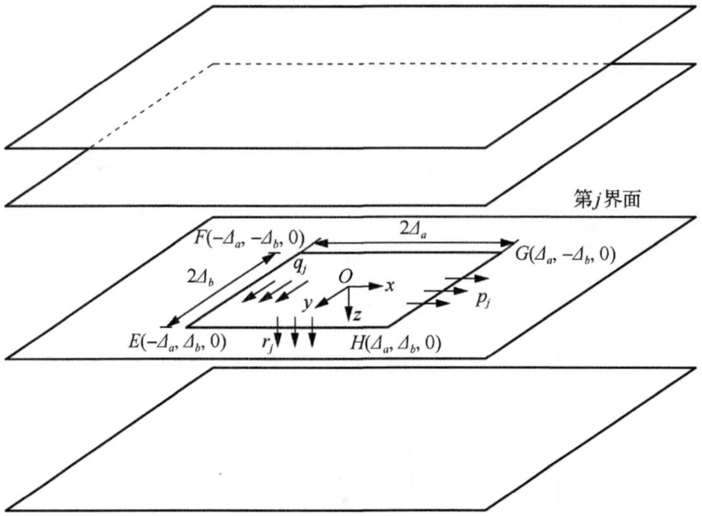

图 3-3　第 j 界面的局部坐标系 xyz 和水平矩形均布荷载

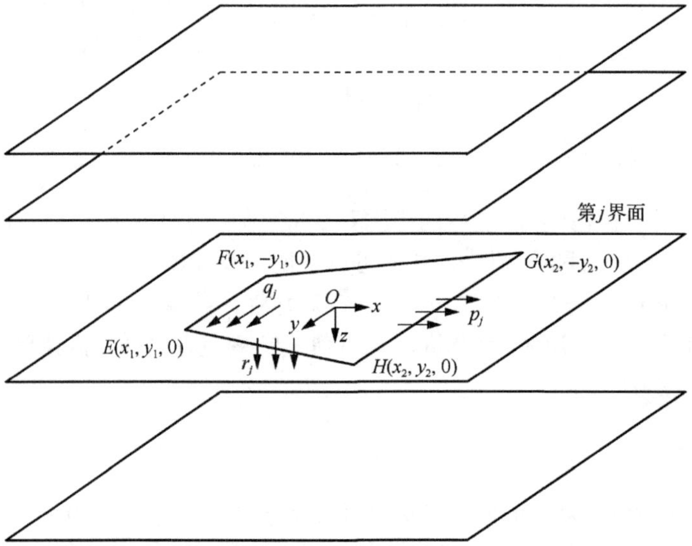

图 3-4　第 j 界面的局部坐标系 xyz 和水平等腰梯形均布荷载

$$p_j(k_x,k_y)=\frac{1}{4\pi^2}\int_{x_2}^{x_1}\int_{\frac{y_2-y_1}{x_1-x_2}x+\frac{y_1-y_2}{x_1-x_2}x_1-y_1}^{\frac{y_1-y_2}{x_1-x_2}x+\frac{-y_1+y_2}{x_1-x_2}x_1+y_1}\exp(\mathrm{i}k_x x)\exp(\mathrm{i}k_y y)\mathrm{d}x\mathrm{d}y$$

$$=\frac{1}{4\pi^2\mathrm{i}k_y}\frac{\exp(\mathrm{i}k_y y_1+\mathrm{i}k_x x_1)-\exp\left[\mathrm{i}k_y\left(\dfrac{y_2-y_1}{x_1-x_2}x_1+y_1+\dfrac{y_1-y_2}{x_1-x_2}x_2\right)+\mathrm{i}k_x x_2\right]}{\mathrm{i}k_y\dfrac{y_1-y_2}{x_1-x_2}+\mathrm{i}k_x}$$

$$-\frac{1}{4\pi^2\mathrm{i}k_y}\frac{\exp(-\mathrm{i}k_y y_1+\mathrm{i}k_x x_1)-\exp\left[-\mathrm{i}k_y\left(\dfrac{y_2-y_1}{x_1-x_2}x_1+y_1+\dfrac{y_1-y_2}{x_1-x_2}x_2\right)+\mathrm{i}k_x x_2\right]}{\mathrm{i}k_y\dfrac{y_2-y_1}{x_1-x_2}+\mathrm{i}k_x}$$

（3-40）

可以证明，这种等腰梯形格林函数关于波数 k_y 具有对称性，因此进行二重傅里叶变换时只需计算 $k_y>0$ 时的位移值和应力值。

3.3.4　自由场运动

如图 3-1 所示，当频率为ω的平面谐波从基岩面以水平角度θ入射时，假定其入射面为 xOz 平面，则 P 波和 SV 波的位移位于 xOz 平面内，而 SH 波的位移平行于 y 轴。入射波的法矢量为

$$m_{x\mathrm{R}}=\cos\theta,\quad m_{y\mathrm{R}}=0,\quad m_{z\mathrm{R}}=-\sin\theta\qquad \text{入射 SV 波或 SH 波}\tag{3-41a}$$

$$h_{x\mathrm{R}}=\cos\theta,\quad h_{y\mathrm{R}}=0,\quad h_{z\mathrm{R}}=-\sin\theta\qquad \text{入射 P 波}\tag{3-41b}$$

当 SV 波或 SH 波入射时，可以根据式（3-12）得到 P 波的法矢量，同理当 P 波入射时，也可以计算得到 SV 波或 SH 波的法矢量，自由场运动的波数 k_x 和 k_y 也应通过式（3-12）进行计算。当场地存在阻尼时，自由场的波数值为复数，这与格林函数中波数的含义是不同的。

当基岩中存在入射波时，首先假想基岩面上方无覆盖土层，此时的基岩面是自由地表面，应该满足零应力条件

$$\tau_{zx}^1=0,\quad \tau_{zy}^1=0,\quad \sigma_z^1=0\tag{3-42}$$

假设入射波幅值为$\{A_{\mathrm{P}}^{\mathrm{f}},A_{\mathrm{SV}}^{\mathrm{f}},A_{\mathrm{SH}}^{\mathrm{f}}\}$，根据式（3-18）和式（3-42）可以确定基岩中去波的幅值$\{B_{\mathrm{P}}^{\mathrm{f}},B_{\mathrm{SV}}^{\mathrm{f}},B_{\mathrm{SH}}^{\mathrm{f}}\}$，但应注意波的法矢量应为入射波的法矢量。求得去波幅值后，基岩面的结点位移向量可以根据式（3-17）进行计算，而基岩面的结点应力向量为

$$\begin{bmatrix}\tau_{zx}^{\mathrm{f}}\\ \tau_{zy}^{\mathrm{f}}\\ \mathrm{i}\sigma_z^{\mathrm{f}}\end{bmatrix}=\boldsymbol{E}_{\mathrm{R}}\begin{bmatrix}u_{\mathrm{R}}\\ v_{\mathrm{R}}\\ \mathrm{i}w_{\mathrm{R}}\end{bmatrix}\tag{3-43}$$

再将基岩与覆盖土层组合成原半空间，则半空间总结点荷载向量为

$$\boldsymbol{Q}=\begin{bmatrix}0 & 0 & 0 & \cdots & 0 & 0 & \tau_{zx}^{\mathrm{f}} & \tau_{zy}^{\mathrm{f}} & \mathrm{i}\sigma_{z}^{\mathrm{f}}\end{bmatrix}^{\mathrm{T}} \tag{3-44}$$

式中，除最后 3 个元素外，其他所有元素均为 0。这种先分解后组合求解自由场动力响应的方法是一种子结构法[9]。总结点位移向量可根据式（3-31）进行计算。而根据结点位移求解任一场点位移和应力的过程，与格林函数计算中的第三步完全类似，只是波函数始终应包含空间因子 $\exp(-\mathrm{i}k_x x)\exp(-\mathrm{i}k_y y)$。

3.3.5　积分方案

式（3-35）的被积函数在波数较小时变化剧烈，随着波数的增大则变得平缓；另外被积函数在荷载作用层（$j=l$）的变化较为剧烈，而在非荷载作用层（$j\neq l$）的变化则较为平缓；且荷载作用层比非荷载作用层收敛得快。根据这些原则，荷载作用层与非荷载作用层应分开进行积分计算，且各自采用不同的积分密度和积分域，以提高计算效率。表 3-2 是假设基础半宽等于单位 1（a=1）的情况下拟定的积分方案，以阻尼系数为 0.02 的半空间为例，此积分方案可以保证格林函数的计算误差在 1%以内。若基础半宽为其他数值，则应调整积分方案直到达到同等计算精度。后面在进行此类数值积分计算时，均假定基础半宽等于单位 1，以避免调整积分方案带来的不必要麻烦。

表 3-2　式（3-35）被积函数对波数 k_x 和 k_y 的积分方案

积分段（k_x 和 k_y）	积分点个数	
	非荷载作用层	荷载作用层
0～0.2	200	1000
0.2～0.5	200	1000
0.5～2	200	1000
2～5	200	1000
5～20	200	1000
20～50	200	1000
50～200	200	1000
200～500	200	1000
500～2000	200	1000
2000～5000	200	1000
（总积分点数）	2000^2（区域 I）	10000^2（区域 II）
5000～20000	—	1000
20000～50000	—	1000
50000～200000	—	1000

续表

积分段（k_x 和 k_y）	积分点个数	
	非荷载作用层	荷载作用层
200000～500000	—	1000
500000～1000000	—	1000
1000000～2000000	—	1000
2000000～3000000	—	1000
（总积分点数）		$17000^2-10000^2$（区域III）

对于非荷载作用层，因为场点距离面源较远，积分上限到 5000 即可保证积分计算结果的收敛性。而荷载作用层的解由 3 个部分组成，分别是方程解、齐解和特解，其中方程解和齐解部分的收敛性与非荷载作用层是相同的，因为这两部分解都是根据场地动力刚度矩阵（或土层动力刚度矩阵）计算得到，而动力刚度矩阵中含有波数的指数项，故随着波数增大将很快收敛。但对于特解部分，尤其是应力特解部分则收敛很慢，积分上限达到数百万左右后才能达到同等精度。对于区域III中的积分任务，可仅计算特解部分，这既节省了计算时间，又避免了因动力刚度矩阵指数过大而产生的计算机浮点数溢出。

3.3.6　奇性系数

对于点源格林函数，位移格林函数在点源处具有弱奇性的，而应力格林函数具有强奇性，因此相应的边界元法是奇异边界元法。分布荷载格林函数虽然没有奇异性，但采用式（3-35）直接进行积分计算后得到的数值并不是格林函数的真实值，需通过简单处理转换成为真值，否则会出现错误的结果。下面以一个具体例子进行说明。如图 3-5（a）所示，层状半空间场地土的材料常数为$\rho_j/\rho_R=1$，$\beta_j/\beta_R=0.5$，$\nu_j=\nu_R=1/3$，$\xi_j=\xi_R=0.02$，这是一个弹性基岩上的单一土层场地，将土层厚度 D 平均分为 4 个亚层（j=1, 2, 3, 4）。垂直矩形 $EFGH$ 位于第二亚层，其长度为 $0.2D$ 而深度为 $0.25D$。垂直矩形上作用着沿 x 方向均匀分布的单位荷载 p_j，沿 y 方向均匀分布的单位荷载 q_j 及沿 z 方向均匀分布的单位荷载 r_j。设无量纲频率为$\omega D/\beta_L=0.5$。

图 3-5（b）的 x 坐标是直线$(y,z)|y=0,z=0.125D$，此直线穿过矩形 $EFGH$，而 y 轴是应力格林函数 $g_x(\boldsymbol{x},p_j)$、$g_y(\boldsymbol{x},p_j)$和 $g_z(\boldsymbol{x},p_j)$。首先分析分布荷载 p_j 作用时，矩形两侧应力格林函数的变化。可以得到以下几点结论：

1）应力格林函数 $g_x(\boldsymbol{x},p_j)$ 的实部在面源 $EFGH$ 左右两侧不连续而存在突变，突变值为面源的强度（即单位 1），但 $g_x(\boldsymbol{x},p_j)$ 的实部在面源处是可导的。

2）应力格林函数 $g_x(\boldsymbol{x},p_j)$ 的虚部在面源处连续且可导。

3）应力格林函数 $g_y(\boldsymbol{x},p_j)$ 和 $g_z(\boldsymbol{x},p_j)$ 的实部和虚部在面源处都连续且可导。

4）位移格林函数 $g_u(\boldsymbol{x},p_j)$ 、 $g_v(\boldsymbol{x},p_j)$ 和 $g_w(\boldsymbol{x},p_j)$ 在面源两侧都是连续的，但其在面源处都不光滑、不可导。

类似的，当 q_j 作用时 $g_y(\boldsymbol{x}, q_j)$的实部，与 r_j 作用时 $g_z(\boldsymbol{x}, r_j)$的实部都在面源左右两侧存在单位 1 的突变，可以认为此分布荷载格林函数的“奇性系数”是 1/2。这个应力不连续现象可以通过简支梁受集中荷载作用时的剪力图来类比，如图 3-5（c）所示。实际上，通过严格推导得到这种格林函数奇性系数的显式表达式是困难的，复杂格林函数奇性系数的求解一般通过数值计算的方法得到。

当场点位于垂直的面源上时，对式（3-35）直接进行积分计算得到的格林函数的结果为 0，因此格林函数的值实际上就是奇性系数的值

$$g_x(\boldsymbol{x},p_j)=\pm 0.5 \qquad \boldsymbol{x}\in EFGH \tag{3-45a}$$

$$g_y(\boldsymbol{x},q_j)=\pm 0.5 \qquad \boldsymbol{x}\in EFGH \tag{3-45b}$$

$$g_z(\boldsymbol{x},r_j)=\pm 0.5 \qquad \boldsymbol{x}\in EFGH \tag{3-45c}$$

但需要注意的是，只有当面源垂直时式（3-45）才成立。当场点位于倾斜的面源上时，直接进行积分计算得到的结果不为 0，且奇性系数是和倾斜角有关的三角函数[6-8]。

当分布荷载是作用在第 j 界面的水平荷载时，对于应力格林函数 $g_x(\boldsymbol{x}, p_j)$、$g_y(\boldsymbol{x}, p_j)$和 $g_z(\boldsymbol{x}, p_j)$，其值在面源上下的第 $j-1$ 层底面和第 j 层顶面也存在突变，突变值仍为面源的强度。因为面源作用在界面上，经式（3-35）直接积分计算后，第 j 层顶面的应力值是真值，而第 $j-1$ 层底面的应力值是伪值，该问题的奇性系数为单位 1。实际上，可以直接采用真值而回避奇性系数。位移格林函数在水平面源的上下两侧同样是连续的，不存在突变。

第 2 章介绍的点源格林函数的解析解含有 $\ln(1/r)$ 或 $1/r$ 项，因此点源不仅是奇点，而且点源附近的格林函数具有很大的梯度，若处理不当，将对边界元法的计算精度或准确性造成影响。而从图 3-5（b）可以看出，分布荷载格林函数不存在奇点，而且在面源附近梯度的变化平缓，这对保证边界元法的计算精度和提高计算效率都有很大益处。

需要指出的是，Wolf 研究[9]的边界元法虽然采用了分布荷载格林函数，但没有将场点置于分布源上，而是使场点离开分布源一个很小的距离，以便计算此处的格林函数。这种处理方式虽然避免了格林函数的伪值及奇性系数问题，但会造成明显的计算量增加和精度降低。这是因为当场点距离分布源越近时，波数域内的被积函数震荡越剧烈且收敛越慢，需要加大积分密度并提高积分上限进行弥补。尤其对于应力格林函数 $g_x(\boldsymbol{x},p_j)$ 、 $g_y(\boldsymbol{x},q_j)$ 和 $g_z(\boldsymbol{x},r_j)$ ， 当 $\boldsymbol{x}\in EFGH^+$ 或 $\boldsymbol{x}\in EFGH^-$ 时，需要将积分密度和积分上限都加大数倍才能达到同等效果，如

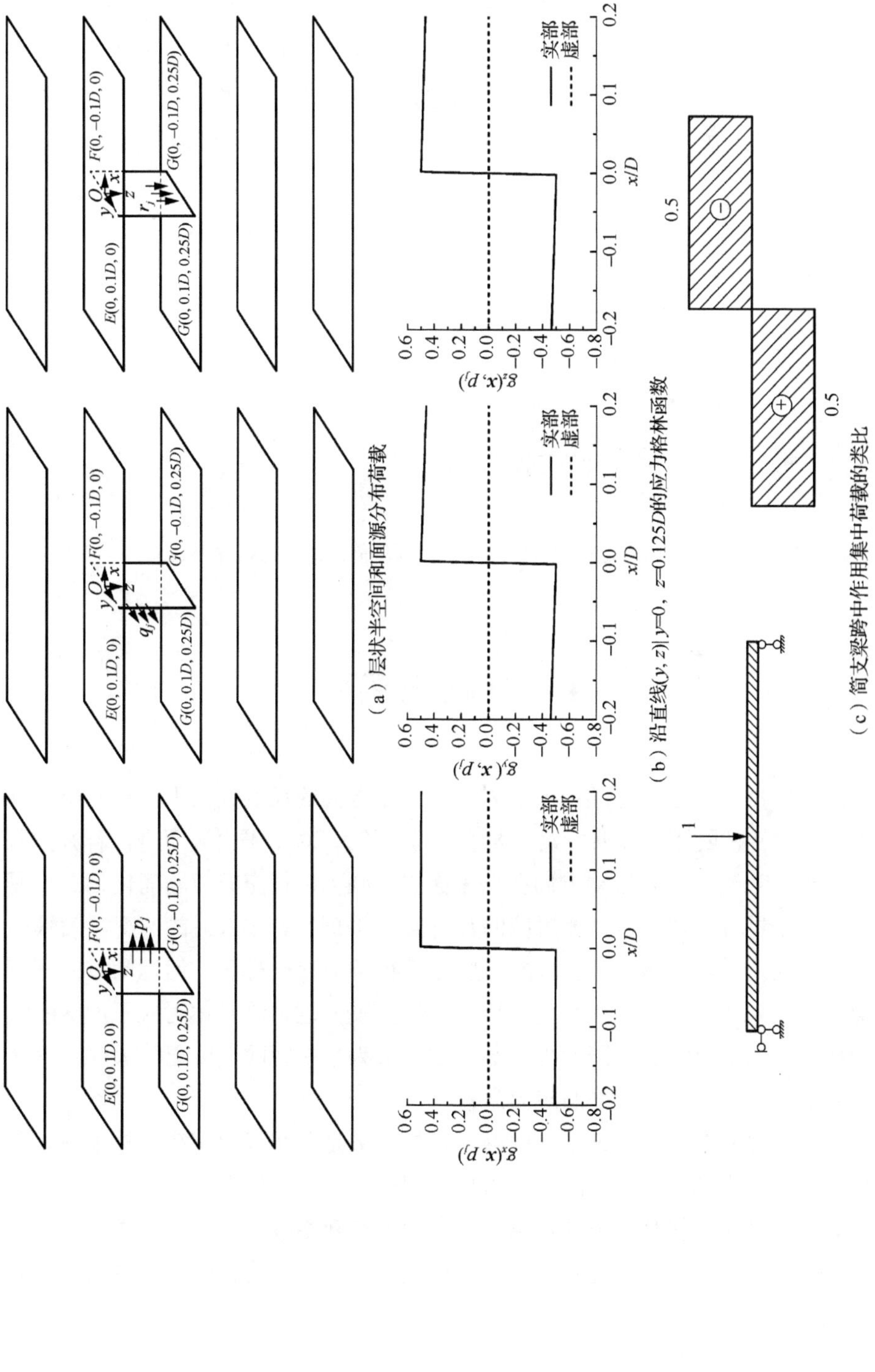

（a）层状半空间和面源分布荷载

（b）沿直线(y, z)|y=0，z=0.125D的应力格林函数

（c）简支梁跨中作用集中荷载的类比

图 3-5　应力格林函数在面源处的突变与奇性系数

图 3-5（b）的计算结果就是这样得到的。若积分上限不足或积分密度不够，面源附近的应力格林函数曲线如图 3-6 所示。而采用式（3-45）后，当场点 $\boldsymbol{x} \in EFGH$ 时，格林函数 $g_x(\boldsymbol{x}, p_j)$、$g_y(\boldsymbol{x}, q_j)$ 和 $g_z(\boldsymbol{x}, r_j)$ 的值甚至不需要进行计算，而对于荷载层的其他场点，表 3-2 则足以保证精度。巴振宁[8]首先采用了奇性系数对格林函数的伪值进行修正，实践证明这极大地提高了计算效率和计算精度。

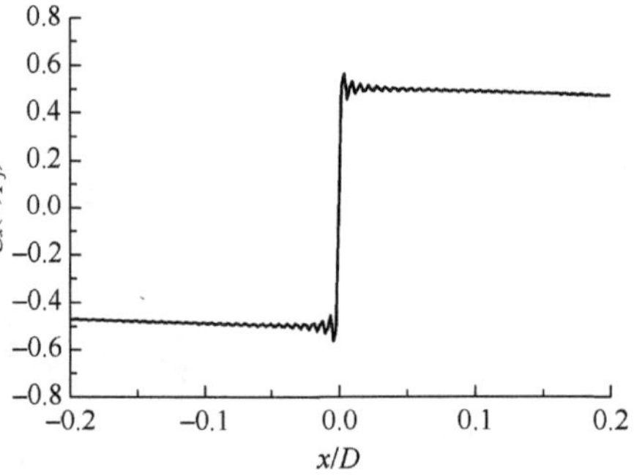

图 3-6　积分上限不足或积分密度不足时面源附近的应力格林函数曲线

3.4　二维格林函数

如图 3-7 所示，当半空间中的散射体在一个方向的尺度远大于另外两个方向的尺度时（如地铁隧道、长大桥梁、大坝、河谷等），对于平面波而言，若波的入射面平行于 xOz 坐标面且运动方向在该平面内，则可以把空间问题简化为二维平面应变问题来进行处理，这具体对应的是平面 P 波或 SV 波入射的情况，习惯上将其称为平面内二维问题。而当波的入射面平行于 xOz 坐标面，但运动方向平行于 y 轴时，可以把空间问题简化为平面外二维应变问题，这具体对应平面 SH 波入射的情况，习惯上称其为平面外二维问题。因为半空间的尺度无限大，不存在应力为 0 的平面，所以没有平面应力问题。

当采用边界元法求解二维平面问题时，核函数是分布线源荷载格林函数。实际上，当面荷载格林函数的面源在 y 方向无限长时，就可以退化为二维线源分布荷载格林函数。这种格林函数的计算与三维面源荷载格林函数的计算类似，这里不做详细推导，仅对二者有区别的部分做简要说明。有关这种格林函数具体内容请参考文献[9]。

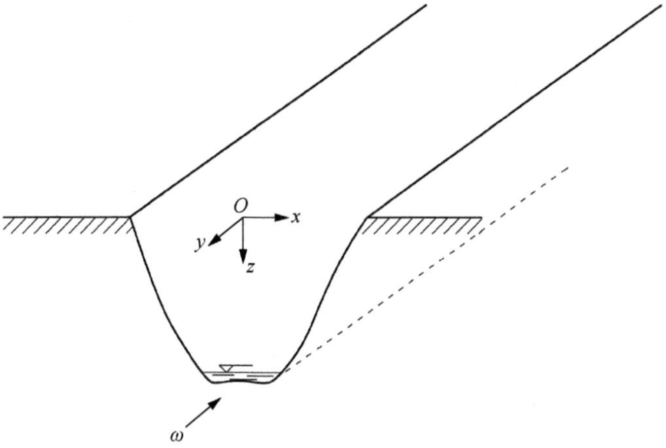

图 3-7　二维平面问题

3.4.1　平面内格林函数

1. 波函数

二维平面内弹性波运动只包含 P 波和 SV 波，可以将它们的标量势和矢量势分别表示为

$$\varphi = B_{\mathrm{P}} \exp\left[\mathrm{i}\frac{\omega}{\alpha}\left(-h_x x + h_z z\right)\right]\exp\left(\mathrm{i}\omega t\right) \tag{3-46a}$$

$$\boldsymbol{\psi} = \begin{bmatrix} 0 \\ \psi \\ 0 \end{bmatrix} = \begin{bmatrix} 0 \\ B_{\mathrm{SV}} \exp\left[\mathrm{i}\frac{\omega}{\beta}(-m_x x + m_z z)\right]\exp\left(\mathrm{i}\omega t\right) \\ 0 \end{bmatrix} \tag{3-46b}$$

式中，$[h_x \quad -h_z]$为 P 波传播方向的法矢量；$[m_x \quad -m_z]$为 SV 波传播方向的法矢量。为和文献[9]中的表达方式保持一致，z 方向的法矢量前带有负号。法矢量和波数的关系为

$$[k_{x\mathrm{P}} \quad -k_{z\mathrm{P}}] = \frac{\omega}{\alpha}[h_x \quad -h_z], \qquad [k_{x\mathrm{S}} \quad -k_{z\mathrm{S}}] = \frac{\omega}{\beta}[m_x \quad -m_z] \tag{3-47}$$

同样需使 P 波和 SV 波在 x 方向具有相同的波数 k_x，因此有

$$k_x = \frac{\omega h_x}{\alpha} = \frac{\omega m_x}{\beta} \tag{3-48}$$

根据式（3-1），可以得到波动在 x 方向和 z 方向的位移为

$$u(x,z)=\frac{\partial\phi}{\partial x}-\frac{\partial\psi}{\partial z}=u(z)\exp(-\mathrm{i}k_x x)\exp(\mathrm{i}\omega t) \tag{3-49a}$$

$$w(x,z)=\frac{\partial\phi}{\partial z}+\frac{\partial\psi}{\partial x}=w(z)\exp(-\mathrm{i}k_x x)\exp(\mathrm{i}\omega t) \tag{3-49a}$$

式中，

$$u(z)=h_x\left[A_\mathrm{P}\exp(\mathrm{i}k_{z\mathrm{P}}z)+B_\mathrm{P}\exp(-\mathrm{i}k_{z\mathrm{P}}z)\right]-m_z\left[A_\mathrm{SV}\exp(\mathrm{i}k_{z\mathrm{S}}z)-B_\mathrm{SV}\exp(-\mathrm{i}k_{z\mathrm{S}}z)\right] \tag{3-50a}$$

$$w(z)=-h_z\left[A_\mathrm{P}\exp(\mathrm{i}k_{z\mathrm{P}}z)-B_\mathrm{P}\exp(-\mathrm{i}k_{z\mathrm{P}}z)\right]-m_x\left[A_\mathrm{SV}\exp(\mathrm{i}k_{z\mathrm{S}}z)+B_\mathrm{SV}\exp(-\mathrm{i}k_{z\mathrm{S}}z)\right] \tag{3-50b}$$

式（3-50）中已将包含来波和去波的完整波函数给出。

2. 场地动力刚度矩阵

对于平面内二维问题，z 为常数的平面上的应力为 τ_{zx} 和 σ_z，根据式（3-50）和式（2-62）、式（2-63）可以得到第 j 亚层 z=0 的顶面上的位移和应力 $[u_1\ \ w_1\ \ \tau_{zx1}\ \ \sigma_{z1}]$ 及 z=d_j 底面上的位移和应力 $[u_2\ \ w_2\ \ \tau_{zx2}\ \ \sigma_{z2}]$，通过矩阵形式表示为

$$[u_1\ \ \mathrm{i}w_1\ \ u_2\ \ \mathrm{i}w_2]^\mathrm{T}=\boldsymbol{E}_1[A_\mathrm{P}\ \ B_\mathrm{P}\ \ A_\mathrm{SV}\ \ B_\mathrm{SV}]^\mathrm{T} \tag{3-51a}$$

$$[-\tau_{zx1}\ \ -\mathrm{i}\sigma_{z1}\ \ \tau_{zx2}\ \ \mathrm{i}\sigma_{z2}]^\mathrm{T}=\boldsymbol{E}_2[A_\mathrm{P}\ \ B_\mathrm{P}\ \ A_\mathrm{SV}\ \ B_\mathrm{SV}]^\mathrm{T} \tag{3-51b}$$

土层动力刚度矩阵 $\boldsymbol{E}_j=\boldsymbol{E}_2\boldsymbol{E}_1^{-1}$ 为 4×4 对称矩阵。类似的，可将基岩中位移和应力关系写为

$$[-\tau_{zx1}\ \ -\mathrm{i}\sigma_{z1}]^\mathrm{T}=\boldsymbol{E}_\mathrm{R}[u_1\ \ \mathrm{i}w_1]^\mathrm{T} \tag{3-52}$$

式中，$\boldsymbol{E}_\mathrm{R}$ 为基岩动力刚度矩阵，为 2×2 对称矩阵。根据界面上的位移和应力连续条件，场地动力刚度矩阵 $\boldsymbol{S}$ 按下列方式生成

$$
S=\begin{bmatrix}
E_1^{11} & E_1^{12} & E_1^{13} & E_1^{14} & 0 & 0 & & & & & \\
E_1^{21} & E_1^{22} & E_1^{23} & E_1^{24} & 0 & 0 & & & & & \\
E_1^{31} & E_1^{32} & E_1^{33}+E_2^{11} & E_1^{34}+E_2^{12} & E_2^{13} & E_2^{14} & & & & & \\
E_1^{41} & E_1^{42} & E_1^{43}+E_2^{21} & E_1^{44}+E_2^{22} & E_2^{23} & E_2^{24} & & & & & \\
0 & 0 & E_2^{31} & E_2^{32} & E_2^{33}+E_3^{11} & E_2^{34}+E_3^{12} & & & & & \\
0 & 0 & E_2^{41} & E_2^{42} & E_2^{43}+E_3^{21} & E_2^{44}+E_3^{22} & & & & & \\
 & & & & & & \ddots & & & & \\
 & & & & & & & E_N^{11} & E_N^{12} & E_N^{13} & E_N^{14} \\
 & & & & & & & E_N^{21} & E_N^{22} & E_N^{23} & E_N^{24} \\
 & & & & & & & E_N^{31} & E_N^{32} & E_N^{33}+E_{\mathrm{R}}^{11} & E_N^{34}+E_{\mathrm{R}}^{12} \\
 & & & & & & & E_N^{41} & E_N^{42} & E_N^{43}+E_{\mathrm{R}}^{21} & E_N^{44}+E_{\mathrm{R}}^{22}
\end{bmatrix} \tag{3-53}
$$

3. 斜线荷载

如图 3-8 所示，层状半空间第 j 亚层的一条斜线上分别作用着沿 x 方向和沿 z 方向的单位分布荷载 p_j 和 r_j，设斜线的水平倾角为 γ，则分布荷载表达式为

$$p_j(x,z)=\delta(z-x\tan\gamma)\exp(\mathrm{i}\omega t) \tag{3-54a}$$

$$r_j(x,z)=\delta(z-x\tan\gamma)\exp(\mathrm{i}\omega t) \tag{3-54b}$$

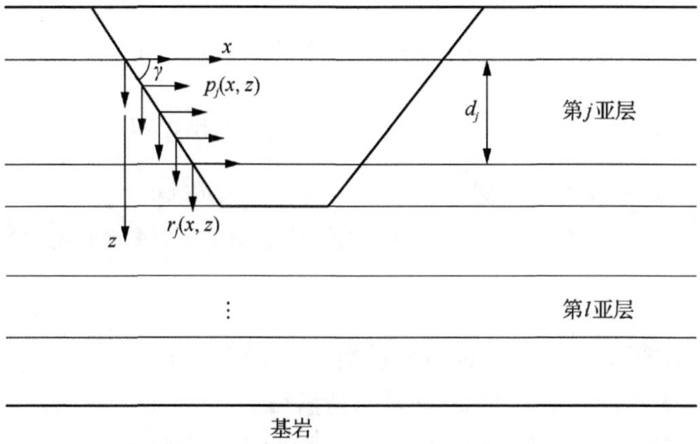

图 3-8　平面内斜线分布荷载格林函数

为方便起见，下面仍将时间因子 $\exp(\mathrm{i}\omega t)$ 予以省略。用 x 方向的波数对分布荷载进行傅里叶变换，可以得到波数域内的分布荷载表达式为

$$p_j(k_x,z)=\frac{1}{2\pi}\int_{-\infty}^{\infty}\delta(z-x\tan\gamma)\exp(\mathrm{i}k_x x)\mathrm{d}x=\frac{\exp(\mathrm{i}k_x z\cot\gamma)}{2\pi} \tag{3-55a}$$

$$r_j(k_x,z)=\frac{1}{2\pi}\int_{-\infty}^{\infty}\delta(z-x\tan\gamma)\exp(\mathrm{i}k_x x)\mathrm{d}x=\frac{\exp(\mathrm{i}k_x z\cot\gamma)}{2\pi} \tag{3-55b}$$

这里注意波数域的斜线分布荷载是深度 z 的相关函数，这与垂直分布荷载的情况是不同的。因为最后需要对波数域计算结果进行傅里叶变换返回至空间域，所以下面求得的所有波数域位移响应和应力响应都带有积分变换因子 $\exp(-\mathrm{i}k_x x)$，为方便起见仍将这个因子省略。

4. 控制运动方程

以沿 x 方向的分布荷载 p_j 为例，二维平面内的弹性动力学控制运动方程为

$$(\lambda_j^*+\mu_j^*)\left(\frac{\partial^2 u}{\partial x^2}+\frac{\partial^2 w}{\partial x\partial z}\right)+\mu_j^*\left(\frac{\partial^2 u}{\partial x^2}+\frac{\partial^2 u}{\partial z^2}\right)+p_j(k_x,z)=-\rho_j\omega^2 u \tag{3-56a}$$

$$(\lambda_j^*+\mu_j^*)\left(\frac{\partial^2 u}{\partial z\partial x}+\frac{\partial^2 u}{\partial z^2}\right)+\mu_j^*\left(\frac{\partial^2 w}{\partial x^2}+\frac{\partial^2 w}{\partial z^2}\right)=-\rho_j\omega^2 w \tag{3-56b}$$

这是一组二阶常系数非齐次线性偏微分方程，根据式（3-55）中的荷载形式，假设其特解为

$$u^{\mathrm{P}}(k_x,z)=\frac{a_1}{2\pi}\exp(\mathrm{i}k_x z\cot\gamma) \tag{3-57a}$$

$$w^{\mathrm{P}}(k_x,z)=\frac{c_1}{2\pi}\exp(\mathrm{i}k_x z\cot\gamma) \tag{3-57b}$$

将式（3-57）代入式（3-56），可求得特解未知量 a_1 和 c_1 为

$$\begin{bmatrix}\rho_j\omega^2-(\lambda_j^*+2\mu_j^*+\mu_j^*\cot^2\gamma)k_x^2 & -(\lambda_j^*+\mu_j^*)k_x^2\cot\gamma\\ -(\lambda_j^*+\mu_j^*)k_x^2\cot\gamma & \rho_j\omega^2-(\lambda_j^*\cot^2\gamma+2\mu_j^*\cot^2\gamma+\mu_j^*)k_x^2\end{bmatrix}\begin{bmatrix}a_1\\ c_1\end{bmatrix}=\begin{bmatrix}-1\\ 0\end{bmatrix} \tag{3-58}$$

然后通过 z=0 求得该层的顶面位移和顶面应力的特解$[u_1^{\mathrm{P}}\quad w_1^{\mathrm{P}}\quad \sigma_{z1}^{\mathrm{P}}\quad \tau_{zx1}^{\mathrm{P}}]$，并通过 $z=d_j$ 求得该层的底面位移和底面应力的特解$[u_2^{\mathrm{P}}\quad w_2^{\mathrm{P}}\quad \sigma_{z2}^{\mathrm{P}}\quad \tau_{zx2}^{\mathrm{P}}]$。因为分布荷载 $p_j(k_x,z)$ 是与深度 z 相关的函数，所以位移特解和应力特解也是与深度相关的量。

5. 结点荷载

因为偏微分方程（3-56）的全解必须满足零位移边界条件，所以该层顶面和底面的位移齐解是该层顶面和底面的位移特解的负数值，而该层顶面和底面的应力特解为

$$\begin{bmatrix} -\tau_{zx1}^{\mathrm{h}} \\ -\mathrm{i}\sigma_{z1}^{\mathrm{h}} \\ \tau_{zx2}^{\mathrm{h}} \\ \mathrm{i}\sigma_{z2}^{\mathrm{h}} \end{bmatrix} = \boldsymbol{E}_j \begin{bmatrix} u_1^{\mathrm{h}} \\ \mathrm{i}w_1^{\mathrm{h}} \\ u_2^{\mathrm{h}} \\ \mathrm{i}w_2^{\mathrm{h}} \end{bmatrix} = -\boldsymbol{E}_j \begin{bmatrix} u_1^{\mathrm{P}} \\ \mathrm{i}w_1^{\mathrm{P}} \\ u_2^{\mathrm{P}} \\ \mathrm{i}w_2^{\mathrm{P}} \end{bmatrix} \tag{3-59}$$

因此，第 j 层顶面和底面的结点荷载 $\boldsymbol{N}_{\mathrm{L}}$ 为

$$\boldsymbol{N}_{\mathrm{L}} = \begin{bmatrix} -\tau_{zx1} \\ -\mathrm{i}\sigma_{z1} \\ \tau_{zx2} \\ \mathrm{i}\sigma_{z2} \end{bmatrix} = \begin{bmatrix} -\tau_{zx1}^{\mathrm{P}} \\ -\mathrm{i}\sigma_{z1}^{\mathrm{P}} \\ \tau_{zx2}^{\mathrm{P}} \\ \mathrm{i}\sigma_{z2}^{\mathrm{P}} \end{bmatrix} + \begin{bmatrix} -\tau_{zx1}^{\mathrm{h}} \\ -\mathrm{i}\sigma_{z1}^{\mathrm{h}} \\ \tau_{zx2}^{\mathrm{h}} \\ \mathrm{i}\sigma_{z2}^{\mathrm{h}} \end{bmatrix} \tag{3-60}$$

6. 格林函数矩阵

通过结点荷载和场地动力刚度矩阵求解结点位移，以及通过结点位移求解任意深度的位移和应力时，其思路和步骤与 3.3.2 节是类似的。并注意，荷载作用层（即当 $j=l$ 时）的应力和位移还应额外包含相应深度处的特解和齐解部分。求解齐解部分时，来波和去波幅值应采用的边界条件为 $u_1^{\mathrm{h}}(z=0)$、$w_1^{\mathrm{h}}(z=0)$、$u_2^{\mathrm{h}}(z=d_j)$和 $w_2^{\mathrm{h}}(z=d_j)$。

通过傅里叶变换将波数域内的计算结果变换回至空间域，以得到场点 $\boldsymbol{x}_l=(x_l, z_l)$的位移格林函数($g_u^{lj}$，$g_v^{lj}$，$g_w^{lj}$)和应力格林函数($g_{\sigma x}^{lj}$，$g_{\sigma z}^{lj}$，$g_{\tau xz}^{lj}$)。以水平分布荷载作用下的应力 $\sigma_x(k_x, z_l)$ 为例

$$g_{\sigma x}^{lj}(\boldsymbol{x}_l, q_j) = \int_{-\infty}^{\infty} \sigma_x(k_x, z_l)\exp(-\mathrm{i}k_x x_l)\mathrm{d}k_x \tag{3-61}$$

场点 $\boldsymbol{x}_l$ 的位移格林函数和应力格林函数矩阵为

$$\boldsymbol{g}_u^{lj}(\boldsymbol{x}_l) = \begin{bmatrix} g_u^{lj}(\boldsymbol{x}_l, p_j) & g_u^{lj}(\boldsymbol{x}_l, r_j) \\ g_w^{lj}(\boldsymbol{x}_l, p_j) & g_w^{lj}(\boldsymbol{x}_l, r_j) \end{bmatrix} \tag{3-62a}$$

$$\begin{aligned} \boldsymbol{g}_\sigma^{lj}(\boldsymbol{x}_l) &= \begin{bmatrix} g_x^{lj}(\boldsymbol{x}_l, p_j) & g_x^{lj}(\boldsymbol{x}_l, r_j) \\ g_z^{lj}(\boldsymbol{x}_l, p_j) & g_z^{lj}(\boldsymbol{x}_l, r_j) \end{bmatrix} \\ &= \begin{bmatrix} e_x^l g_{\sigma x}^{lj}(\boldsymbol{x}_l, p_j) + e_z^l g_{\tau xz}^{lj}(\boldsymbol{x}_l, p_j) & e_x^l g_{\sigma x}^{lj}(\boldsymbol{x}_l, r_j) + e_z^l g_{\tau xz}^{lj}(\boldsymbol{x}_l, r_j) \\ e_x^l g_{\tau xz}^{lj}(\boldsymbol{x}_l, p_j) + e_z^l g_{\sigma z}^{lj}(\boldsymbol{x}_l, p_j) & e_x^l g_{\tau xz}^{lj}(\boldsymbol{x}_l, r_j) + e_z^l g_{\sigma z}^{lj}(\boldsymbol{x}_l, r_j) \end{bmatrix} \end{aligned} \tag{3-62b}$$

7. 奇性系数和积分方案

分布荷载作用于斜线时的奇性系数为$0.5\sin\gamma$，这是因为当场点沿某坐标方向穿过斜线时，斜线分布荷载的密度是其本身密度在垂直该坐标方向上的投影。对波数 k_x 进行傅里叶变换和数值积分时选用表 3-2 中的积分方案。因为二维格林函数的数值积分只在一个维度上进行，所以可以达到比三维格林函数更高的计算精度，其计算误差在 0.1%以内。

3.4.2 平面外格林函数

1. 波函数

二维平面外的弹性波运动只涉及 SH 波，其波函数为

$$v(x,z)=\left[A_{\mathrm{SH}}\exp(\mathrm{i}k_z z)+B_{\mathrm{SH}}\exp(-\mathrm{i}k_z z)\right]\exp(-\mathrm{i}k_x x)\exp(\mathrm{i}\omega t) \tag{3-63}$$

波传播方向的法矢量$[m_x \quad m_z]$与波数的关系为

$$[k_x \quad k_z]=\frac{\omega}{\beta}[m_x \quad m_z] \tag{3-64}$$

2. 场地动力刚度矩阵

对于平面外二维问题，z 为常数的平面上只包含一个应力τ_{yz}，根据式（3-63）和式（2-62）、式（2-63）可以得到第 j 亚层 z=0 的顶面位移和顶面应力(v_1,τ_{yz1})及 z=d_j 的底面位移和底面应力(v_2,τ_{yz2})，通过矩阵形式表示为

$$[v_1 \quad v_2]^{\mathrm{T}}=\boldsymbol{E}_1[A_{\mathrm{SH}} \quad B_{\mathrm{SH}}]^{\mathrm{T}} \tag{3-65a}$$

$$[-\tau_{yz1} \quad \tau_{yz2}]^{\mathrm{T}}=\boldsymbol{E}_2[A_{\mathrm{SH}} \quad B_{\mathrm{SH}}]^{\mathrm{T}} \tag{3-65b}$$

土层动力刚度矩阵$\boldsymbol{E}_j=\boldsymbol{E}_2\boldsymbol{E}_1^{-1}$为 2×2 对称矩阵，其显示表达式为

$$\boldsymbol{E}_j=\frac{k_z\mu^*}{\sin(k_z d_j)}\begin{bmatrix}\cos(k_z d_j) & -1\\ -1 & \cos(k_z d_j)\end{bmatrix} \tag{3-66}$$

类似的可将基岩中的位移和应力关系写成

$$-\tau_{yz1}=\boldsymbol{E}_{\mathrm{R}}v_1 \tag{3-67}$$

基岩动力刚度矩阵$\boldsymbol{E}_{\mathrm{R}}$退化为一个数值（1×1 矩阵），场地动力刚度矩阵$\boldsymbol{S}$按下列方式生成

$$\boldsymbol{S}=\begin{bmatrix} E_1^{11} & E_1^{12} & & & & \\ E_1^{21} & E_1^{22}+E_2^{11} & E_2^{12} & & & \\ & E_2^{21} & E_2^{22}+E_3^{11} & & & \\ & & & \ddots & & \\ & & & & E_{N-1}^{22}+E_N^{11} & E_N^{12} \\ & & & & E_N^{21} & E_N^{22}+E_{\mathrm{R}} \end{bmatrix} \tag{3-68}$$

3. 斜线荷载

在图 3-8 中，若第 j 亚层作用着倾角为 γ 的平面外斜线单位分布荷载，则其表达式为

$$q_j(x,z)=\delta(z-x\tan\gamma)\exp(\mathrm{i}\omega t) \tag{3-69}$$

按照式（3-55）进行傅里叶变换，可以将分布荷载转换至波数域。

4. 控制运动方程

$$\mu_j^*\left(\frac{\partial^2 v}{\partial x^2}+\frac{\partial^2 v}{\partial z^2}\right)+q_j(k_x,z)=-\rho_j\omega^2 v \tag{3-70}$$

这是二阶常系数非齐次线性偏微分方程，假设其特解为

$$v^{\mathrm{P}}(k_x,z)=\frac{b_1}{2\pi}\exp(\mathrm{i}k_x z\cot\gamma) \tag{3-71}$$

将式（3-71）代入控制运动方程，可以得到特解未知量 b_1 的表达式

$$b_1=\frac{1}{\mu_j^* k_x^2(1+\cot^2\gamma)-\rho_j\omega^2} \tag{3-72}$$

然后通过 z=0 求得该层的顶面位移和顶面应力的特解($v_1^{\mathrm{P}},\tau_{yz1}^{\mathrm{P}}$)，并通过 z=d_j 求得该层的底面位移和底面应力的特解($v_2^{\mathrm{P}},\tau_{yz2}^{\mathrm{P}}$)。

5. 结点荷载

类似的，因偏微分方程（3-70）的全解必须满足零位移边界条件，所以顶面和底面的位移齐解是顶面和底面的位移特解的负数值，而顶面和底面的应力特解为

$$\begin{bmatrix} -\tau_{yz1}^{\mathrm{h}} \\ \tau_{yz2}^{\mathrm{h}} \end{bmatrix}=\boldsymbol{E}_j\begin{bmatrix} v_1^{\mathrm{h}} \\ v_2^{\mathrm{h}} \end{bmatrix}=-\boldsymbol{E}_j\begin{bmatrix} v_1^{\mathrm{p}} \\ v_2^{\mathrm{p}} \end{bmatrix} \tag{3-73}$$

因此第 j 层顶面和底面的结点荷载 $\boldsymbol{N}_\mathrm{L}$ 为

$$\boldsymbol{N}_\mathrm{L}=\begin{bmatrix}-\tau_{yz1}\\ \tau_{yz2}\end{bmatrix}=\begin{bmatrix}-\tau_{yz1}^\mathrm{P}\\ \tau_{yz2}^\mathrm{P}\end{bmatrix}+\begin{bmatrix}-\tau_{yz1}^\mathrm{h}\\ \tau_{yz2}^\mathrm{h}\end{bmatrix} \tag{3-74}$$

6. 格林函数

通过结点荷载和场地动力刚度矩阵求解结点位移，以及通过结点位移求解任意深度的位移和应力时，思路和步骤仍然与 3.3.2 节是类似的，且荷载作用层（即当 $j=l$ 时）的应力和位移还应额外包含特解和齐解部分。求解齐解部分时，来波和去波幅值应采用的边界条件为 $v_1^\mathrm{h}(z=0)$和 $v_2^\mathrm{h}(z=d_j)$。最后通过傅里叶变换将波数域内的计算结果返回至空间域以得到格林函数。场点 $\boldsymbol{x}_l$ 的平面外位移格林函数和应力格林函数均只含有一个元素，分别为 $g_v^{lj}(\boldsymbol{x}_l,q_j)$和 $g_y^{lj}(\boldsymbol{x}_l,q_j)$。

参 考 文 献

[1] LAMB H. On the propagation of tremors over the surface of an elastic solid[J]. Philosophical transactions of the royal society of London A, 1904, 203: 1-42.

[2] ERINGEN A C, SUHUBI E S. Elastodynamics volume Ⅱ: linear theory[M]. New York: Academic Press, 1975.

[3] BOUCHON M. A simple method to calculate Green's functions for elastic layered media[J]. Bulletin of the seismological society of America, 1981, 71: 959-971.

[4] LUCO J E, APSEL R J. On the Green's functions for a layered half-space, part Ⅰ[J]. Bulletin of the seismological society of America, 1983, 73(4): 909-929.

[5] APSEL R J, LUCO J E. On the Green's functions for a layered half-space, Part Ⅱ[J]. Bulletin of the seismological society of America, 1983, 73(4): 931-951.

[6] 梁建文，巴振宁. 三维层状场地的精确动力刚度矩阵及格林函数[J]. 地震工程与工程振动，2007，27（5）：7-17.

[7] 梁建文，巴振宁. 三维层状场地中斜面均布荷载动力格林函数[J]. 地震工程与工程振动，2007，27（5）：18-26.

[8] 巴振宁. 层状半空间动力格林函数和局部场地对弹性波的散射[D]. 天津：天津大学，2005.

[9] WOLF J P. Dynamic soil-structure interaction[M]. Englewood Cliffs, New Jersey: Prentice-Hall, Inc., 1985.

[10] PAO Y H, MOW C C. Diffraction of elastic waves and dynamics stress concentration[M]. New York: Crane, Russak & Company Inc., 1973.

[11] THOMSON W T. Transmission of elastic waves through a stratified soil medium[J]. Journal of applied physics, 1950, 21(2): 89-93.

[12] HASKELL N A. The dispersion of surface waves on multilayered media[J]. Bulletin of seismological society of America, 1953, 73: 17-34.

第 4 章 基础阻抗函数

4.1 引 言

采用子结构法建立土-结构相互作用模型时，核心问题和难点问题是基础阻抗函数的计算。基础阻抗函数在数值上等于基础产生单位广义位移时需施加在基础上的广义力，其物理意义表示场地土对结构的弹性支撑作用和能量耗散作用。基础阻抗函数的研究一直是土-结构相互作用领域的热点问题。

因为场地的自由地表面和基础-土体交界面需要同时满足不同类型的边界条件，所以基础阻抗函数的求解在数学物理方程中属于混合边值问题，这种类型的问题一般需要采用数值方法进行计算。由于无限半空间是开放的，有限元法在处理这类问题时需要在场地中施加人工边界条件，如 Kausel 和 Roesset 采用一致边界条件得到了层状半空间地表基础和埋置基础的阻抗函数[1, 2]，Liao 采用迭代边界条件计算了核电站基础阻抗函数等[3]。因有限元法在处理三维问题时产生的大计算量往往使计算难以进行，所以学者们提出了无限元法[4]、比例边界有限元法[5]、耦合法[6]等方法来解决基础阻抗函数的计算问题。

边界元法在处理无限域问题时的突出优势，使其成为求解基础阻抗函数的有效手段。这种方法在土-结构相互作用中的应用始于 20 世纪 70 年代，代表性学者，如 Dominguez 采用了一种全空间格林函数，将地表的一部分也划入计算模型，并将基础的边界条件连同地表零应力条件都包含在本征值方程中，最早采用边界元法得到了基础阻抗函数的解答[7]。随着格林函数研究的进展，各种相关成果在 20 世纪八九十年代集中涌现。Wolf 提出了分布线源荷载格林函数（见 3.4 节），计算了二维基础、桩基础等形式基础的阻抗函数[8]。Luco 等提出了一种层状半空间点源格林函数，计算了二维基础[9]、圆柱基础[10]、半球基础[11]、方形基础[12]等形式基础的阻抗函数。Manolis 和 Beskos 采用时域点源格林函数，计算了地表基础、埋置基础、桩基础等形式基础的阻抗函数[13]。20 世纪 90 年代后的相关研究大多集中在拓展性工作上，如饱和场地基础阻抗函数[14, 15]、横观各向同性场地基础阻抗函数等[16]。

虽然几十年来对于基础阻抗函数的研究已经取得了很多成果，但到目前为止，计算对象的选取经常是二维模型或三维轴对称模型（如圆柱模型）等。实际上就一般情况而言，建筑物大体都呈三维空间矩形结构，且长宽比相差较大，二维模型和轴对称模型很难体现这一主要特征。为了得到和实际情况较为接近的结果，对于土-结构相互作用模型中的基础部分而言，较为合适的形状应该是三维空间矩形体，这可以体现出建筑物长宽比的影响。但是长期以来学者们都很少采用这种基础形式，原因在于，这种基础阻抗函数的计算量和存储量都很大，过去的计算机能力难以支持其计算。

本章采用前面介绍的分布荷载格林函数和边界元法，求解层状半空间中三维矩形基础的阻抗函数。因为分布荷载格林函数在分布源附近的梯度变化平缓，不似点源格林函数一样存在奇点，不需要引入辅助面，可以简化求解过程。另外，过去很多对于基础阻抗函数的研究着眼点一般是均匀半空间，而本章的层状半空间模型可以较好地考虑不同地质条件下的场地动力特性。这种规模的计算须通过超算集群实现，需要相应的并行化计算方案。需要指出的是，虽然本章计算主要针对三维矩形基础，但同样可灵活应用于其他基础形式。

4.2 三维矩形基础

4.2.1 边界元法实现

如图 3-1 所示，三维矩形基础尺寸为宽度×长度×埋深=$2a\times2b\times c$，并假设 $b\geqslant a$，基础完全埋置于场地中且顶面位于地表面。假设基础无质量且绝对刚性，并在边界Γ上与土体间无滑移，即可将其视为一个刚性的凹陷空洞。直角坐标系原点 O 位于基础顶面中心，3 个坐标轴分别平行于基础的边。为了应用边界元法，将土层从基础顶面到底面分为 N 个亚层，并将界面Γ沿周长进行细化，这样就把基础的四个侧面和底面都划分成为矩形单元。设尺寸为 $2a\times2b\times c$ 的基础上单元划分情况为 $2M_1\times2M_2\times N$，则单元总数是 $V=V_1+V_2=4(M_1+M_2)N+4M_1M_2$。为了提高计算效率应保证 4 个侧面单元的形状相同，即 $b/M_1=a/M_2$，原因见 4.2.2 节。对于不同长宽比和深宽比的情况，表 4-1 给出了单元划分方案，这个方案可以保证基础阻抗函数的计算误差在 1%(b/a=1)～3%(b/a=4)。基础底面到基岩面也应进一步细化亚层，以保证场地动力刚度矩阵的计算精度，为了前后一致，下面仍以总亚层数为 N 来进行叙述。

表 4-1　单元划分方案

b/a	c/a	单元划分			V	$3V$
		N	M_1	M_2		
1	0.5	25	25	25	7500	21500
	1.0	35	25	25	9500	28500
	1.5	45	25	25	11500	34500

续表

b/a	c/a	单元划分			V	$3V$
		N	M_1	M_2		
2	0.5	25	50	25	12500	37500
	1.0	35	50	25	15500	46500
3	0.5	25	75	25	17500	52500
	1.0	35	75	25	21500	64500
4	0.5	25	100	25	22500	67500
	1.0	35	100	25	30000	90000

基础阻抗函数的计算可以通过直接边界元法进行，也可以通过间接边界元法进行。因为这里采用的是分布源+场点形式的格林函数，而直接边界元法存在源点和场点的互换过程，所以从解析意义上而言，直接边界元法对于核函数是分布源的格林函数来讲并不严格。我们选择采用间接边界元法来解决问题。

如图 3-2 或图 3-3 所示，在所有的单元，包括竖向单元和水平单元上都施加 3 个方向的虚拟荷载 $p_{\hat{j}}\exp(\mathrm{i}\omega t)$、$q_{\hat{j}}\exp(\mathrm{i}\omega t)$ 和 $r_{\hat{j}}\exp(\mathrm{i}\omega t)$（$\hat{j}=1,2,\cdots,V$）。这里采用 $\hat{j}$ 表示面源的序号，并设第 $\hat{j}$ 个面源位于第 j 层，而后面采用 $\hat{l}$ 表示场点的序号，并设第 $\hat{l}$ 个场点位于第 l 层。这些虚拟荷载组成了虚拟荷载向量 $\boldsymbol{P}=[p_1\ r_1\ q_1\ p_2\ r_2\ q_2\ \cdots\ p_{\hat{j}}\ r_{\hat{j}}\ q_{\hat{j}}\ \cdots\ p_V\ r_V\ q_V]^{\mathrm{T}}$，为方便起见省略时间因子 $\exp(\mathrm{i}\omega t)$。这些虚拟荷载的值是未知量，需要通过边界条件来确定。本问题的边界条件是，界面 $\varGamma$ 上所有点的位移应合成刚体位移 $\boldsymbol{u}=[u_x\ \ a\varphi_y\ \ u_y\ \ a\varphi_x\ \ u_z\ \ a\varphi_z]^{\mathrm{T}}$，即在界面 $\varGamma$ 上只有 6 个自由度。这里 u_x、u_y 和 u_z 是沿 3 个坐标方向的线位移，而 φ_x、φ_y 和 φ_z 是绕 3 个坐标轴的角位移，参考点为基础底面中心点 $(0, 0, c)$。

界面 $\varGamma$ 上任一点 $\boldsymbol{x}=(x, y, z)$ 的位移 $\boldsymbol{U}(\boldsymbol{x})$ 可由基础的刚体位移表示为

$$\boldsymbol{U}(\boldsymbol{x})=\begin{bmatrix}1 & \dfrac{z-c}{a} & 0 & 0 & 0 & -\dfrac{y}{a}\\ 0 & 0 & 1 & -\dfrac{z-c}{a} & 0 & \dfrac{x}{a}\\ 0 & -\dfrac{x}{a} & 0 & \dfrac{y}{a} & 1 & 0\end{bmatrix}\begin{bmatrix}u_x\\ a\varphi_y\\ u_y\\ a\varphi_x\\ u_z\\ a\varphi_z\end{bmatrix}=\boldsymbol{\Omega}(\boldsymbol{x})\boldsymbol{u}\qquad \boldsymbol{x}\in\varGamma \tag{4-1}$$

第 $\hat{l}$ 单元上场点 $\boldsymbol{x}_{\hat{l}}$ 的应力和位移还可以由格林函数表示为

$$\boldsymbol{U}(\boldsymbol{x}_{\hat{l}})=\boldsymbol{G}_u^{\hat{l}}(\boldsymbol{x}_{\hat{l}})\boldsymbol{P}\qquad \boldsymbol{x}_{\hat{l}}\in\varGamma^{\hat{l}} \tag{4-2a}$$

$$\boldsymbol{T}(\boldsymbol{x}_{\hat{l}})=\boldsymbol{G}_\sigma^{\hat{l}}(\boldsymbol{x}_{\hat{l}})\boldsymbol{P}\qquad \boldsymbol{x}_{\hat{l}}\in\varGamma^{\hat{l}} \tag{4-2b}$$

式中，$\Gamma^{\hat{l}}$ 表示边界 Γ 上属于第 $\hat{l}$ 单元的部分，而 $\boldsymbol{G}_u^{\hat{l}}(\boldsymbol{x}_{\hat{l}})$ 和 $\boldsymbol{G}_\sigma^{\hat{l}}(\boldsymbol{x}_{\hat{l}})$ 表示第 $\hat{l}$ 单元上场点 $\boldsymbol{x}_{\hat{l}}$ 的位移格林函数矩阵和应力格林函数矩阵。

$$\boldsymbol{G}_u^{\hat{l}}(\boldsymbol{x}_{\hat{l}})=\left[\boldsymbol{g}_u^{\hat{l}1}(\boldsymbol{x}_{\hat{l}})\quad \boldsymbol{g}_u^{\hat{l}2}(\boldsymbol{x}_{\hat{l}})\quad \cdots\quad \boldsymbol{g}_u^{\hat{l}\hat{j}}(\boldsymbol{x}_{\hat{l}})\quad \cdots\quad \boldsymbol{g}_u^{\hat{l}V}(\boldsymbol{x}_{\hat{l}})\right] \tag{4-3a}$$

$$\boldsymbol{G}_\sigma^{\hat{l}}(\boldsymbol{x}_{\hat{l}})=\left[\boldsymbol{g}_\sigma^{\hat{l}1}(\boldsymbol{x}_{\hat{l}})\quad \boldsymbol{g}_\sigma^{\hat{l}2}(\boldsymbol{x}_{\hat{l}})\quad \cdots\quad \boldsymbol{g}_\sigma^{\hat{l}\hat{j}}(\boldsymbol{x}_{\hat{l}})\quad \cdots\quad \boldsymbol{g}_\sigma^{\hat{l}V}(\boldsymbol{x}_{\hat{l}})\right] \tag{4-3b}$$

需要注意的是，虽然采用局部坐标系求解格林函数是较为方便的，但式（4-3）中格林函数的坐标系应由局部坐标系转换成为整体坐标系，且应力格林函数应考虑奇性系数

$$\boldsymbol{g}_\sigma^{\hat{l}\hat{j}}=\begin{cases}\begin{bmatrix} g_x^{\hat{l}\hat{j}}(\boldsymbol{x}_{\hat{l}},p_j) & g_x^{\hat{l}\hat{j}}(\boldsymbol{x}_{\hat{l}},q_j) & g_x^{\hat{l}\hat{j}}(\boldsymbol{x}_{\hat{l}},r_j)\\ g_y^{\hat{l}\hat{j}}(\boldsymbol{x}_{\hat{l}},p_j) & g_y^{\hat{l}\hat{j}}(\boldsymbol{x}_{\hat{l}},q_j) & g_y^{\hat{l}\hat{j}}(\boldsymbol{x}_{\hat{l}},r_j)\\ g_z^{\hat{l}\hat{j}}(\boldsymbol{x}_{\hat{l}},p_j) & g_z^{\hat{l}\hat{j}}(\boldsymbol{x}_{\hat{l}},q_j) & g_z^{\hat{l}\hat{j}}(\boldsymbol{x}_{\hat{l}},r_j)\end{bmatrix} & \hat{l}\neq\hat{j}\\ \begin{bmatrix} g_x^{\hat{l}\hat{j}}(\boldsymbol{x}_{\hat{l}},p_j)+0.5 & g_x^{\hat{l}\hat{j}}(\boldsymbol{x}_{\hat{l}},q_j) & g_x^{\hat{l}\hat{j}}(\boldsymbol{x}_{\hat{l}},r_j)\\ g_y^{\hat{l}\hat{j}}(\boldsymbol{x}_{\hat{l}},p_j) & g_y^{\hat{l}\hat{j}}(\boldsymbol{x}_{\hat{l}},q_j)+0.5 & g_y^{\hat{l}\hat{j}}(\boldsymbol{x}_{\hat{l}},r_j)\\ g_z^{\hat{l}\hat{j}}(\boldsymbol{x}_{\hat{l}},p_j) & g_z^{\hat{l}\hat{j}}(\boldsymbol{x}_{\hat{l}},q_j) & g_z^{\hat{l}\hat{j}}(\boldsymbol{x}_{\hat{l}},r_j)+0.5\end{bmatrix} & \hat{l}=\hat{j}\end{cases} \tag{4-4}$$

将式（4-2a）代入式（4-1）可以得到

$$\boldsymbol{G}_u^{\hat{l}}(\boldsymbol{x}_{\hat{l}})\boldsymbol{P}=\boldsymbol{\Omega}(\boldsymbol{x}_{\hat{l}})\boldsymbol{u}\qquad \boldsymbol{x}_{\hat{l}}\in\Gamma^{\hat{l}} \tag{4-5}$$

按照这种方式从 V 个单元上选取 V 个场点，通常一个单元选取一个场点，以使边界元法的性能发挥至最佳，即 $\hat{l}=1,2,\cdots,V$，则可以得到一组 $3V\times3V$ 的线性代数方程组

$$\boldsymbol{G}_u\boldsymbol{P}=\boldsymbol{\Omega}\boldsymbol{u} \tag{4-6}$$

式中，

$$\boldsymbol{G}_u=\left[\boldsymbol{G}_u^1(\boldsymbol{x}_1)\quad \boldsymbol{G}_u^2(\boldsymbol{x}_2)\quad\cdots\quad \boldsymbol{G}_u^{\hat{l}}(\boldsymbol{x}_{\hat{l}})\quad\cdots\quad \boldsymbol{G}_u^V(\boldsymbol{x}_V)\right]^{\mathrm{T}} \tag{4-7a}$$

$$\boldsymbol{\Omega}=\left[\boldsymbol{\Omega}(\boldsymbol{x}_1)\quad \boldsymbol{\Omega}(\boldsymbol{x}_2)\quad\cdots\quad \boldsymbol{\Omega}(\boldsymbol{x}_{\hat{l}})\quad\cdots\quad \boldsymbol{\Omega}(\boldsymbol{x}_V)\right]^{\mathrm{T}} \tag{4-7b}$$

根据式（4-6）可以求出虚拟荷载向量

$$\boldsymbol{P}=\boldsymbol{G}_u^{-1}\boldsymbol{\Omega}\boldsymbol{u} \tag{4-8}$$

基础受力 $\boldsymbol{F}$ 可以通过对边界 Γ 上的应力进行积分得到

$$\boldsymbol{F}=\int_{\Gamma}\boldsymbol{\Omega}(\boldsymbol{x})^{\mathrm{T}}\boldsymbol{T}(\boldsymbol{x})\mathrm{d}\Gamma=\left[\int_{\Gamma}\boldsymbol{\Omega}(\boldsymbol{x})^{\mathrm{T}}\boldsymbol{G}_{\sigma}(\boldsymbol{x})(\boldsymbol{G}_{u}^{-1}\boldsymbol{\Omega})\mathrm{d}\Gamma\right]\boldsymbol{u}=(\boldsymbol{\Omega}^{\mathrm{T}}\boldsymbol{G}_{\sigma}\boldsymbol{G}_{u}^{-1}\boldsymbol{\Omega})\boldsymbol{u} \tag{4-9}$$

式中，

$$\boldsymbol{G}_{\sigma}=\left[\boldsymbol{G}_{\sigma}^{1}(\boldsymbol{x}_{1})s_{1}\quad \boldsymbol{G}_{\sigma}^{2}(\boldsymbol{x}_{2})s_{2}\quad \cdots\quad \boldsymbol{G}_{\sigma}^{\hat{l}}(\boldsymbol{x}_{\hat{l}})s_{\hat{l}}\quad \cdots\quad \boldsymbol{G}_{\sigma}^{V}(\boldsymbol{x}_{V})s_{V}\right]^{\mathrm{T}} \tag{4-10}$$

式中，$s_{\hat{l}}$ 为第 $\hat{l}$ 单元的面积。根据式（4-9）可得

$$\boldsymbol{K}_{0}=\boldsymbol{\Omega}^{\mathrm{T}}\boldsymbol{G}_{\sigma}\boldsymbol{G}_{u}^{-1}\boldsymbol{\Omega} \tag{4-11}$$

式中，$\boldsymbol{K}_0$ 为基础阻抗矩阵，对于三维空间基础，其为 6×6 对称矩阵，即

$$\boldsymbol{K}_{0}=\begin{bmatrix} K_{\mathrm{HH}x} & K_{\mathrm{HM}x} & 0 & 0 & 0 & 0\\ K_{\mathrm{MH}x} & K_{\mathrm{MM}x} & 0 & 0 & 0 & 0\\ 0 & 0 & K_{\mathrm{HH}y} & K_{\mathrm{HM}y} & 0 & 0\\ 0 & 0 & K_{\mathrm{MH}y} & K_{\mathrm{MM}y} & 0 & 0\\ 0 & 0 & 0 & 0 & K_{\mathrm{VV}} & 0\\ 0 & 0 & 0 & 0 & 0 & K_{\mathrm{TT}} \end{bmatrix} \tag{4-12}$$

式中，$K_{\mathrm{HH}x}$（$K_{\mathrm{HH}y}$）、$K_{\mathrm{HM}x}$ 和 $K_{\mathrm{MH}x}$（$K_{\mathrm{HM}y}$ 和 $K_{\mathrm{MH}y}$）、$K_{\mathrm{MM}x}$（$K_{\mathrm{MM}y}$）、K_{VV}、K_{TT} 分别为水平、耦合、转动、竖向、扭转阻抗函数。根据互等定理应有 $K_{\mathrm{MH}x}=K_{\mathrm{HM}x}$ 且 $K_{\mathrm{MH}y}=K_{\mathrm{HM}y}$，但需要指出的是，因为本书采用面源格林函数，而非点源格林函数，所以两个耦合阻抗函数的相等关系并非解析的，而是近似的。当划分足够的计算单元时，可以认为两个耦合阻抗函数相等，这也可以用来校验计算结果的精度和准确性。

方形基础（即 $a=b$）x 方向的阻抗函数 $K_{\mathrm{HH}x}$、$K_{\mathrm{MM}x}$、$K_{\mathrm{MH}x}$、$K_{\mathrm{HM}x}$ 分别与 y 方向的阻抗函数 $K_{\mathrm{HH}y}$、$K_{\mathrm{MM}y}$、$-K_{\mathrm{MH}y}$、$-K_{\mathrm{HM}y}$ 完全相等，因此统一用符号 K_{HH}、K_{MM}、$-K_{\mathrm{MH}}$、$-K_{\mathrm{HM}}$ 来表示。后 3 章研究主要针对水平方向上的土-结构相互作用，所涉及的只有水平、转动和耦合 3 个阻抗函数，而竖向和扭转阻抗函数暂不涉及。

我们一般将复数阻抗函数的实部和虚部分开书写以表达不同含义，以水平阻抗 K_{HH} 为例

$$K_{\mathrm{HH}}=\mu_{\mathrm{L}}a\left(k_{\mathrm{HH}}+\mathrm{i}\frac{\omega a}{\beta_{\mathrm{L}}}c_{\mathrm{HH}}\right) \tag{4-13}$$

式中，实部 k_{HH} 表示场地的弹性性质；虚部 c_{HH} 表示场地的辐射阻尼性质，它们都是无量纲的参数。

4.2.2　对称性利用

表 3-2 中的积分方案和表 4-1 中的单元划分方案可以保证计算结果的高精度，但同时也导致了很大的计算量，应通过一定技巧尽量予以减少。对此应从两个方面着手：第一是降低格林函数的积分计算量，第二是减少求解边界元法本征值方程的计算量。

1. 四分之一对称

对于式（4-8）中的格林函数矩阵 $\boldsymbol{G}_u$，可以只将虚拟荷载施加在矩形的四分之一部分，如图 4-1 所示的第Ⅳ象限，并求出所有场点的响应，而其他 3 个象限作用虚拟荷载时的格林函数都可以通过矩形的四分之一对称性得到。应该注意的是，四分之一对称性虽然也可以是全部单元施加虚拟荷载并只求四分之一场点的响应，但和全源/全场点相比，四分之一源/全场点的方案可节省近 3/4 的计算量，而全源/四分之一场点的方案只能节省很少的计算量。

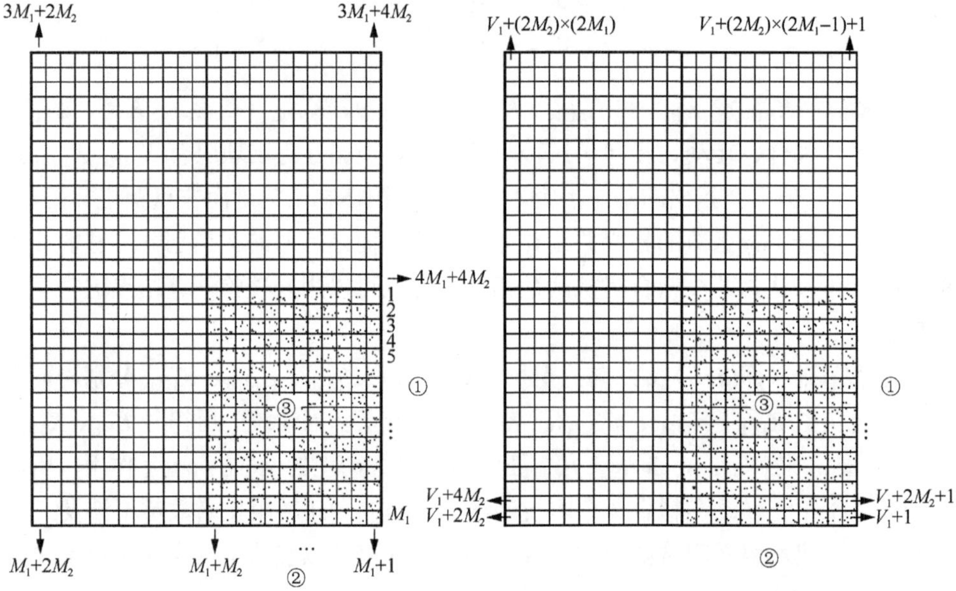

（a）侧壁单元划分及排列　　（b）底面单元划分及排列

图 4-1　矩形的四分之一对称

2. 阶梯对称

在阐述阶梯对称时，将矩形位于第Ⅳ象限的单元分为 3 个部分，区域①为右侧壁，区域②为下侧壁，而区域③为底面，如彩图 1 所示。对于区域①［彩图 1（a）］，

当第 j 层作用红色源时，位于第 l 层红色框上侧壁点的响应（或位于红色框内部底面点的响应），完全等价于当第 j 层作用蓝色源时，位于第 l 层蓝色框上侧壁点的响应（或位于蓝色框内部底面点的响应）。因此，如果用红色框代表矩形基础，则只需计算当蓝色源作用时，位于所有 M_1 个上下阶梯错位的矩形（灰色）四壁上的场点响应，以及这些矩形包围的底面的场点响应，即可以得到当源位于区域①时的全部格林函数。假设蓝色源位于区域①的最上面，并使其从第一层施加至第 N 层（$j=1, 2, 3, \cdots, N$）。

同理对于区域②［彩图 1（b）］，仍以红色框代表矩形基础，则只需计算蓝色源作用时，位于所有 M_2 个左右阶梯错位的矩形（灰色）四壁上的场点响应，以及这些矩形包围的底面的场点响应，即可得到当源位于区域②时的全部格林函数。这里假设蓝色源位于区域②的最右侧，并使其从第一层施加至第 N 层($j=1, 2, 3, \cdots, N$)。而对于区域③［彩图 1（c）］，则只需计算底面一个蓝色源作用时，所有位于 M_1 个上下阶梯错位的矩形四壁，和所有位于 M_2 个左右阶梯错位的矩形四壁上的场点响应，以及所有 M_1+M_2 个矩形包围的底面的场点响应，即可以得到当源位于区域③时的全部格林函数。彩图 1（c）中并未画出全部 M_1+M_2 个矩形，以避免图面凌乱。

阶梯对称造成了大量的场点覆盖。若采用 $\boldsymbol{G}\_n_1$、$\boldsymbol{G}\_s_1$、$\boldsymbol{G}\_w_1$、$\boldsymbol{G}\_e_1$、$\boldsymbol{G}\_b_1$ 分别表示区域①蓝色源作用时，北、南、西、东、底面 5 个部位的场点响应，则为了生成式（4-8）中的格林函数矩阵 $\boldsymbol{G}_u$，所有必要的场点个数和面源个数列于表 4-2 中，区域②和区域③的情况也列于表中。因为位移和应力都是三维向量，所以计算机存储的数组大小是 9 倍的面源个数乘以场点个数。

表 4-2　格林函数在计算机中的存储

矩阵	场点个数	源个数	阶梯对称后的存储	1/8 对称后的存储	方形基础（$a=b$）
$\boldsymbol{G}\_n_1$	$N\times2M_2\times M_1$	N	$(3N\times2M_2\times M_1, 3N)$	$(3N\times2M_2\times M_1, 3N)$	$(3N\times2M_2\times M_1, 3N)$
$\boldsymbol{G}\_s_1$	$N\times2M_2\times M_1$	N	$(3N\times2M_2\times M_1, 3N)$	$(3N\times2M_2\times M_1, 3N)$	$(3N\times2M_2\times M_1, 3N)$
$\boldsymbol{G}\_w_1$	$N\times(3M_1-1)$	N	$(3N\times(3M_1-1), 3N)$	$(3N\times(3M_1-1), 3N)$	$(3N\times(3M_1-1), 3N)$
$\boldsymbol{G}\_e_1$	$N\times(3M_1-1)$	N	$(3N\times(3M_1-1), 3N)$	$(3N\times(3M_1-1), 3N)$	$(3N\times(3M_1-1), 3N)$
$\boldsymbol{G}\_b_1$	$2M_2\times(3M_1-1)$	N	$(3\times2M_2\times(3M_1-1), 3N)$	$(3\times2M_2\times(3M_1-1), 3N)$	$(3\times2M_2\times(3M_1-1), 3N)$
$\boldsymbol{G}\_n_2$	$N\times(3M_2-1)$	N	$(3N\times(3M_2-1), 3N)$	$(3N\times(3M_2-1), 3N)$	$(3N\times(3M_2-1), 3N)$
$\boldsymbol{G}\_s_2$	$N\times(3M_2-1)$	N	$(3N\times(3M_2-1), 3N)$	—	—
$\boldsymbol{G}\_w_2$	$N\times2M_1\times M_2$	N	$(3N\times2M_1\times M_2, 3N)$	$(3N\times2(M_1-M_2)\times M_2, 3N)$	—
$\boldsymbol{G}\_e_2$	$N\times2M_1\times M_2$	N	$(3N\times2M_1\times M_2, 3N)$	$(3N\times2(M_1-M_2)\times M_2, 3N)$	—
$\boldsymbol{G}\_b_2$	$2M_1\times(3M_2-1)$	N	$(3\times2M_1\times(3M_2-1), 3N)$	$(3\times2M_1\times(3M_2-1), 3N)$	—
$\boldsymbol{G}\_n_3$	$N\times(3M_2-1)\times M_1$	1	$(3N\times(3M_2-1)\times M_1, 3)$	$(3N\times(3M_2-1)\times M_1, 3)$	$(3N\times(3M_2-1)\times M_1, 3)$
$\boldsymbol{G}\_s_3$	$N\times(3M_2-1)\times M_1$	1	$(3N\times(3M_2-1)\times M_1, 3)$	$(3N\times(3M_2-1)\times M_1, 3)$	$(3N\times(3M_2-1)\times M_1, 3)$

续表

矩阵	场点个数	源个数	阶梯对称后的存储	1/8 对称后的存储	方形基础（a=b）
$\boldsymbol{G}$_w$_3$	$N\times(3M_1-1)\times M_2$	1	$(3N\times(3M_1-1)\times M_2, 3)$	$(3N\times(3M_1-1)\times M_2, 3)$	—
$\boldsymbol{G}$_e$_3$	$N\times(3M_1-1)\times M_2$	1	$(3N\times(3M_1-1)\times M_2, 3)$	$(3N\times(3M_1-1)\times M_2, 3)$	—
$\boldsymbol{G}$_b$_3$	$(3M_2-1)\times(3M_1-1)$	1	$(3\times(3M_2-1)\times(3M_1-1), 3)$	$(3\times(3M_2-1)\times(3M_1-1), 3)$	$(3\times(3M_2-1)\times(3M_1-1), 3)$

3. 八分之一对称

如彩图 2 所示，区域②红色源作用时的格林函数 $\boldsymbol{G}$_s$_2$，完全等价于区域①蓝色源作用时的格林函数 $\boldsymbol{G}$_e$_2$（此部分红源与蓝源的含义与阶梯对称时的含义不同），但二者面源和场点响应的 x 方向和 y 方向应互相调换。因此可以完全节省短边 a 上格林函数 $\boldsymbol{G}$_s$_2$ 的计算。而对于区域②红色源作用时的格林函数 $\boldsymbol{G}$_w$_2$ 和 $\boldsymbol{G}$_e$_2$，则只有位于正方形 $ABCD$ 内部场点的格林函数计算可以省略，且同样需要调换面源和场点的 x 方向和 y 方向。因此格林函数 $\boldsymbol{G}$_w$_2$ 和 $\boldsymbol{G}$_e$_2$ 的必要场点个数是 $N\times2(M_1-M_2)\times M_2$，其余 $N\times2M_2\times M_2$ 个场点的格林函数可以通过八分之一对称性得到。这里应该注意的是，应用八分之一对称性的前提是矩形四壁的单元形状完全相同，即 $b/M_1=a/M_2$，这已经通过初期的单元划分得到了保证。

对于正方形基础，即 $b=a$ 且 $M_1=M_2$，则区域②中的格林函数 $\boldsymbol{G}$_n$_2$、$\boldsymbol{G}$_s$_2$、$\boldsymbol{G}$_w$_2$、$\boldsymbol{G}$_e$_2$、$\boldsymbol{G}$_b$_2$，以及区域③中的格林函数 $\boldsymbol{G}$_w$_3$ 和 $\boldsymbol{G}$_e$_3$（或格林函数 $\boldsymbol{G}$_n$_3$ 和 $\boldsymbol{G}$_s$_3$）的计算均可以完全省略，八分之一对称性的效果最佳。应用八分之一对称性后的存储情况也已列于表 4-2 中。

以上 3 种对称形式不仅可以大量减少格林函数的计算量，还可以大量减少格林函数的存储量。值得一提的是，对于超大数组，CPU 的寻址时间不能忽略，且寻址时间随着数组的增大而显著增加，因此减少超大数组的存储量可以缩短寻址时间，从而减少计算量和计算时间。经过这几种对称性的处理，格林函数的计算时间被有效降至原计算时间的 2%以下，但即使这些计算时间也需要通过超算集群的并行处理才能实现。

4. 方程的四分之一对称性

式（4-8）中的位移格林函数矩阵可通过将面源和场点“对号入座”的方式生成，但因为单元划分稠密，且位移格林函数矩阵是 $3V\times3V$ 满秩矩阵，所以由式(4-8)计算虚拟荷载 $\boldsymbol{P}$ 时的存储量和计算量都很大，应缩减以便实现计算。前面提到的四分之一对称使得格林函数的计算量减少了 3/4，这个对称性还可以进一步利用以减少求解虚拟荷载 $\boldsymbol{P}$ 时的计算量。由四分之一对称性可知，第Ⅳ象限面源的绝对值和第Ⅰ象限与其关于 x 轴对称的面源的绝对值相等，而符号与面源荷载的方向、场点响应的方向及基础运动的形式有关。同理，第Ⅳ象限面源的绝对值和第Ⅱ象限与其关于圆心对称的面源，还有第Ⅲ象限与其关于 y 轴对称的面源的绝对值都相等，而符号都与以上几点有关。以工况 1、工况 2、工况 3 分别表示基础沿 x 轴、y 轴、z 轴的线位移，工况 4、工况 5、工况 6 分别表示基础绕 x 轴、y 轴、z 轴的转动，已将这些符号列于表 4-3 中。

表 4-3　位移格林函数矩阵 G_u 四分之一对称性的符号处理

项目	工况	第Ⅳ象限	第Ⅲ象限	第Ⅱ象限	第Ⅰ象限
$G_u(p_j)$	1	+	+	+	+
$G_u(q_j)$	1	+	−	+	−
$G_u(r_j)$	1	+	−	−	+
$G_u(p_j)$	2	+	−	+	−
$G_u(q_j)$	2	+	+	+	+
$G_u(r_j)$	2	+	+	−	−
$G_u(p_j)$	3	+	−	−	+
$G_u(q_j)$	3	+	+	−	−
$G_u(r_j)$	3	+	+	+	+
$G_u(p_j)$	4	+	−	+	−
$G_u(q_j)$	4	+	+	+	+
$G_u(r_j)$	4	+	+	−	−
$G_u(p_j)$	5	+	+	+	+
$G_u(q_j)$	5	+	−	+	−
$G_u(r_j)$	5	+	−	−	+
$G_u(p_j)$	6	+	+	−	−
$G_u(q_j)$	6	+	−	−	+
$G_u(r_j)$	6	+	−	+	−

如图 4-2（a）所示，大方框表示格林函数矩阵 $\boldsymbol{G}_u$，单元编号顺序如图 4-1 所示。以侧面单元为例，其中 4 个阴影单元 $g_u(\boldsymbol{x}_{\hat{i}},q_{\hat{j}})$、$g_u(\boldsymbol{x}_{\hat{i}},q_{2M+1-\hat{j}})$、$g_u(\boldsymbol{x}_{\hat{i}},q_{2M+\hat{j}})$、$g_u(\boldsymbol{x}_{\hat{i}},q_{4M+1-\hat{j}})$ 分别表示当沿 x 轴作用的面源位于第Ⅳ象限第 $\hat{j}$ 单元、第Ⅲ象限第 $2M+1-\hat{j}$ 单元、第Ⅱ象限第 $2M+\hat{j}$ 单元和第Ⅳ象限第 $4M+1-\hat{j}$ 单元时，第Ⅳ象限的场点 $\boldsymbol{x}_{\hat{i}}$ 沿 x 轴方向的位移，这里 $M=M_1+M_2$。根据矩形基础的四分之一对称性（表 4-3），原矩阵的 4 个单元可以缩减成新矩阵的一个单元 $g_u(\boldsymbol{x}_{\hat{i}},q_{\hat{j}})-g_u(\boldsymbol{x}_{\hat{i}},q_{2M+1-\hat{j}})+g_u(\boldsymbol{x}_{\hat{i}},q_{2M+\hat{j}})-g_u(\boldsymbol{x}_{\hat{i}},q_{4M+1-\hat{j}})$，而第Ⅰ象限至第Ⅲ象限对称位置的场点可以直接从原矩阵中删除。这样处理后的缩减矩阵是$(3V/4)\times(3V/4)$阶矩阵，如图 4-2（b）所示，且通过缩减矩阵求得的虚拟荷载与通过原矩阵求得的虚拟荷载在第Ⅳ象限是同解的。对基础底面单元的缩减过程也是类似的，但应该注意底面单元的编号顺序与侧面单元不同，在缩减过程中应将侧面和底面分别进行处理。

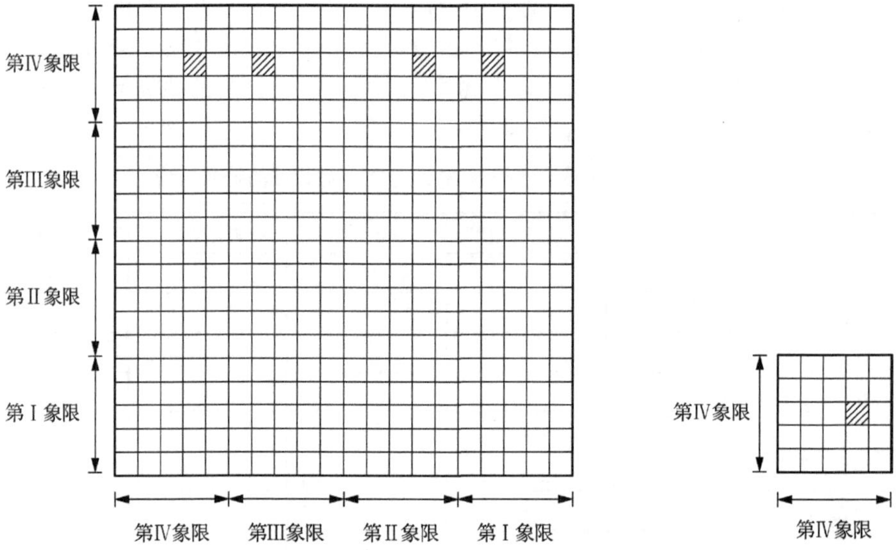

（a）原格林函数矩阵　　（b）缩减格林函数矩阵

图 4-2　原 $3V\times3V$ 阶矩阵与缩减的 $(3V/4)\times(3V/4)$ 阶矩阵

由表 4-3 可知不同工况下的各象限符号是不同的，因此缩减矩阵共 6 个。虽然需要求解 6 组 $(3V/4)\times(3V/4)$ 方程组，但因为高斯消元法解方程的计算量大体与阶数的立方呈正比，所以方程进行缩减后的计算量是原计算量的 $(1/4)^3\times6$，且缩减方程在进程间的通信量（见 4.2.3 节）是原方程的 1/4，因此达到了减少计算时间的目的。

4.2.3　并行计算

1. 高斯消元法

对于位移格林函数矩阵 $\boldsymbol{G}_u$，虽然缩减方程的阶数只是原方程阶数的四分之一，但因其是满秩矩阵，所以求解逆矩阵时仍然具有较大的计算量和存储量，一般单机版的高斯消元法不能承受，应当采用并行化存储和并行化计算的高斯消元法进行处理。这里采用消息传递接口（message passing interface，MPI）并行计算标准，对于这种并行方式，各进程所涉及的数据不共享，而是分布式存储在进程各自的存储空间中，进程间的数据交换需通过通信来进行。这种方式可以在超算集群的不同计算结点之间实现并行化，以达到大规模并行计算的目的。

采用 MPI 方式进行并行计算时，应将原方程各列和缩减方程各列都按照“卷帘式”的方式分布存储在各进程中，如图 4-3 所示。这样可以保证在高斯消元的计算过程中，各进程间的负载平衡。因原方程和缩减方程各列存储的进程号是不同的，所以在将原方程 4 个单元按表 4-3 合并成为缩减方程的一个单元时，应注意要精确查找到原方程和缩减方程存储这些单元的进程号，再在对应的进程间进行数据交换。这个过程的数据交换量较大，需要在内存中开辟一块 MPI 程序的专属数据缓冲区，防止数据溢出，因此需要通过 MPI 的程序语句 MPI_BUFFER_ATTACH 来实现。

图 4-3　MPI 并行化高斯消元法的卷帘式存储

2. 数值积分

采用 MPI 并行化处理式（3-35）的数值积分任务时，应按波数 k_x 和 k_y 将计算任务平均分配至各进程，以保证各进程间的负载平衡。例如，有 240 个进程参与计算时，每个进程在积分区域 I（表 3-2）中都有 $2000^2/240$ 个积分点的计算任务。当各进程的计算都结束时，将各进程计算结果相加即得到格林函数。

本章计算任务是在中国国家超级计算天津中心的“天河一号”上完成的，区域 I 的每 100 个积分点，区域Ⅱ和区域Ⅲ的每 10 000 个积分点在“天河一号”上的计算时间列于表 4-4 中。并行计算的每个进程都需要为格林函数 $\boldsymbol{G}_u$ 和 $\boldsymbol{G}_\sigma$ 开辟一份存储空间，不同长宽比和深宽比的单进程存储空间要求也列于表中。“天河一号”大多数计算结点的中央处理器是 6 颗双线程 CPU，可独立承担 12 个进程的计算任务，但结点满进程的存储要求为单进程存储要求的 12 倍。

从理论上讲，按照这种方式进行并行计算，可以使数值积分的并行过程达到线性加速比。但由表 4-4 可知，当结点满进程计算时，单个进程的计算时间明显长于结点单进程的计算时间。这是因为矩形基础格林函数的存储量很大，虽然内存和 CPU 已按需分配，但 CPU 寄存器、各级缓存及总线等资源仍无法按需分配，只能以“抢占”方式进行使用，导致结点满进程的计算时间变长。虽然如此，满进程的总计算时间仍然少于非满进程的总计算时间，最快的计算方式仍然是结点满进程方式。在 4.4 节中将介绍圆柱基础阻抗函数计算，因其格林函数的存储量小得多，所以并行积分计算可以达到线性加速比的60%以上，而二维基础阻抗函数的格林函数存储量更小，线性加速比基本可以得到保证。

表 4-4　格林函数计算时间和存储要求

b/a	c/a	N	M_1	M_2	$3V/4$	①/s	②/s	③/s	④/s	⑤/s	⑥/s	⑦/s	⑧/GB	⑨/h
1	0.5	25	25	25	5625	6	16	21	46	4	5	55	0.50	0.99
	1.0	35	25	25	7125	12	24	30	60	5	8	101	0.95	1.58
	1.5	45	25	25	8625	18	37	42	68	13	14	184	1.55	2.50
2	0.5	25	50	25	9375	20	46	57	109	13	14	218	1.56	3.03
	1.0	35	50	25	11625	38	86	81	130	13	13	424	2.91	4.57
3	0.5	25	75	25	13125	30	83	86	174	21	22	549	2.53	5.28
	1.0	35	75	25	16125	57	150	121	326	22	21	1067	4.77	7.40

注：① 区域Ⅰ的 100 个积分点计算时间（结点单进程）。
② 区域Ⅰ的 100 个积分点计算时间（结点满进程）。
③ 区域Ⅱ的 10000 个积分点计算时间（结点单进程）。
④ 区域Ⅱ的 10000 个积分点计算时间（结点满进程）。
⑤ 区域Ⅲ的 10000 个积分点计算时间（结点单进程）。
⑥ 区域Ⅲ的 10000 个积分点计算时间（结点满进程）。
⑦ 解方程（4-8）时间。
⑧ 单进程存储要求。
⑨ 每个无量纲频率点$\omega a/\beta_L$的计算时间（240 进程；结点满进程）。

需要注意到，第⑨列中的总计算时间比按照第②、④、⑥列估算的计算时间要少许多。根据附录B，动力刚度矩阵是波数的函数，当波数增大时，格林函数呈指数收敛，尤其是对于非荷载作用层，格林函数收敛得更快。根据计算精度，当波数达到一定数值时，格林函数可以按照等于0来处理，这有效减少了计算时间。

因为一个结点中的各进程对某些计算资源（寄存器、缓存器、总线等）是抢占式的，所以即使积分任务在最初平均分配到了各进程，但随着计算的进行，各进程间的计算进度也会出现明显差异。为了使进程间的负载始终平衡，当某进程首先结束分配给它的计算任务时，为避免进程闲置，应令该进程发出信号通知其他进程停止计算（图 4-4），并将剩下的所有任务在各进程间重新进行平均分配。这种再分配的过程应进行数轮，以使数值积分的并行化计算效果发挥至最佳。

对于垂直矩形格林函数，式（3-35）的二重傅里叶变换因子$\exp(-\mathrm{i}k_x x_0)\cdot\exp(-\mathrm{i}k_y y_0)$与深度$z$无关。因为指数函数在计算机中的计算过程是通过级数展开的方式进行的，这对于计算时间的消耗是较大的，所以对于不同亚层的场点(x_0,y_0)，该因子只需计算一次。另外，表 4-2 中的格林函数矩阵都是巨型矩阵，式（3-35）数值积分的叠加过程将耗费总体计算时间的 60%～90%，提高该过程的效率可以有效节省计算时间。因此应使式（3-35）中关于同一场点的不同方向的格林函数存储在相邻的内存片段上，以有效节约计算机的寻址时间。

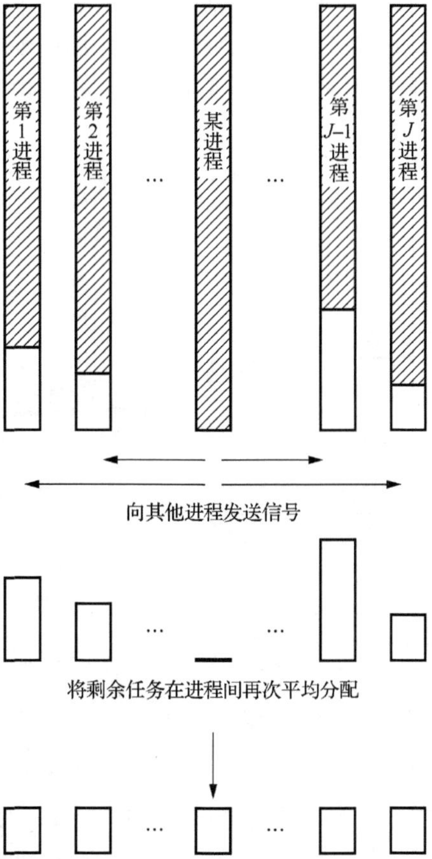

图 4-4　保证进程负载平衡的积分任务再分配

4.2.4　结果验证

图 4-5 是 Mita 和 Luco[12]的计算结果与采用本章方法的计算结果的比较。Mita 和 Luco 采用的是边界元法和点源格林函数，计算对象是均匀半空间中的方形基础阻抗函数。图 4-5 中横轴是无量纲频率$\omega a/\beta_L$，而纵轴是阻抗函数的实部和虚部。基础尺寸为 $a=b$，场地参数为$\rho_j/\rho_R=1$、$\beta_j/\beta_R=1$、$\nu_j=\nu_R=1/3$，P 波阻尼系数为$\xi_{\alpha j}=\xi_{\alpha R}=0.0005$，而 S 波阻尼系数为$\xi_{\beta j}=\xi_{\beta R}=0.001$。图 4-5 表明，虽然两个计算结果吻合较好，但结果的数值之间也存在一定差别，尤其是竖向格林函数 K_{VV} 和扭转格林函数 K_{TT} 的差别较为明显。原因在于，文献[12]的单元划分密度仅为 13×13×6（$2a\times2b\times c$），而本章方法的单元划分密度为 50×50×25（$c/a=0.5$）、50×50×35（$c/a=1$）、50×50×45（$c/a=1.5$）。根据计算经验，K_{VV} 和 K_{TT} 对单元划分密度最为敏感。

虽然文献[12]中较为稀疏的单元划分也基本可以保证计算结果的误差在可接受范围内，但表 4-1 给出的单元划分方案是必要的，尤其是对于长宽比较大的矩形基础。当长宽比越大时，要达到一定精度要求所需的单元网格密度越高，这是因为狭长基础的角点应力集中现象较为突出。与方形基础和轴对称基础相比，长宽比不同的矩形基础对阻抗函数的计算要求更高，因此稳定的数值方法和密集的单元划分是必要的。

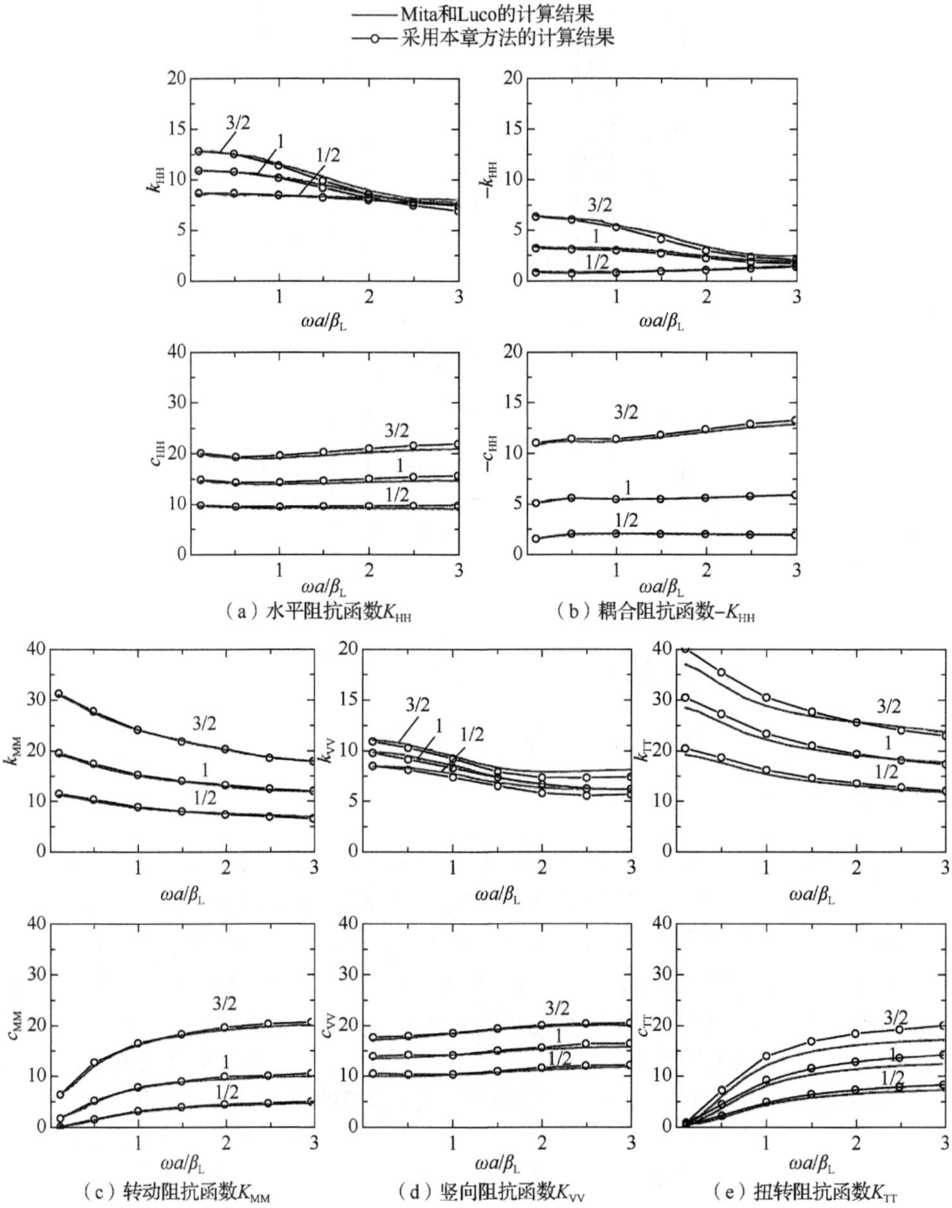

图 4-5　Mita 和 Luco 的计算结果与本书计算结果的比较

4.2.5　计算结果

图 4-6 是矩形基础阻抗函数的 8 个不同分量，不同线型分别代表了 4 个长宽比数值 b/a=1, 2, 3 和 4，该范围基本可以涵盖大多数建筑物的长宽比情况。基础埋深为 c/a=0.5，场地其他参数为 $\rho_j / \rho_R = 1$，$\beta_j / \beta_R = 1$，$\nu_j = \nu_R = 1/3$，$\xi_j = \xi_R = 0.02$（$j = 1, 2, \cdots, N$），这是一个均匀半空间场地。图 4-6 中的横坐标是无量纲频率 $\omega a/\beta_L$，其范围（$0<\omega a/\beta_L<3$）基本可以覆盖地震波的大部分能量所在的频率分量。

基础长宽比对于阻抗函数的实部和虚部均有明显影响。一般而言，长宽比较大的基础具有较大的阻抗函数值，且随着长宽比增加，扭转阻抗函数 K_{TT} 和绕 x 轴方向的转动阻抗函数 K_{MMy} 明显比其他阻抗函数的数值增加得快，这可以直接解释长宽比较大的基础更不容易发生扭转和沿长轴方向的转动。因为基础阻抗函数明显依赖于长宽比，而二维模型和轴对称模型都无法体现出长宽比的影响，所以这两类模型在研究土-结构相互作用时都具有较明显的缺陷。更多有关不同长宽比和层状半空间基础阻抗函数的数据请见文献[17]。

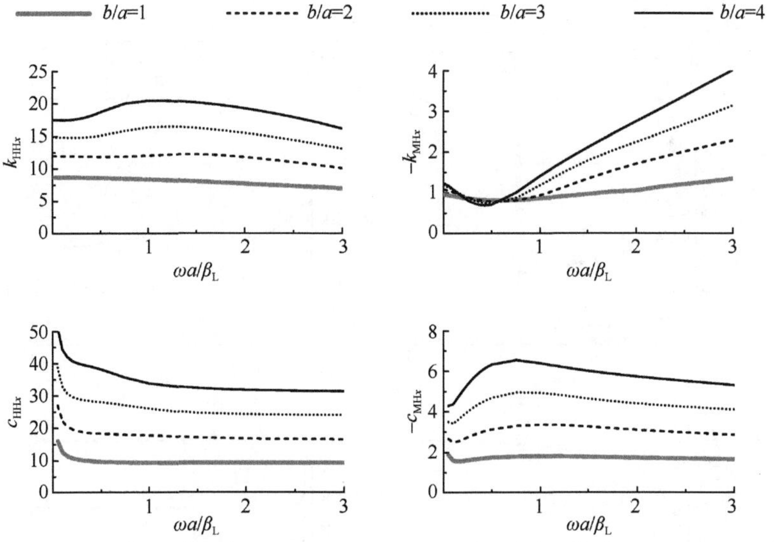

（a）水平阻抗函数K_{HHx}　　（b）耦合阻抗函数$-K_{MHx}$

图 4-6　不同长宽比的矩形基础阻抗函数（均匀半空间，c/a=0.5）

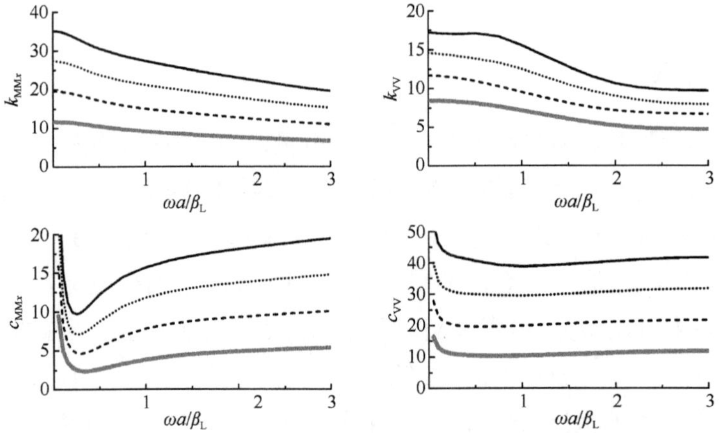

（c）转动阻抗函数K_{MMx}　　（d）竖向阻抗函数K_{VV}

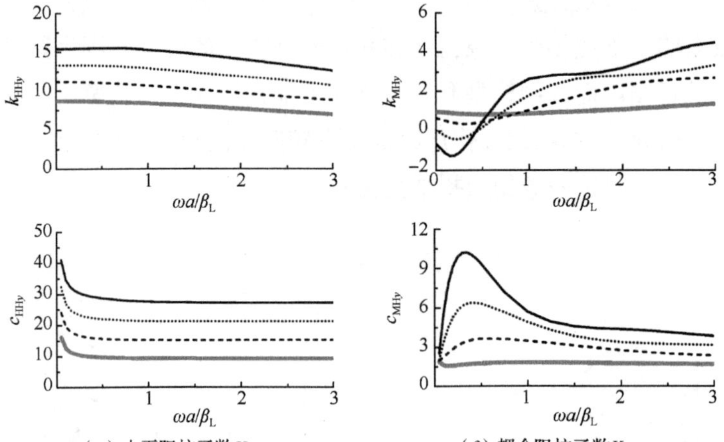

（e）水平阻抗函数K_{HHy}　　（f）耦合阻抗函数K_{MHy}

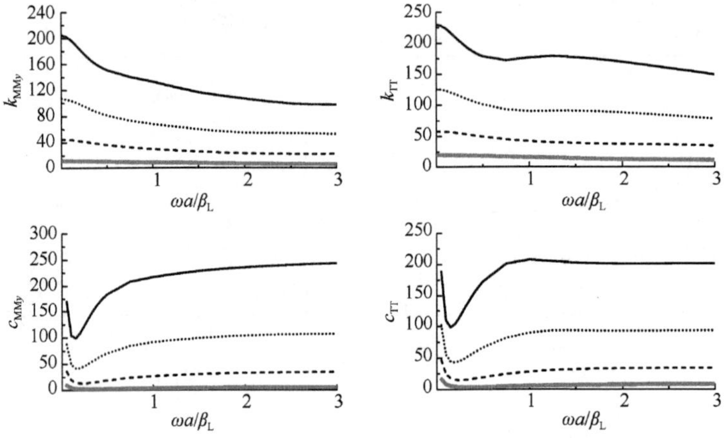

（g）转动阻抗函数K_{MMy}　　（h）扭转阻抗函数K_{TT}

图 4-6　（续）

4.3　基础有效输入

基础有效输入 $\boldsymbol{u}_*$ 是指一个无质量的刚性基础在谐振激励下的位移，即图 3-1 中的刚性空洞（虚线所示范围）所产生的位移，这是一组 6 个自由度的广义位移所组成的向量。其物理意义表示在土-结构相互作用系统中，场地通过刚性基础向上部结构输入的有效激励。

为了求解基础有效输入，下面考虑一个新问题。在图 4-7 中，除谐波入射激励外，无质量刚性空洞上还作用有其他外部激励力 $\boldsymbol{F}_0$，该激励力是一组由 6 个自由度的广义力所组成的向量。在谐波入射和 $\boldsymbol{F}_0$ 的共同作用下，基础位移由两部分组成：

$$\boldsymbol{u} = \boldsymbol{u}_* + \boldsymbol{u}_0 \tag{4-14}$$

式中，$\boldsymbol{u}_0$ 表示激励力 $\boldsymbol{F}_0$ 反馈到半空间后，在有效输入之外产生的附加位移。在这个新问题中，应将半空间-无质量基础视为一个系统，凡是这个系统之外的激励 $\boldsymbol{F}_0$ 都是外部激励。

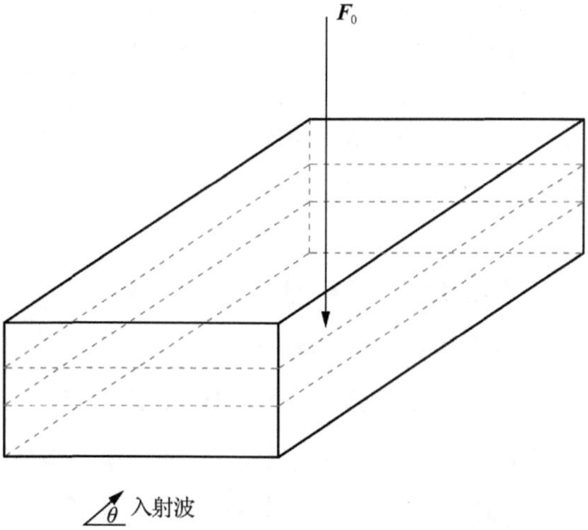

图 4-7　谐波入射激励和其他激励 $\boldsymbol{F}_0$ 共同作用于无质量刚性基础

在此作用系统中，场地的总位移场 $\hat{\boldsymbol{U}}(\boldsymbol{x})$ 应该满足基础-半空间交界面 Γ 上的边界条件，以及无限远处的边界条件，即

$$\hat{\boldsymbol{U}}(\boldsymbol{x}) = \boldsymbol{\Omega}(\boldsymbol{x})\boldsymbol{u} \qquad \boldsymbol{x} \in \Gamma \tag{4-15a}$$

$$\hat{\boldsymbol{U}}(\boldsymbol{x}) \to \hat{\boldsymbol{U}}_g(\boldsymbol{x}) \qquad |\boldsymbol{x}| \to \infty \tag{4-15b}$$

式中，$\hat{\boldsymbol{U}}_g(\boldsymbol{x})$ 表示谐波入射激励下的自由场位移。而场地的总应力场 $\hat{\boldsymbol{T}}(\boldsymbol{x})$ 应该满

足边界条件，即

$$\int_\Gamma \boldsymbol{\Omega}^{\mathrm{T}}(\boldsymbol{x})\hat{\boldsymbol{T}}(\boldsymbol{x})\mathrm{d}\Gamma=\boldsymbol{F}_0 \qquad \boldsymbol{x}\in\Gamma \tag{4-16a}$$

$$\hat{\boldsymbol{T}}(\boldsymbol{x})\to\hat{\boldsymbol{T}}_g(\boldsymbol{x}) \qquad |\boldsymbol{x}|\to\infty \tag{4-16b}$$

式中，$\hat{\boldsymbol{T}}_g(\boldsymbol{x})$ 表示自由场应力。对于三维问题，自由场位移和应力都是三个自由度的向量。

下面我们将总位移场和总应力场分解为三个部分，并定义两个边值问题，即

$$\hat{\boldsymbol{U}}(\boldsymbol{x})=\hat{\boldsymbol{U}}_0(\boldsymbol{x})+\hat{\boldsymbol{U}}_*(\boldsymbol{x})+\hat{\boldsymbol{U}}_g(\boldsymbol{x}) \tag{4-17a}$$

$$\hat{\boldsymbol{T}}(\boldsymbol{x})=\hat{\boldsymbol{T}}_0(\boldsymbol{x})+\hat{\boldsymbol{T}}_*(\boldsymbol{x})+\hat{\boldsymbol{T}}_g(\boldsymbol{x}) \tag{4-17b}$$

将 $\hat{\boldsymbol{U}}_0(\boldsymbol{x})$ 和 $\hat{\boldsymbol{T}}_0(\boldsymbol{x})$ 定义为辐射场，并令其满足边界条件，即

$$\hat{\boldsymbol{U}}_0(\boldsymbol{x})=\boldsymbol{\Omega}(\boldsymbol{x})\boldsymbol{u}_0 \qquad \boldsymbol{x}\in\Gamma \tag{4-18a}$$

$$\int_\Gamma \boldsymbol{\Omega}^{\mathrm{T}}(\boldsymbol{x})\hat{\boldsymbol{T}}_0(\boldsymbol{x})\mathrm{d}\Gamma=\boldsymbol{F}_0 \tag{4-18b}$$

$$\hat{\boldsymbol{U}}_0(\boldsymbol{x})\to 0 \qquad |\boldsymbol{x}|\to\infty \tag{4-18c}$$

在式（4-18b）中，$\boldsymbol{F}_0$ 表示外部激励力，它可以是结构和基础的质量产生的惯性力、人工施加于结构的激振力、作用于结构的风荷载等。由于这种作用是自基础向外辐射而传入半空间的，因此将式（4-18）所定义的问题称为辐射问题，这种作用是第 1 章概论中提到的辐射作用。式（4-18c）所要求满足的无穷远处辐射条件是为了与总位移场在无穷远处的边界条件相吻合。将式（4-17）中除辐射场和自由场之外的部分 $\hat{\boldsymbol{U}}_*(\boldsymbol{x})$ 和 $\hat{\boldsymbol{T}}_*(\boldsymbol{x})$ 定义为散射场，根据前面几个公式，散射场必须满足下列条件

$$\hat{\boldsymbol{U}}_*(\boldsymbol{x})=\boldsymbol{\Omega}(\boldsymbol{x})\boldsymbol{u}_*-\hat{\boldsymbol{U}}_g(\boldsymbol{x}) \qquad \boldsymbol{x}\in\Gamma \tag{4-19a}$$

$$\hat{\boldsymbol{U}}_*(\boldsymbol{x})\to 0 \qquad |\boldsymbol{x}|\to\infty \tag{4-19b}$$

$$\int_\Gamma \boldsymbol{\Omega}^{\mathrm{T}}(\boldsymbol{x})\hat{\boldsymbol{T}}_*(\boldsymbol{x})\mathrm{d}\Gamma=-\int_\Gamma \boldsymbol{\Omega}^{\mathrm{T}}(\boldsymbol{x})\hat{\boldsymbol{T}}_g(\boldsymbol{x})\mathrm{d}\Gamma \tag{4-19c}$$

散射场和辐射场是两个独立的状态，对二者应用互等定理可以得到

$$\int_\Gamma \hat{\boldsymbol{T}}_0^{\mathrm{T}}(\boldsymbol{x})\hat{\boldsymbol{U}}_*(\boldsymbol{x})\,\mathrm{d}\Gamma=\int_\Gamma \hat{\boldsymbol{U}}_0^{\mathrm{T}}(\boldsymbol{x})\hat{\boldsymbol{T}}_*(\boldsymbol{x})\mathrm{d}\Gamma \tag{4-20}$$

将式（4-18a）、式（4-19a）和式（4-19c）代入上式，可以得到

$$\int_\Gamma \hat{\boldsymbol{T}}_0^{\mathrm{T}}(\boldsymbol{x})\boldsymbol{\Omega}(\boldsymbol{x})\boldsymbol{u}_*\mathrm{d}\Gamma-\int_\Gamma \hat{\boldsymbol{T}}_0^{\mathrm{T}}(\boldsymbol{x})\hat{\boldsymbol{U}}_g(\boldsymbol{x})\mathrm{d}\Gamma=-\boldsymbol{u}_0\int_\Gamma \boldsymbol{\Omega}(\boldsymbol{x})^{\mathrm{T}}\hat{\boldsymbol{T}}_g^{\mathrm{T}}(\boldsymbol{x})\mathrm{d}\Gamma \tag{4-21}$$

在阻抗函数的计算中，设函数

$$\boldsymbol{\Theta}(\boldsymbol{x})=\boldsymbol{G}_\sigma(\boldsymbol{x})(\boldsymbol{G}_u^{-1}\boldsymbol{\Omega}) \tag{4-22}$$

式中，$\boldsymbol{\Theta}(\boldsymbol{x})$ 是 3×6 矩阵，表示基础每个自由度上都发生单位位移时边界上每个方向应力的大小。根据 $\boldsymbol{\Theta}(\boldsymbol{x})$ 的含义，因 $\boldsymbol{F}_0$ 而产生的反馈位移 $\boldsymbol{u}_0$ 与辐射场应力 $\hat{\boldsymbol{T}}_0(\boldsymbol{x})$ 应满足下列关系

$$\hat{\boldsymbol{T}}_0(\boldsymbol{x}) = \boldsymbol{\Theta}(\boldsymbol{x})\boldsymbol{u}_0 \tag{4-23}$$

将式（4-23）代入式（4-21），有

$$\int_\Gamma \boldsymbol{\Theta}^{\mathrm{T}}(\boldsymbol{x})\boldsymbol{\Omega}(\boldsymbol{x})\boldsymbol{u}_*\mathrm{d}\Gamma - \int_\Gamma \boldsymbol{\Theta}^{\mathrm{T}}(\boldsymbol{x})\hat{\boldsymbol{U}}_g(\boldsymbol{x})\mathrm{d}\Gamma = -\int_\Gamma \boldsymbol{\Omega}^{\mathrm{T}}(\boldsymbol{x})\hat{\boldsymbol{T}}_g(\boldsymbol{x})\mathrm{d}\Gamma \tag{4-24}$$

即

$$\boldsymbol{u}_*\int_\Gamma \boldsymbol{\Omega}^{\mathrm{T}}\boldsymbol{G}_u^{-\mathrm{T}}\boldsymbol{G}_\sigma^{\mathrm{T}}(\boldsymbol{x})\boldsymbol{\Omega}(\boldsymbol{x})\mathrm{d}\Gamma = \int_\Gamma \boldsymbol{\Theta}^{\mathrm{T}}(\boldsymbol{x})\hat{\boldsymbol{U}}_g(\boldsymbol{x})\mathrm{d}\Gamma - \int_\Gamma \boldsymbol{\Omega}^{\mathrm{T}}(\boldsymbol{x})\hat{\boldsymbol{T}}_g(\boldsymbol{x})\mathrm{d}\Gamma \tag{4-25}$$

因 $\boldsymbol{K}_0$ 是对称矩阵，有

$$\boldsymbol{K}_0 = \int_\Gamma \boldsymbol{\Omega}^{\mathrm{T}}\boldsymbol{G}_u^{-\mathrm{T}}\boldsymbol{G}_\sigma^{\mathrm{T}}(\boldsymbol{x})\boldsymbol{\Omega}(\boldsymbol{x})\mathrm{d}\Gamma \tag{4-26}$$

所以

$$\boldsymbol{u}_* = \boldsymbol{K}_0^{-1}\left[\int_\Gamma \boldsymbol{\Theta}^{\mathrm{T}}(\boldsymbol{x})\hat{\boldsymbol{U}}_g(\boldsymbol{x})\mathrm{d}\Gamma - \int_\Gamma \boldsymbol{\Omega}^{\mathrm{T}}(\boldsymbol{x})\hat{\boldsymbol{T}}_g(\boldsymbol{x})\mathrm{d}\Gamma\right] \tag{4-27}$$

式（4-27）是求解基础有效输入的解析解公式[18, 19]，基础有效输入亦是土-结构相互作用中的一个重要问题。

图 4-8 是不同长宽比的矩形基础在垂直入射谐波激励下的有效输入，仍以均匀半空间为例，场地参数和基础埋深参数同图 4-6。对于 xOz 平面内的运动 u_x^{SV} 和 $a\varphi_y^{\mathrm{SV}}$，以及 yOz 平面内的运动 u_x^{SH}，长宽比对有效输入的影响很小，而对于 yOz 平面内的转动 $a\varphi_x^{\mathrm{SH}}$，长宽比则有明显影响。平动有效输入 u_x^{SV} 和 u_x^{SH} 随着频率的增加而减小，但转动有效输入 $a\varphi_y^{\mathrm{SV}}$ 和 $a\varphi_x^{\mathrm{SH}}$ 则随着频率的增加而变大。

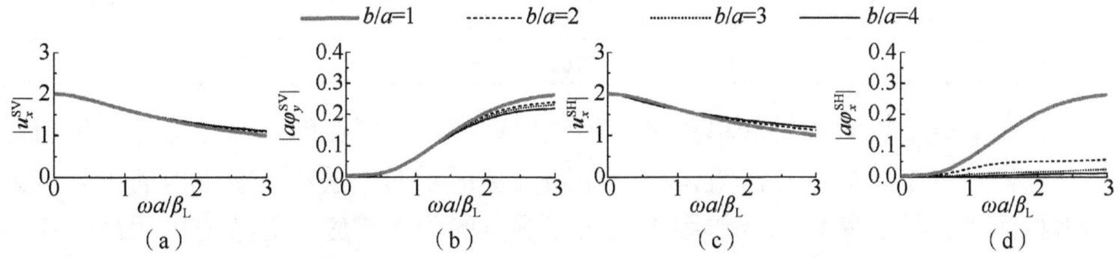

图 4-8　矩形基础的有效输入（均匀半空间垂直入射）

4.4　轴对称基础

图 4-9 所示的三维轴对称基础为圆柱形状，其半径为 r 且埋深为 c，基础顶面位于地表面。直角坐标系的源点 O 位于基础底面中心。仍然假设基础无质量且绝对刚性，并在边界 Γ 上与场地土不产生滑移。为了应用边界元法，仍在基础侧面将土层划分为 N 个亚层，且将基础底面沿径向分成为 N_1 个同心圆，将界面 Γ 沿圆周均匀划分为 M 个单元。这种单元划分方案的优势在于可以充分利用圆柱的轴对

称性。按照这个原则，当周向单元划分得足够多时，基础侧面被划分为矩形单元，而底面被划分为梯形单元，总计算单元为 $V=(N+N_1)M$。不同基础埋深情况下的单元划分方案如表 4-5 所示，积分方案仍然按照表 3-2 进行。

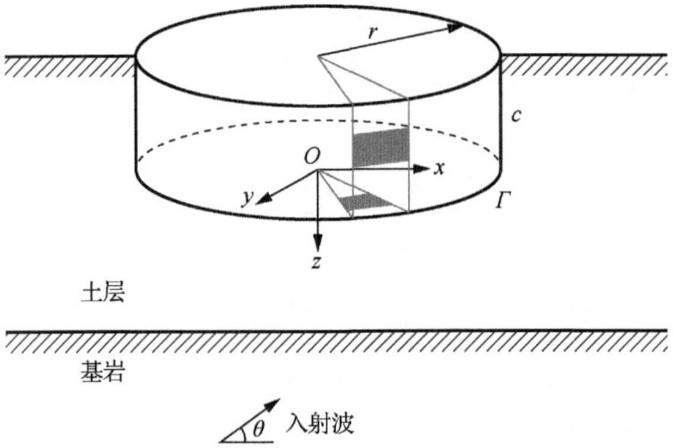

图 4-9　三维轴对称基础模型

表 4-5　三维轴对称基础单元划分方案

c/a	单元划分			V	$3V$
	N	N_1	M		
0.5	25	15	200	8000	24000
1.0	30	15	200	9000	27000
1.5	35	15	200	10000	30000

由于基础的轴对称性和单元划分的轴对称性，无需在所有单元上都施加虚拟源，从而计算所有的格林函数，只需在图 4-9 所示的一条灰色条带内的单元上施加虚拟源，计算这些虚拟源作用下的所有场点的动力响应，而其他单元被施加虚拟源时的格林函数可以根据圆柱基础的轴对称性得到，从而将格林函数的计算量降至原计算量的 $1/M$。为方便示意，以基础底面单元的轴对称性为例进行阐述，基础侧壁单元的轴对称性同理。如图 4-10 所示，设 $\gamma=2\pi/M$ 是相邻单元之间的夹角，必须计算的格林函数是两条粗线间的三角带状单元作用于虚拟源时，所有场点的位移响应和应力响应，可以称为必须格林函数。而其他单元作用虚拟源时的格林函数，则可以通过使必须格林函数依次旋转 γ, 2γ, 3γ, …, $(M-1)\gamma$ 的角度而得到。例如，单元 2 作用图示方向荷载 p_0' 时，点②平行于 xOy 平面的两个格林函数 $\boldsymbol{G}_{u'_{2②}}$ 和 $\boldsymbol{G}_{v'_{2②}}$，等同于单元 1 作用图示方向荷载 p_0 时，点①平行于 xOy 平面的两个格林函数 $\boldsymbol{G}_{u_{1①}}$ 和 $\boldsymbol{G}_{v_{1①}}$。在计算基础阻抗函数并生成格林函数矩阵 $\boldsymbol{G}_u$ 和 $\boldsymbol{G}_\sigma$ 时，需要把所有局部坐标系转换为整体坐标系，即

$$
\begin{cases}
\boldsymbol{G}_{u_{2②}} = \boldsymbol{G}_{u'_{2②}} \cos(m\gamma) - \boldsymbol{G}_{v'_{2②}} \sin(m\gamma) \\
\boldsymbol{G}_{v_{2②}} = \boldsymbol{G}_{u'_{2②}} \sin(m\gamma) + \boldsymbol{G}_{v'_{2②}} \cos(m\gamma)
\end{cases}
\tag{4-28}
$$

式中，$m\gamma$ 为设单元 1 和单元 2 之间的夹角。类似的，单元 2 作用分布荷载 p_0' 时，点②平行于 z 轴的格林函数 $\boldsymbol{G}_{w'_{2②}}$，等同于单元 1 作用分布荷载 p_0 时，点①平行于 z 轴的格林函数 $\boldsymbol{G}_{w_{1①}}$，但因 z 轴方向的整体坐标系和局部坐标系是一致的，所以无需做类似式（4-28）的坐标转换。同理，可以得到单元 2 其他两个方向作用分布荷载 q_0' 和 r_0' 时，点②的格林函数。需要指出的是，无需将虚拟荷载 p_0'、q_0'、r_0' 也转换至整体坐标系，因为虚拟荷载本身只是间接边界元法中的一个中间量，对最终结果不产生任何影响。

当基础底面沿径向方向划分的单元较多时，靠近底面圆心的单元尺寸较小，相互之间格林函数的数值相差也很小，因此生成的本征值方程的条件数较大，往往无法求解。为了解决这一问题，可以将靠近圆心的同环道内的相邻单元两两合并或四四合并，以改善方程的条件数，并可以继续利用圆柱的轴对称性。而后面采用边界元法求解基础阻抗函数、采用 MPI 并行处理数值积分和求解本征值方程等思路则与矩形基础完全相同。

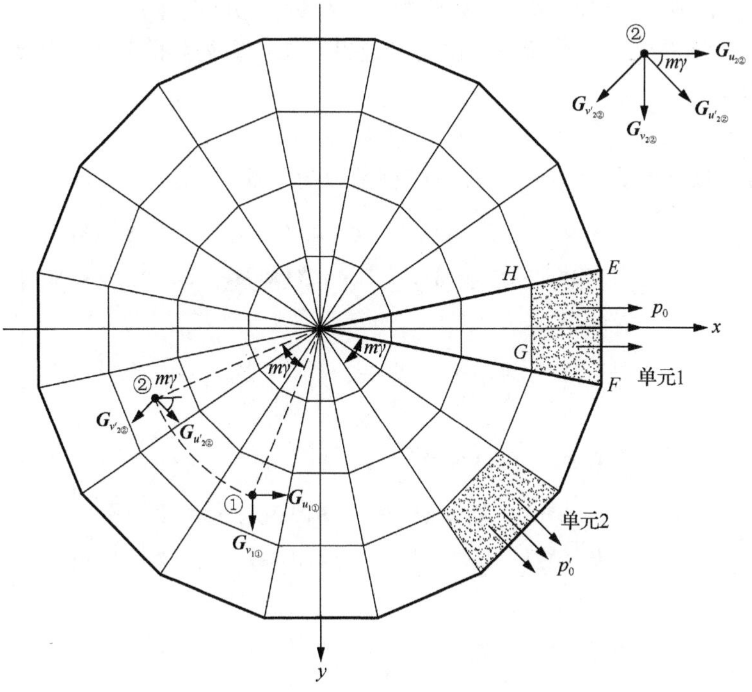

图 4-10　圆柱基础轴对称性的利用

4.5 二维基础

4.5.1 平面内阻抗函数

1. 计算方法

仍如图 3-1 所示，二维矩形基础可视为三维矩形基础或三维轴对称基础的横截面，设其半宽为 a，埋深为 c。二维刚性基础在 xOz 平面内有 3 个自由度 $\boldsymbol{u}=[u_x \quad a\varphi \quad u_z]^{\mathrm{T}}$，其中 u_x 和 u_z 分别为水平和竖向线位移；φ 为绕参考点的转角。设参考点为底面中心点(0, c)。对于二维基础，边界Γ上的位移和基础位移的关系为

$$\boldsymbol{U}(\boldsymbol{x})=\begin{bmatrix}1 & -\dfrac{z-c}{a} & 0\\ 0 & \dfrac{x}{a} & 1\end{bmatrix}\begin{bmatrix}u_x\\ a\varphi\\ u_z\end{bmatrix}=\boldsymbol{\Omega}(\boldsymbol{x})\boldsymbol{u} \qquad \boldsymbol{x}\in\Gamma \tag{4-29}$$

将一组幅值未知的虚拟线源荷载 $\boldsymbol{P}=[p_1 \ r_1 \ p_2 \ r_2 \ \cdots \ p_{\hat{j}} \ r_{\hat{j}} \ \cdots \ p_V \ r_V]^{\mathrm{T}}$ 施加在基础边界Γ上，其中 V 为边界Γ上划分的单元数量；$p_{\hat{j}}$ 和 $r_{\hat{j}}$ ($\hat{j}=1,2,\cdots,N$)分别为如图 3-8 所示的分布线源荷载。由间接边界元法计算得到的基础阻抗函数同样可以表示为

$$\boldsymbol{K}_0=\boldsymbol{\Omega}^{\mathrm{T}}\boldsymbol{G}_\sigma\boldsymbol{G}_u^{-1}\boldsymbol{\Omega} \tag{4-30}$$

式中，应力格林函数矩阵 $\boldsymbol{G}_\sigma$ 和位移格林函数矩阵 $\boldsymbol{G}_u$ 分别为

$$\boldsymbol{G}_\sigma=\begin{bmatrix}\boldsymbol{g}_\sigma^{11}(\boldsymbol{x}_1)s_1 & \boldsymbol{g}_\sigma^{12}(\boldsymbol{x}_1)s_1 & \dots & \boldsymbol{g}_\sigma^{1\hat{j}}(\boldsymbol{x}_1)s_1 & \dots & \boldsymbol{g}_\sigma^{1V}(\boldsymbol{x}_1)s_1\\ \boldsymbol{g}_\sigma^{21}(\boldsymbol{x}_2)s_2 & \boldsymbol{g}_\sigma^{22}(\boldsymbol{x}_2)s_2 & \dots & \boldsymbol{g}_\sigma^{2\hat{j}}(\boldsymbol{x}_2)s_2 & \dots & \boldsymbol{g}_\sigma^{2V}(\boldsymbol{x}_2)s_2\\ \vdots & \vdots & & \vdots & & \vdots\\ \boldsymbol{g}_\sigma^{\hat{i}1}(\boldsymbol{x}_{\hat{i}})s_{\hat{i}} & \boldsymbol{g}_\sigma^{\hat{i}2}(\boldsymbol{x}_{\hat{i}})s_{\hat{i}} & \dots & \boldsymbol{g}_\sigma^{\hat{i}\hat{j}}(\boldsymbol{x}_{\hat{i}})s_{\hat{i}} & \dots & \boldsymbol{g}_\sigma^{\hat{i}V}(\boldsymbol{x}_{\hat{i}})s_{\hat{i}}\\ \vdots & \vdots & & \vdots & & \vdots\\ \boldsymbol{g}_\sigma^{V1}(\boldsymbol{x}_V)s_V & \boldsymbol{g}_\sigma^{V2}(\boldsymbol{x}_V)s_V & \dots & \boldsymbol{g}_\sigma^{V\hat{j}}(\boldsymbol{x}_N)s_V & \cdots & \boldsymbol{g}_\sigma^{VV}(\boldsymbol{x}_V)s_V\end{bmatrix} \tag{4-31a}$$

$$\boldsymbol{G}_u=\begin{bmatrix}\boldsymbol{g}_u^{11}(\boldsymbol{x}_1) & \boldsymbol{g}_u^{12}(\boldsymbol{x}_1) & \dots & \boldsymbol{g}_u^{1\hat{j}}(\boldsymbol{x}_1) & \dots & \boldsymbol{g}_u^{1V}(\boldsymbol{x}_1)\\ \boldsymbol{g}_u^{21}(\boldsymbol{x}_2) & \boldsymbol{g}_u^{22}(\boldsymbol{x}_2) & \dots & \boldsymbol{g}_u^{2\hat{j}}(\boldsymbol{x}_2) & \dots & \boldsymbol{g}_u^{2V}(\boldsymbol{x}_2)\\ \vdots & \vdots & & \vdots & & \vdots\\ \boldsymbol{g}_u^{\hat{i}1}(\boldsymbol{x}_{\hat{i}}) & \boldsymbol{g}_u^{\hat{i}2}(\boldsymbol{x}_{\hat{i}}) & \dots & \boldsymbol{g}_u^{\hat{i}\hat{j}}(\boldsymbol{x}_{\hat{i}}) & \dots & \boldsymbol{g}_u^{\hat{i}V}(\boldsymbol{x}_{\hat{i}})\\ \vdots & \vdots & & \vdots & & \vdots\\ \boldsymbol{g}_u^{V1}(\boldsymbol{x}_V) & \boldsymbol{g}_u^{V2}(\boldsymbol{x}_V) & \dots & \boldsymbol{g}_u^{V\hat{j}}(\boldsymbol{x}_N) & \cdots & \boldsymbol{g}_u^{VV}(\boldsymbol{x}_V)\end{bmatrix} \tag{4-31b}$$

式中，$s_{\hat{l}}$ 为第 $\hat{l}$ 单元的弧长；$\boldsymbol{g}_u^{\hat{i}\hat{j}}(\boldsymbol{x}_{\hat{l}})$ 和 $\boldsymbol{g}_\sigma^{\hat{i}\hat{j}}(\boldsymbol{x}_{\hat{l}})$ 分别为场点 $\boldsymbol{x}_{\hat{l}}$ 的二维平面内位移格林矩阵函数和应力格林矩阵函数。二维基础的平面内刚度矩阵是 3×3 矩阵，即

$$\boldsymbol{K}_0 = \mu_{\mathrm{L}} \begin{bmatrix} K_{\mathrm{HH}} & K_{\mathrm{HM}} & 0 \\ K_{\mathrm{MH}} & K_{\mathrm{MM}} & 0 \\ 0 & 0 & K_{\mathrm{VV}} \end{bmatrix} \tag{4-32}$$

式中，K_{HH} 为水平阻抗函数；K_{HM} 和 K_{MH} 为耦合阻抗函数；K_{MM} 为转动阻抗函数；K_{VV} 为竖向阻抗函数。需要注意的是，二维基础阻抗函数的无量纲化因子比三维基础的情况少了一个尺度参数 a。

2. *方法验证*

图 4-11 是 de Barros 和 Luco[9]基础有效输入计算结果与采用本章方法的计算结果的比较，前者仍然采用点源格林函数和域外点边界元法。因为式（4-27）是解析的，所以基础有效输入不仅可以验证其自身的正确性，还可以间接验证基础阻抗函数的正确性。为了与已有结果[9]进行比较，计算对象是半圆形刚性基础，半径为 7.92m。图 4-11 中实线为层状半空间结果，场地参数如表 4-6 所示；而虚线是均匀半空间结果，场地剪切波速β= 243.8m/s，压缩波速α= 457.2m/s，阻尼比ξ= 0.03，质量密度ρ= 2050.4kg/m^3。由于基础的对称性，当 P 波垂直入射时，除了 z 轴方向的有效输入 u_z^{P} 不为 0 外，其他两个方向的有效输入 u_x^{SV} 和 $a\varphi^{\mathrm{SV}}$ 均为 0，而当 SV 波垂直入射时情况则正相反。为了与文献[9]统一，图 4-11 的基础有效输入已采用自由场地表位移幅值$\left|\boldsymbol{U}_{\mathrm{g}}\right|$进行了归一化处理，用上面带一条横线的符号表示，即

$$\bar{\boldsymbol{u}} = \boldsymbol{u} \big/ \left|\boldsymbol{U}_{\mathrm{g}}\right| \tag{4-33}$$

可以看出，两组计算结果在低频域和高频域都达到了很好的吻合。

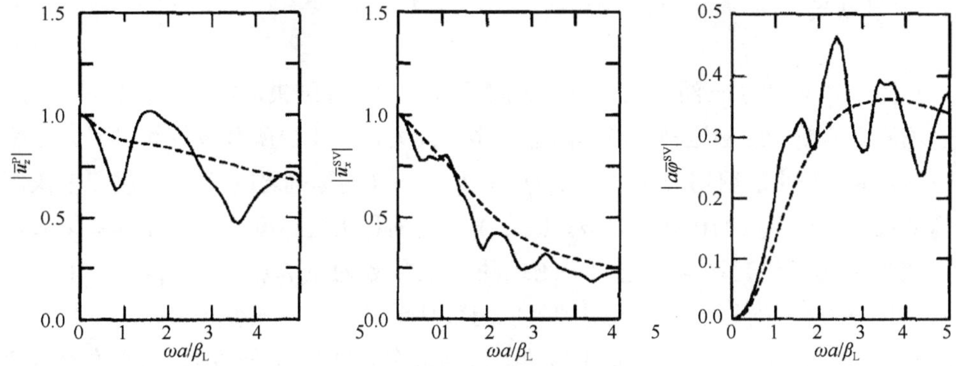

（a）de Barros和Luco计算结果

图 4-11　de Barros 和 Luco 基础有效输入计算结果和本书方法计算结果的比较

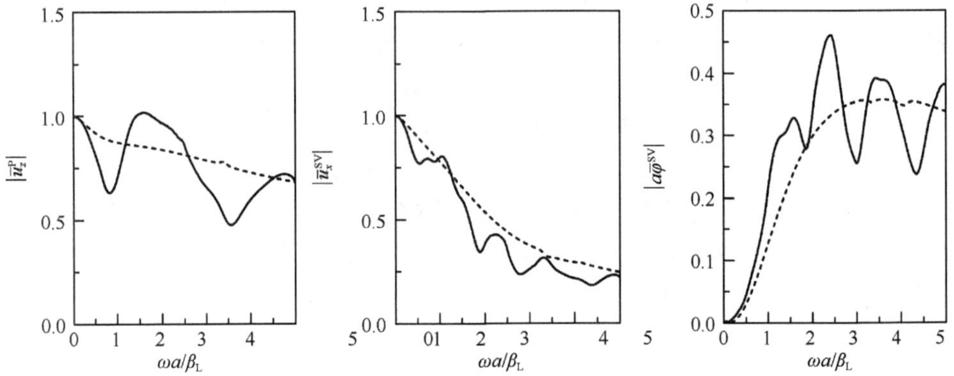

（b）本书计算结果

图 4-11　（续）

表 4-6　层状场地参数

层号	厚度/m	β/（m/s）	α/（m/s）	ρ/（kg/m^3）	ξ
1	15.2	184.7	332.2	2050.4	0.03
2	15.2	362.7	731.5	2082.4	0.02
3	30.5	554.7	1120.4	2082.4	0.01
4	41.5	624.8	1137.2	2082.4	0.01
基岩	∞	1045.5	1740.4	2082.4	0.01

3. 计算结果

图 4-12 给出了一组二维矩形基础阻抗函数的计算结果，基础深度取 c/a=0.5。以基岩上的单一土层这种最简单的层状半空间为例，土层所有参数都用下标 L 来表示，基岩与土层剪切波速比取 $\beta_R/\beta_L=2, 5, \infty$（简称基岩刚度），土层厚度采用基础尺寸进行无量纲化并取 $D/a=1, 2, 4, \infty$（简称土层厚度），其中 $D/a=\infty$ 表示层状半空间退化为均匀半空间。场地的其他参数为 $\rho_R/\rho_L=1$，$\nu_R=\nu_L=1/4$，$\xi_R=\xi_L=0.02$。均匀半空间的基础阻抗函数是单调函数，或者是只有一个极值点的分段单调函数。层状半空间的基础阻抗函数在频域内是波动的，当基岩刚度变化时，其波动周期保持不变但波动幅值发生变化；而当土层厚度变化时，其波动周期和幅值都发生变化，且波动周期与土层厚度大体成反比。

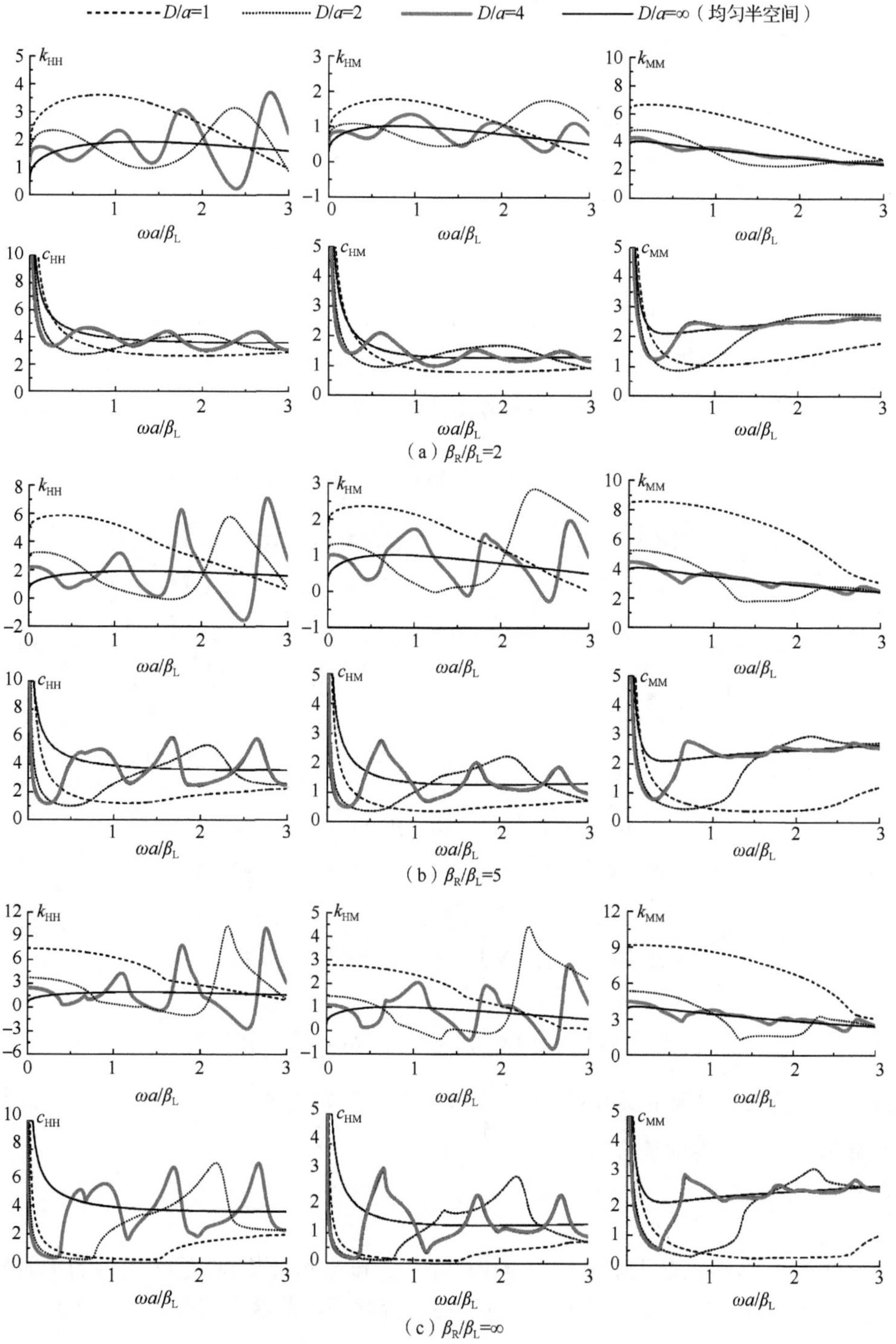

图 4-12　二维矩形基础平面内阻抗函数

4.5.2 平面外阻抗函数

1. 计算方法

二维刚性基础在平面 xOz 的平面外仅有一个自由度Δ_y，即沿 y 轴的线位移。对于这种情况，在边界Γ上有

$$U(\boldsymbol{x}) = u_y \qquad \boldsymbol{x} \in \Gamma \tag{4-34}$$

将一组幅值未知的平面外虚拟线源荷载 $\boldsymbol{P} = [q_1 \quad q_2 \quad \cdots \quad q_N]^{\mathrm{T}}$ 施加在基础边界Γ上，得到基础阻抗函数为

$$K_{yy} = \int_{\Gamma} \boldsymbol{G}_{\sigma} \boldsymbol{G}_u^{-1} \mathrm{d}\Gamma = \boldsymbol{G}_{\sigma} \boldsymbol{G}_u^{-1} \tag{4-35}$$

式中，应力格林函数矩阵 $\boldsymbol{G}_{\sigma}$ 和位移格林函数矩阵 $\boldsymbol{G}_u$ 分别为

$$\boldsymbol{G}_{\sigma} = \begin{bmatrix} g_y^{11}(\boldsymbol{x}_1)s_1 & g_y^{12}(\boldsymbol{x}_1)s_1 & \dots & g_y^{1\hat{j}}(\boldsymbol{x}_1)s_1 & \dots & g_y^{1V}(\boldsymbol{x}_1)s_1 \\ g_y^{21}(\boldsymbol{x}_2)s_2 & g_y^{22}(\boldsymbol{x}_2)s_2 & \dots & g_y^{2\hat{j}}(\boldsymbol{x}_2)s_2 & \dots & g_y^{2V}(\boldsymbol{x}_2)s_2 \\ \vdots & \vdots & & \vdots & & \vdots \\ g_y^{\hat{l}1}(\boldsymbol{x}_{\hat{l}})s_{\hat{l}} & g_y^{\hat{l}2}(\boldsymbol{x}_{\hat{l}})s_{\hat{l}} & \dots & g_y^{\hat{l}\hat{j}}(\boldsymbol{x}_{\hat{l}})s_{\hat{l}} & \dots & g_y^{\hat{l}V}(\boldsymbol{x}_{\hat{l}})s_{\hat{l}} \\ \vdots & \vdots & & \vdots & & \vdots \\ g_y^{V1}(\boldsymbol{x}_V)s_V & g_y^{V2}(\boldsymbol{x}_V)s_V & \dots & g_y^{V\hat{j}}(\boldsymbol{x}_N)s_V & \cdots & g_y^{VV}(\boldsymbol{x}_V)s_V \end{bmatrix} \tag{4-36a}$$

$$\boldsymbol{G}_u = \begin{bmatrix} g_v^{11}(\boldsymbol{x}_1) & g_v^{12}(\boldsymbol{x}_1) & \dots & g_v^{1\hat{j}}(\boldsymbol{x}_1) & \dots & g_v^{1V}(\boldsymbol{x}_1) \\ g_v^{21}(\boldsymbol{x}_2) & g_v^{22}(\boldsymbol{x}_2) & \dots & g_v^{2\hat{j}}(\boldsymbol{x}_2) & \dots & g_v^{2V}(\boldsymbol{x}_2) \\ \vdots & \vdots & & \vdots & & \vdots \\ g_v^{\hat{l}1}(\boldsymbol{x}_{\hat{l}}) & g_v^{\hat{l}2}(\boldsymbol{x}_{\hat{l}}) & \dots & g_v^{\hat{l}\hat{j}}(\boldsymbol{x}_{\hat{l}}) & \dots & g_v^{\hat{l}V}(\boldsymbol{x}_{\hat{l}}) \\ \vdots & \vdots & & \vdots & & \vdots \\ g_v^{V1}(\boldsymbol{x}_V) & g_v^{V2}(\boldsymbol{x}_V) & \dots & g_v^{V\hat{j}}(\boldsymbol{x}_V) & \cdots & g_v^{VV}(\boldsymbol{x}_V) \end{bmatrix} \tag{4-36b}$$

式中，$s_{\hat{l}}$ 为第 $\hat{l}$ 单元的弧长；$g_v^{\hat{l}\hat{j}}(\boldsymbol{x}_{\hat{l}})$ 和 $g_y^{\hat{l}\hat{j}}(\boldsymbol{x}_{\hat{l}})$ 分别为场点 $\boldsymbol{x}_{\hat{l}}$ 的二维平面外位移格林函数和应力格林函数。

2. 方法验证

如图 4-13 所示是无阻尼均匀半空间中的二维半圆形基础，这个模型的平面外基础阻抗函数存在由波函数展开法得到的解析解[19]，此解由汉开尔函数表示为

$$K_{yy}=\frac{\mathbf{H}_1^{(2)}(\omega a/\beta_{\mathrm{L}})}{\mathbf{H}_0^{(2)}(\omega a/\beta_{\mathrm{L}})} \tag{4-37}$$

式中，$\mathbf{H}^{(2)}(\omega a/\beta_{\mathrm{L}})$ 是第二类汉开尔函数，右下标表示汉开尔函数的阶数。

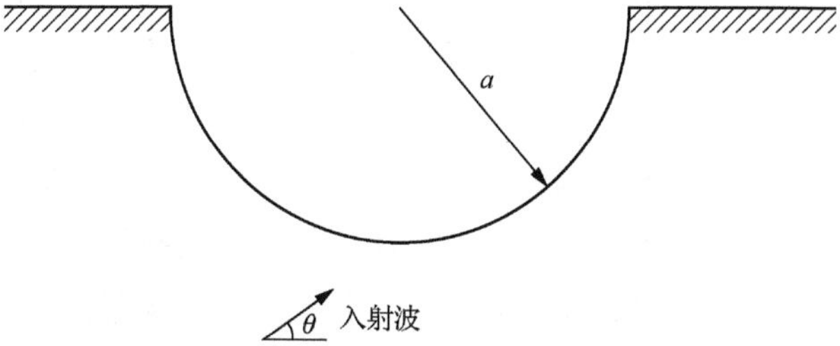

图 4-13　无阻尼均匀半空间二维半圆基础

表 4-7 是解析解与本章边界元法计算结果的比较及精度验证，对于第 3 章介绍的格林函数不能将场地阻尼设为 0，否则积分结果无法收敛，本节将场地阻尼设为 0.01%以模拟无阻尼半空间，并将基岩和土层的材料参数设为完全一致以模拟均匀半空间。将半圆的圆周按照角度等分为 400 层，共计 V=800 个计算单元。由表 4-7 可知，除频率点$\omega a/\beta_{\mathrm{L}}$=0.5 外，其他频率点误差的数量级都为 10^{-3}～10^{-5}，包括高频段，这表明本章的边界元法可以达到很高的计算精度。

表 4-7　本章边界元法精度验证

$\omega a/\beta_{\mathrm{L}}$		k_{yy}	c_{yy}	$\omega a/\beta_{\mathrm{L}}$		k_{yy}	c_{yy}
0.5	①	1.28402	3.70947	3.0	①	1.53664	3.18001
	②	1.28362	3.70826		②	1.53070	3.17878
	③	3.1×10^{-4}	3.3×10^{-4}		③	3.9×10^{-3}	3.9×10^{-4}
1.0	①	1.41788	3.37088	3.5	①	1.54438	3.17062
	②	1.41799	3.36939		②	1.54173	3.16930
	③	7.8×10^{-5}	4.4×10^{-4}		③	1.7×10^{-3}	4.2×10^{-4}
1.5	①	1.47617	3.26609	4.0	①	1.54981	3.16426
	②	1.47768	3.26466		②	1.54967	3.16287
	③	1.0×10^{-3}	4.4×10^{-4}		③	9.0×10^{-5}	4.4×10^{-4}
2.0	①	1.50696	3.21947	4.5	①	1.55375	3.15976
	②	1.51301	3.21805		②	1.55719	3.15830
	③	4.0×10^{-3}	4.4×10^{-4}		③	2.2×10^{-3}	4.6×10^{-4}
2.5	①	1.52511	3.19470	5.0	①	1.55669	3.15647
	②	1.49114	3.19380		②	1.56859	3.15491
	②	2.3×10^{-2}	2.8×10^{-4}		③	7.6×10^{-3}	4.9×10^{-4}

注：①表示解析解；②表示本章边界元法解；③表示误差。

在频率点$\omega a/\beta_L=0.5$附近，式（4-37）的分子和分母都趋近于 0，阻抗函数K_{yy}是 0/0 型不定式，因此当场地阻尼很小时，采用边界元法计算此频率点附近的阻抗函数会产生较大误差，可以将这类频率点称为伪特征值点。而对于一般的工程场地，即阻尼值在10^{-2}数量级的场地，伪特征值点基本消失，无需为了计算精度而特别关注这一问题。另外，由于场地阻尼值很小，本例必需划分较多的计算单元以达到期望的精度，而对于一般的工程场地，数十个到一两百个计算单元即可达到很高的计算精度，无需划分过多的单元。

还需要指出的是，因场地阻尼很小，所以平面外阻抗函数必需的数值积分起始点宜从$\pm\omega a/\beta_L$开始，并适当加密起始积分段。这两个无量纲频率点是格林函数在波数域内的积分奇异点，波数域内的格林函数在此点附近具有较大的导数值，按以上方式处理可以提高计算效率和计算精度。而对于一般工程场地，数值积分的起始点完全可以从 0 开始，并按表 3-2 进行。

3. 计算结果

图 4-14 给出了一组二维矩形基础平面外阻抗函数的计算结果，基础和场地参数同图 4-12。与平面内阻抗函数的情况相同，均匀半空间的阻抗函数是单调函数或只有一个极值点的分段单调函数；而层状半空间的阻抗函数在频域内是波动的，当基岩刚度变化时，波动周期保持不变但波动幅值发生变化，但当土层厚度变化时，波动周期和幅值都发生变化，且波动周期和土层厚度大体成反比。

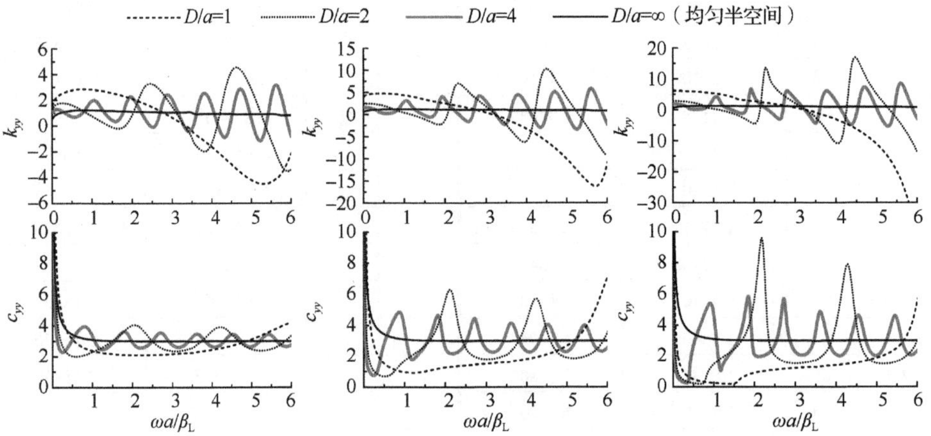

（a）$\beta_R/\beta_L=2$　　（b）$\beta_R/\beta_L=5$　　（c）$\beta_R/\beta_L=\infty$

图 4-14　二维矩形基础平面外阻抗函数

参考文献

[1] KAUSEL E, ROESSET J M. Dynamic analysis of footings on layered media[J]. Journal of engineering mechanics, 1975, 101(5): 679-693.

[2] KAUSEL E, ROESSET J M. Dynamic stiffness of circular foundations[J]. Journal of engineering mechanics, 1975, 101(5): 771-785.

[3] LIAO Z P. Dynamic interaction of natural and man-made structures with earth medium[J]. Earthquake research in China, 1999, 11(7): 367-408.

[4] YUN C B, KIM J M. Axisymmetric elastodynamic infinite elements for multi-layered half-space[J]. International journal for numerical methods in engineering, 1995, 38: 3723-3743.

[5] JAYA K P, PRASAD A M. Embedded foundation in layered soil under dynamic excitations[J]. Soil dynamics and earthquake engineering, 2002, 22(6): 485-498.

[6] GENES M C, KOCAK S. Dynamic soil-structure interaction analysis of layered unbounded media via a coupled finite element/boundary element/scaled boundary finite element model[J]. International journal for numerical methods in engineering, 2005, 62(6): 798-823.

[7] DOMINGUEZ J. Boundary elements in dynamics[M]. Southampton: Computational Mechanics Publications, 1993.

[8] WOLF J P. Dynamic soil-structure interaction[M]. Englewood Cliffs: Prentice-Hall, Inc., 1985.

[9] DE BARROS F C P, LUCO J E. Dynamic response of a two-dimensional semi-circular foundation embedded in a layered viscoelastic half-space[J]. Soil dynamics and earthquake engineering, 1995, 14(1): 45-57.

[10] LUCO J E, WONG H L. Seismic response of foundations embedded in a layered half-space[J]. Earthquake engineering and structural dynamics, 1987, 15(2): 233-247.

[11] LUCO J E, WONG H L. Response of hemispherical foundation embedded in half-space[J]. Journal of engineering mechanics division, 1986, 112(12): 1363-1374.

[12] MITA A, LUCO J E. Dynamic response of a square foundation embedded in an elastic half-space[J]. Soil dynamics and earthquake engineering, 1989, 8(2): 54-67.

[13] MANOLIS G D, BESKOS D E. Boundary element methods in elastodynamics[M]. London: Unwin Hyman, 1988.

[14] 胡秀青，蔡袁强. 下卧基岩饱和地基中埋置刚性基础的竖向振动问题研究[J]. 岩土力学，2009，30（12）：3739-3746.

[15] SENJUNTICHAI T, MANI S, RAJAPAKSE R K N D. Vertical vibration of an embedded rigid foundation in a poroelastic soil[J]. Soil dynamics and earthquake engineering, 2006, 26(6-7): 626-636.

[16] LIN G, HAN Z, LI J. Soil-structure interaction analysis on anisotropic stratified medium[J]. Geotechnique, 2014, 64(7): 570-580.

[17] FU J. Impedance functions of three-dimensional rectangular foundations with different length-to-width ratios embedded in multi-layered half-space: report 17-01[R]. Xian: Northwestern Polytechnical University, Department of Civil Engineering, 2017. DOI: https://dx.doi.org/10.13140/RG.2.2.10265.52320.

[18] LUCO J E. On the relation between radiation and scattering problems for foundations embedded in an elastic half-space[J]. Soil dynamics and earthquake engineering, 1986, 5(2): 97-101.

[19] TRIFUNAC M D. Interaction of a shear wall with the soil for incident plane SH waves[J]. Bulletin of the seismological society of America, 1972, 62: 63-83.

第 5 章 土–结构动力相互作用系统

5.1 引 言

在土–结构相互作用的子结构法中，前面介绍的基础阻抗函数的计算属于散射问题，不涉及上部结构。早期对土–结构动力相互作用进行研究的着眼点一般局限于基础阻抗函数的求解技巧，并不关注结构本身的振动问题。作者认为，对土木工程发展有意义的土–结构相互作用的研究始于 20 世纪 70 年代，学者才逐渐建立起场地–基础–上部结构这种较为合理的分析模型，相关研究才开始包含结构动力学和结构抗震设计的内容[1, 2]；另外，随着电子计算机的发展，基础阻抗函数的计算脱离了解析解的范畴和数学技巧的探讨，各种数值方法的应用使学者可以得到较为准确的阻抗函数值，从而真正应用于模型计算——因为处理涉及混合边值问题的基础阻抗函数实在不是一个轻松的任务。

20 世纪 70 年代的代表性成果有，Veletsos 和 Meek 利用地表基础–单质点模型[3]，Bielak 利用埋置基础–单质点模型[4]，通过子结构法和基础阻抗函数的概念建立了土–结构相互作用系统的动力平衡方程，得到了地震激励下的系统周期和系统阻尼的实用公式，这是美国抗震规范和其他一些国家抗震规程中的土–结构相互作用部分有关结构周期和结构阻尼条文的理论基础[5-12]。后来采用多质点模型和其他基础形式也得到了类似的系统周期和系统阻尼公式[13]。由于土体的柔性，土–结构相互作用系统的动力特性不同于结构本身的动力特性，工程师和学者熟悉采用固端结构模型分析地震反应的方法和步骤，系统周期和系统阻尼的概念可以帮助衔接已有知识，是目前被广泛接受的概念和方法。

之后学者们在土–结构相互作用理论方面取得的一些代表性成果有，Todorovska 和 Trifunac 采用波函数展开法，研究了入射角度、基础埋深、结构质量等参数对系统响应产生的影响[14]，并将系统周期的理论值与观测数据进行比较，得到了较好地吻合[15, 16]。Aviles 等[17-19]采用薄层法，研究了土层厚度、结构偏心、波路效应等问题对系统响应的影响。梁建文等采用边界元方法，利用二维模型研究了由土层厚度和刚度、基岩刚度等参数所描述的场地动力特性对结构动力响应的影响[20, 21]。Luco 等[22,23]利用半空间–埋置基础–多自由度结构系统的地震动力平衡方程，通过经典特征值理论给出了系统周期的上下限估算公式。在土–结构相互作用的实用化方面，学者们也一直在努力，尝试找到有意义的程式化、模块化、规范化的分析方法[24, 25]，但问题的复杂性使这些研究离实用化还都尚远。

本章从半空间-基础-单质点模型开始，根据散射问题和辐射问题的关系，推导土-结构相互作用的系统动力平衡方程，并采用经典模态分析法求解系统周期和系统阻尼。因为单质点体系是最简单的结构模型，所以本章采用单质点结构阐述相关理论。最后以二维模型为例，就系统动力特性和系统响应的相关问题进行论述[26]。

5.2　动力平衡方程

5.2.1　单质点模型

如图 5-1 所示，土-结构相互作用模型由层状半空间、单质点及刚性基础 3 个部分所组成。设频率为ω的谐波在 xOz 平面内入射，入射点为基岩面，幅值为单位 1 且水平入射角为θ。在谐波激励下，基础的水平位移为$u\mathrm{e}^{\mathrm{i}\omega t}$且转角为$\varphi\mathrm{e}^{\mathrm{i}\omega t}$，时间因子 $\mathrm{e}^{\mathrm{i}\omega t}$ 在后面省略，本章基础转角的参考点为原点。层状半空间由弹性基岩和上覆成层土组成，基岩和土层的材料参数已在第 4 章进行了介绍。基础半宽为 a，埋深为 c，质量为 M_0。将上部结构简化为单质点体系，其高度为 H，质量为 M_b，刚度系数为 k_b，阻尼系数为 c_b，因此结构的固端频率为 $\omega_\mathrm{b}=\sqrt{k_\mathrm{b}/M_\mathrm{b}}$，阻尼比为 $\xi_\mathrm{b}=c_\mathrm{b}/(2M_\mathrm{b}\omega_\mathrm{b})$。结构变形为剪切型变形，用质点相对于固定在基础上的坐标轴 z' 的水平位移 u_b 表示，不考虑结构竖向变形和偏心。这里需要指出的是，对于三维模型，基础质量 M_0 和结构质量 M_b、结构刚度系数 k_b 及阻尼系数 c_b 是基础或上部结构的实际参数，而对于二维模型，上述参数是系统在长度 b 方向上的单位量。

在入射谐波激励下，基础的位移响应 $\boldsymbol{u}=[u\quad \varphi H]^\mathrm{T}$ 由两部分组成，一部分是不考虑基础和结构质量的基础输入运动 $\boldsymbol{u}_*=[u_*\quad \varphi_* H]^\mathrm{T}$，其中 u_* 和 φ_* 分别为水平输入运动和转动输入运动；另一部分是基础和结构质量的惯性力反馈的附加运动 $\boldsymbol{u}_0=[u_0\quad \varphi_0 H]$，其中 u_0 和 φ_0 分别为水平附加运动和转动附加运动。根据式(4-14)，有

$$u=u_*+u_0 \tag{5-1a}$$

$$\varphi=\varphi_*+\varphi_0 \tag{5-1b}$$

根据基础阻抗函数定义和牛顿第二定律，在 xOz 平面内，基础质量和结构质量的惯性力引起的基础反馈运动为

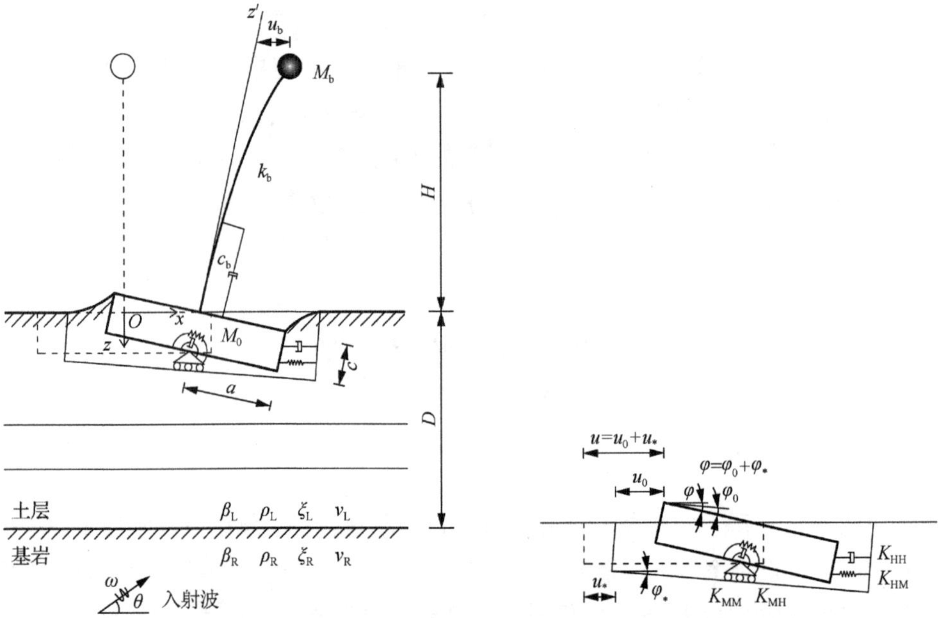

（a）模型整体　　（b）基础运动详图

图 5-1　层状半空间-刚性基础-单质点结构模型

$$\begin{bmatrix} K_{\mathrm{HH}} & K_{\mathrm{HM}} \\ K_{\mathrm{MH}} & K_{\mathrm{MM}} \end{bmatrix}\begin{bmatrix} u_0 \\ \varphi_0 H \end{bmatrix} = \omega^2 \begin{bmatrix} M_0 & S_0 \\ S_0 & I_0 \end{bmatrix}\begin{bmatrix} u \\ \varphi H \end{bmatrix} + \omega^2 \begin{bmatrix} M_{\mathrm{b}} \\ I_{\mathrm{b}} \end{bmatrix}(u_{\mathrm{b}} + u + \varphi H) \qquad (5\text{-}2)$$

式中，M_0 为基础质量，可以将其理解为质量对 x 轴的零次矩，该项展开式 $\omega^2 M_0 u$ 表示水平惯性力；S_0 为基础质量对 x 轴的面积矩或一次矩，展开式 $\omega^2 S_0\varphi$ 表示由于基础转动而合成的水平惯性力 F_x，而 $\omega^2 S_0\varphi$ 表示由于基础在 x 方向平动而合成的转动惯性力矩 R，这两项都代表了基础运动的平转耦合；I_0 为基础质量对原点的转动惯量或二次矩，相关展开式 $\omega^2 I_0\varphi$ 表示转动惯性力。等号左边是阻抗函数和反馈运动的乘积，表示引起反馈运动的广义惯性力；等号右边的第一部分是基础质量引起的惯性力，如图 5-2 所示，有

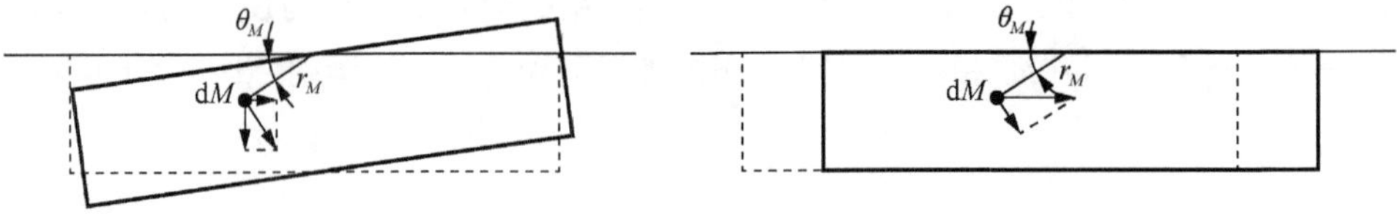

（a）转动的水平分量　　（b）平动的旋转分量

图 5-2　平转耦合运动的计算

$$F_x = \int \omega^2 (\mathrm{d}M)\varphi r_M \sin\theta_M = \omega^2 \varphi \int r_M \sin\theta_M \mathrm{d}M = \omega^2 S_0 \varphi \qquad (5\text{-}3\mathrm{a})$$

$$R = \int \omega^2 (\mathrm{d}M) u \sin\theta_M r_M = \omega^2 u \int r_M \sin\theta_M \mathrm{d}M = \omega^2 S_0 u \tag{5-3b}$$

式中，$\mathrm{d}M$ 表示对质量的积分；r_M 为矢径；θ_M 为矢径的水平角。式（5-2）等号右边的第二部分是上部结构质量引起的惯性力，其中 $\omega^2 M_{\mathrm{b}}(u_{\mathrm{b}} + u + \varphi H)$ 表示水平惯性力，由于不考虑结构偏心和结构自身尺度，可以用 $\omega^2 I_{\mathrm{b}}(u_{\mathrm{b}} + u + \varphi H)$ 表示转动惯性力，其中 $I_{\mathrm{b}} = M_{\mathrm{b}} H$。另外，需要注意的是，因为基础转动项 φH 已包含了高度（H 为结构总高度），所以基础阻抗函数实际上为

$$\boldsymbol{K}_0 = \begin{bmatrix} K_{\mathrm{HH}} & \dfrac{K_{\mathrm{HM}}}{H/a} \\ \dfrac{K_{\mathrm{MH}}}{H/a} & \dfrac{K_{\mathrm{MM}}}{(H/a)^2} \end{bmatrix} \tag{5-4}$$

式中，a 为基础半宽。

根据结构动力学中的单质点运动相关内容，图 5-1 中单质点相对位移为

$$\boldsymbol{u}_{\mathrm{b}} = \frac{\omega^2}{\omega_{\mathrm{b}}^2 + 2\mathrm{i}\xi_{\mathrm{b}}\omega\omega_{\mathrm{b}} - \omega^2}(u + \varphi H) \tag{5-5}$$

将基础运动式（5-1）代入惯性力平衡方程（5-2）和单质点运动方程（5-5），并将式（5-2）和式（5-5）合并成为一组，可以得到土-结构相互作用系统的动力平衡方程，即

$$\boldsymbol{M}\ddot{\boldsymbol{V}} + \boldsymbol{C}\dot{\boldsymbol{V}} + \boldsymbol{K}\boldsymbol{V} = -\boldsymbol{M}'\ddot{\boldsymbol{u}}_* \tag{5-6}$$

式中，$\boldsymbol{M}$ 为质量矩阵；$\boldsymbol{C}$ 为阻尼矩阵；$\boldsymbol{K}$ 为刚度矩阵，具体分别为

$$\boldsymbol{M} = \begin{bmatrix} M_{\mathrm{b}} & M_{\mathrm{b}} & M_{\mathrm{b}} \\ M_{\mathrm{b}} & M_0 + M_{\mathrm{b}} & M_{\mathrm{b}} + S_0/H \\ M_{\mathrm{b}} & M_{\mathrm{b}} + S_0/H & M_{\mathrm{b}} + I_0/H^2 \end{bmatrix}, \quad \boldsymbol{C} = \begin{bmatrix} c_{\mathrm{b}} & 0 & 0 \\ 0 & c_{\mathrm{HH}} & c_{\mathrm{HM}} \\ 0 & c_{\mathrm{MH}} & c_{\mathrm{MM}} \end{bmatrix},$$

$$\boldsymbol{K} = \begin{bmatrix} k_{\mathrm{b}} & 0 & 0 \\ 0 & k_{\mathrm{HH}} & k_{\mathrm{HM}} \\ 0 & k_{\mathrm{MH}} & k_{\mathrm{MM}} \end{bmatrix} \tag{5-7}$$

对于单位幅值的谐波入射激励，系统动力响应 $\boldsymbol{V}$ 即土-结构相互作用系统的传递函数，其 3 个元素分别表示结构相对位移，基础位移和基础转角，即

$$\boldsymbol{V} = \begin{bmatrix} u_{\mathrm{b}} & u_0 & \varphi_0 H \end{bmatrix} \tag{5-8}$$

系统动力平衡方程中的激励为 $\boldsymbol{M}'\ddot{\boldsymbol{u}}_*$，则有

$$\boldsymbol{M}'\ddot{\boldsymbol{u}}_* = \begin{bmatrix} M_\mathrm{b} & M_\mathrm{b} \\ M_0 + M_\mathrm{b} & M_\mathrm{b} + S_0 / H \\ M_\mathrm{b} + S_0 / H & M_\mathrm{b} + I_0 / H^2 \end{bmatrix} \begin{bmatrix} u_* \\ \varphi_* H \end{bmatrix} \tag{5-9}$$

式（5-5）是土-结构相互作用系统的动力平衡方程，动力系统的动力特性问题可通过模态分析法来进行，下面分 3 种情况进行讨论。

1. 一般情况

根据式（5-6），土-结构相互作用系统自由振动问题的动力平衡方程为

$$(-\omega^2\boldsymbol{M} + \mathrm{i}\omega\boldsymbol{C} + \boldsymbol{K})\boldsymbol{V} = \boldsymbol{0} \tag{5-10}$$

当$\boldsymbol{V}$存在非零解时，必有

$$\left|-\omega^2\boldsymbol{M} + \mathrm{i}\omega\boldsymbol{C} + \boldsymbol{K}\right| = 0 \tag{5-11}$$

式（5-11）为系统的特征方程，该方程具有 3 个复数特征根，对问题有意义的是模量最小的特征根λ_1，将特征根的实部定义为系统频率$\tilde{\omega}_\mathrm{b}$，即$\tilde{\omega}_\mathrm{b} = \mathrm{Re}\{\lambda_1\}$。因为基础阻抗函数是频率相关函数，所以求解特征根时需要进行迭代计算，可将结构频率ω_b赋为初值，若迭代过程收敛则可很快得到计算结果。对于一个动力系统，当外部激励频率等于系统频率时，系统动力响应一般会出现峰值，在这种情况下系统频率即是系统峰值频率。但对于土-结构相互作用这种大阻尼系统，当系统阻尼过大时，二者在某些情况下并不能简单等同，这在后面会详细讨论。

系统阻尼$\tilde{\xi}_\mathrm{b}$可根据结构动力学中的公式进行计算，具体为

$$\tilde{\xi}_\mathrm{b} = \left.\frac{\boldsymbol{V}^\mathrm{T}\boldsymbol{C}\boldsymbol{V}}{2\omega\boldsymbol{V}^\mathrm{T}\boldsymbol{M}\boldsymbol{V}}\right|_{\omega=\tilde{\omega}_\mathrm{b}} \tag{5-12}$$

将阻尼矩阵$\boldsymbol{C}$分解为两部分：

$$\tilde{\xi}_\mathrm{b} = \tilde{\xi}_\mathrm{b1} + \tilde{\xi}_\mathrm{b2} \tag{5-13}$$

式中，第一部分$\tilde{\xi}_\mathrm{b1}$是与结构黏滞阻尼有关的系统阻尼

$$\tilde{\xi}_\mathrm{b1} = \left.\frac{\xi_\mathrm{b} M_\mathrm{b} u_\mathrm{b}^2}{\boldsymbol{V}^\mathrm{T}\boldsymbol{M}\boldsymbol{V}}\right|_{\omega=\tilde{\omega}_\mathrm{b}} \tag{5-14}$$

可以注意到，虽然结构阻尼系数ξ_b是常数，但这部分系统阻尼$\tilde{\xi}_\mathrm{b1}$却是激励频率和系统参数的函数。当系统中的场地刚度非常大时有$\tilde{\xi}_\mathrm{b1} \to \xi_\mathrm{b}$，而当系统中的结构刚度非常大时有$\tilde{\xi}_\mathrm{b1} \to 0$。第二部分$\tilde{\xi}_\mathrm{b2}$是与基础辐射阻尼有关的系统阻尼

$$\tilde{\xi}_{b2}=\left.\frac{\begin{bmatrix}u_0 & \varphi_0 H\end{bmatrix}\begin{bmatrix}c_{HH} & c_{HM}\\ c_{MH} & c_{MM}\end{bmatrix}\begin{bmatrix}u_0\\ \varphi_0 H\end{bmatrix}}{2\omega \boldsymbol{V}^{T}\boldsymbol{MV}}\right|_{\omega=\tilde{\omega}_b} \tag{5-15}$$

这一部分系统阻尼也是激励频率和系统参数的函数。当系统中的场地刚度非常大时有 $\tilde{\xi}_{b2}\to 0$，而当系统中的结构刚度非常大时，有 $\tilde{\xi}_{b2}\to\tilde{\xi}_{rigid}$，其中 $\tilde{\xi}_{rigid}$ 是土-基础-刚性结构的系统阻尼，当场地参数、基础质量和形状、结构质量都确定时，$\tilde{\xi}_{rigid}$ 值为常数。

2. *忽略基础质量和结构阻尼*

与结构质量相比，基础质量一般较小，另外因为结构阻尼一般是小阻尼，所以在忽略基础质量和结构阻尼的情况下，式（5-11）可简化为

$$\left|-\tilde{\omega}_b^2\boldsymbol{M}_{b(3\times 3)}+\begin{bmatrix}k_b & \boldsymbol{0}\\ \boldsymbol{0} & \boldsymbol{K}_0\end{bmatrix}\right|=0 \tag{5-16}$$

将式（5-16）展开得到

$$\tilde{\omega}_b^2 M_b k_b(K_{MM}+K_{HH}H^2-K_{MH}H-K_{HM}H)+(-\tilde{\omega}_b^2 M_b+k_b)(K_{MM}K_{HH}-K_{HM}K_{MH})=0 \tag{5-17}$$

对于刚性结构（k_b=∞），可以进一步得到

$$\left|-\tilde{\omega}_{rigid}^2\boldsymbol{M}_{b(2\times 2)}+\boldsymbol{K}_0\right|=0 \tag{5-18}$$

式中，$\tilde{\omega}_{rigid}$ 表示半空间-基础-刚性结构的系统频率。将式（5-18）展开得到

$$\tilde{\omega}_{rigid}^2=\frac{K_{HH}K_{MM}-K_{HM}K_{MH}}{M_b(K_{MM}+K_{HH}H^2-K_{HM}H-K_{MH}H)} \tag{5-19}$$

整理式（5-17）和式（5-19），可以得到

$$\frac{1}{\tilde{\omega}_b^2}=\frac{1}{\omega_b^2}+\frac{1}{\tilde{\omega}_{rigid}^2} \tag{5-20}$$

式（5-20）表示的是系统频率 $\tilde{\omega}_b$（柔性结构柔性场地）、结构频率（柔性结构刚性场地）和刚性系统频率（刚性结构柔性场地）三者之间的关系。可将土-结构相互作用系统视为一个串联系统，由“柔性结构刚性场地”和“刚性结构柔性场地”两个部分组成。当土-结构相互作用系统中这两个部分其中的任何一个刚度无穷大时，根据串联系统的特性，系统频率即是系统中另一个柔性部分的频率。因此当系统中结构的刚度很大时，有 $\tilde{\omega}_b=\tilde{\omega}_{rigid}$；而当系统中场地的刚度很大时，系统频

率即是结构频率，有 $\tilde{\omega}_{\mathrm{b}}=\omega_{\mathrm{b}}$。

如果忽略耦合阻抗刚度，式（5-20）简化为

$$\frac{1}{\tilde{\omega}_{\mathrm{b}}^2}\approx\frac{1}{\omega_{\mathrm{b}}^2}+\frac{M_{\mathrm{b}}}{K_{\mathrm{HH}}}+\frac{M_{\mathrm{b}}H^2}{K_{\mathrm{MM}}} \tag{5-21}$$

若设 $K_{\mathrm{HH}}/M_{\mathrm{b}}=\tilde{\omega}_{\mathrm{fH}}^2$ 和 $K_{\mathrm{MM}}(M_{\mathrm{b}}H^2)=\tilde{\omega}_{\mathrm{fM}}^2$，式（5-21）则成为一些文献中熟悉的形式[3-19]，即

$$\frac{1}{\tilde{\omega}_{\mathrm{b}}^2}\approx\frac{1}{\omega_{\mathrm{b}}^2}+\frac{1}{\tilde{\omega}_{\mathrm{fH}}^2}+\frac{1}{\tilde{\omega}_{\mathrm{fM}}^2} \tag{5-22}$$

应当注意的是，式（5-20）～式（5-22）成立的前提是忽略基础质量。当基础质量很大且埋深也很大时，如桩基础、深基础等，这些公式的适用性需进行验证后再使用。

3. 传递函数归一化

对于式（5-5），若将基础质量忽略，并用输入运动 $(u_*+\varphi_*H)$ 将传递函数归一化为

$$\boldsymbol{M}_{\mathrm{b}}\ddot{\bar{\boldsymbol{V}}}+\boldsymbol{C}\dot{\bar{\boldsymbol{V}}}+\boldsymbol{K}\bar{\boldsymbol{V}}=-\omega^2\boldsymbol{M}_{\mathrm{b}}' \tag{5-23a}$$

其中

$$\boldsymbol{M}_{\mathrm{b}}=\begin{bmatrix}M_{\mathrm{b}} & M_{\mathrm{b}} & M_{\mathrm{b}}\\ M_{\mathrm{b}} & M_{\mathrm{b}} & M_{\mathrm{b}}\\ M_{\mathrm{b}} & M_{\mathrm{b}} & M_{\mathrm{b}}\end{bmatrix},\quad \boldsymbol{M}_{\mathrm{b}}'=\begin{bmatrix}M_{\mathrm{b}}\\ M_{\mathrm{b}}\\ M_{\mathrm{b}}\end{bmatrix},\quad \bar{\boldsymbol{V}}=\frac{\boldsymbol{V}}{u_*+\varphi_*H} \tag{5-23b}$$

式（5-23）表明，归一化的系统动力平衡方程与激励形式无关，正如固端结构的系统动力特性与激励形式无关一样。因此无论入射波以何种角度入射，或者无论入射波的形式如何（体波或面波），或无论系统受到何种激励的作用（地震激励、受迫振动、环境振动等），只要将激励本身剥离后，都可以得到完全相同的系统动力平衡方程，其表现的是土-结构相互作用系统本身的动力特性。如图 5-3 所示，这种将激励和系统本身分离开来的方式为研究土-结构相互作用提供了方便。

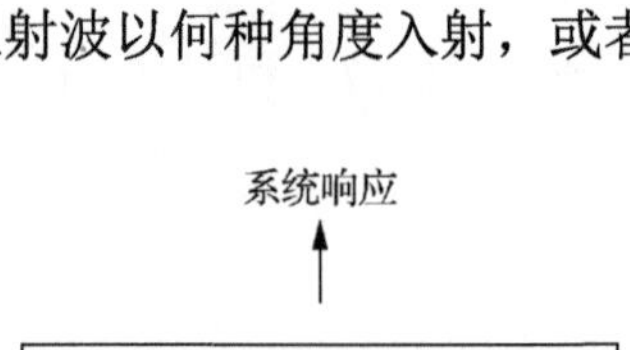

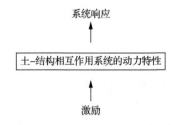

图 5-3　土-结构相互作用系统、激励和响应

5.2.2　多质点模型

如图 5-4 所示，设上部结构简化为由 J 个质点组成的多质点体系，其中第 i 个质点的高度为 H_i，质量为 M_{bi}，刚度系数为 k_{bi}，阻尼系数为 ξ_{bi}，相对于固定在基础上的 z' 轴的水平位移为 u_{bi}。

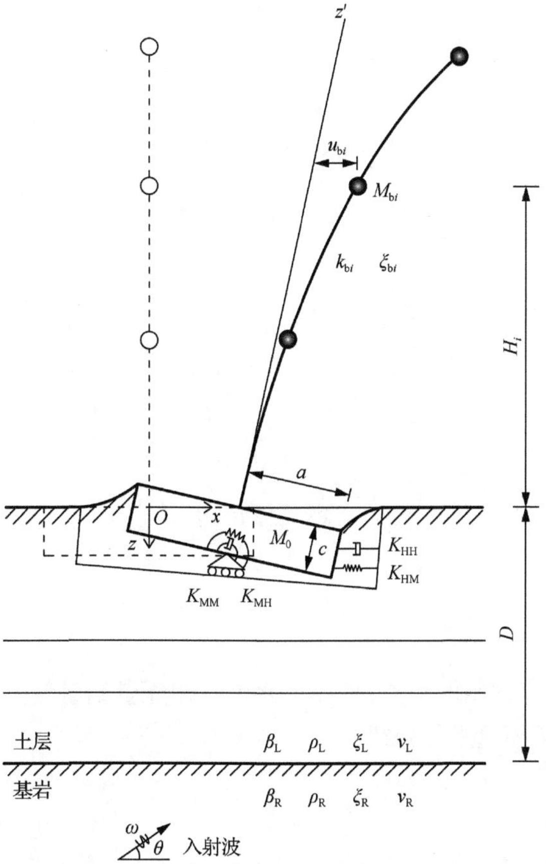

图 5-4　多质点结构-基础-层状半空间模型

根据基础阻抗函数定义和牛顿第二定律，基础和结构质量的惯性力引起的基础反馈运动为

$$\begin{bmatrix} K_{HH} & K_{HM} \\ K_{MH} & K_{MM} \end{bmatrix}\begin{bmatrix} u_0 \\ \varphi_0 H \end{bmatrix} = \omega^2 \begin{bmatrix} M_0 & S_0 \\ S_0 & I_0 \end{bmatrix}\begin{bmatrix} u \\ \varphi H \end{bmatrix} + \sum_{i=1}^{J} \omega^2 \begin{bmatrix} M_{bi} \\ M_{bi} \end{bmatrix}(u_{bi} + u + \varphi H_i) \quad (5\text{-}24)$$

多质点结构各质点的相对位移仍为

$$u_{bi}=\frac{\omega^2}{\omega_{bi}^2+2\mathrm{i}\xi_{bi}\omega\omega_{bi}-\omega^2}(u+\varphi H_i) \tag{5-25}$$

将式（5-24）和式（5-25）展开合并成为一个公式，得到系统动力平衡方程为

$$\begin{bmatrix}\boldsymbol{M}_b & \boldsymbol{M}_b\boldsymbol{\alpha}\\ \boldsymbol{\alpha}^T\boldsymbol{M}_b & \boldsymbol{M}_{oo}\end{bmatrix}\begin{bmatrix}\ddot{\boldsymbol{U}}_b\\ \ddot{\boldsymbol{u}}_0\end{bmatrix}+\begin{bmatrix}\boldsymbol{C}_b & \boldsymbol{0}\\ \boldsymbol{0} & \boldsymbol{c}_0\end{bmatrix}\begin{bmatrix}\dot{\boldsymbol{U}}_b\\ \dot{\boldsymbol{u}}_0\end{bmatrix}+\begin{bmatrix}\boldsymbol{K}_b & \boldsymbol{0}\\ \boldsymbol{0} & \boldsymbol{k}_0\end{bmatrix}\begin{bmatrix}\boldsymbol{U}_b\\ \boldsymbol{u}_0\end{bmatrix}=\begin{bmatrix}\boldsymbol{M}_b\boldsymbol{\alpha}\\ \boldsymbol{M}_{oo}\end{bmatrix}\ddot{\boldsymbol{u}}^* \tag{5-26}$$

式中，$\boldsymbol{M}_b$、$\boldsymbol{C}_b$和$\boldsymbol{K}_b$分别为上部结构的质量矩阵、阻尼矩阵和刚度矩阵；$\boldsymbol{k}_0$和$\boldsymbol{c}_0$分别是基础阻抗函数的实部矩阵和虚部矩阵；$\boldsymbol{M}_{oo}$为基础等价质量矩阵，$\boldsymbol{M}_{oo}=\boldsymbol{M}_0+\boldsymbol{\alpha}^T\boldsymbol{M}_b\boldsymbol{\alpha}$；$\boldsymbol{U}_b$为结构相对位移向量

$$\boldsymbol{U}_b=\begin{bmatrix}u_{b1} & u_{b2} & \cdots & u_{bi}\end{bmatrix}^T \tag{5-27}$$

$\boldsymbol{\alpha}$为形函数

$$\boldsymbol{\alpha}^T=\begin{bmatrix}1 & 1 & \cdots & 1 & \cdots & 1\\ \dfrac{H_1}{H} & \dfrac{H_2}{H} & \cdots & \dfrac{H_i}{H} & \cdots & \dfrac{H_J}{H}\end{bmatrix} \tag{5-28}$$

5.3　系统动力特性

5.3.1　无量纲量

在土-结构相互作用的相关研究中，经常采用无量纲量使问题得到简化，下面对一些常用的无量纲量进行介绍。

1. 无量纲频率

无量纲激励频率定义为$\eta=\omega a/(\pi\beta_L)=\lambda_L/(2a)$，其中$\lambda_L$表示土层中的剪切波波长；$2a$为结构特征尺度，无量纲频率表示谐振激励下，基础特征尺度上的波长个数。类似的，无量纲结构频率为$\eta_b=\omega_b a/(\pi\beta_L)$，典型结构的无量纲结构频率值$\eta_b$为0～0.5。通过波长和散射体尺度的比值，对频率类参数进行无量纲化的方式经常应用于地震工程学的研究中。

2. 无量纲高度

结构高度一般采用基础特征尺度，即基础半宽，进行无量纲化为H/a。以剪切变形为主的结构简化为单质点体系后，等效高度可按$H=\tilde{H}/\sqrt{3}$进行估算，其

中 $\tilde{H}$ 是结构实际高度。大多数建筑物的 H/a 值为 0.5～3。基础埋深采用同样的方式进行无量纲化为 c/a。

3. 无量纲质量

基础质量一般采用基础替换出的土体质量 M_s 无量纲化为 M_0/M_s。对于地下室类型的埋置基础，M_0/M_s 的值较小，而对于桩基础、柱下基础一类的埋置基础，该值则较大。结构质量无量纲化为 M_b/M_0，对于地下室类基础，该值可以大体体现出结构的层数。本章采用 M_b/M_0=4.9H/a 来根据高度大体估算结构质量[27]。

对于上述无量纲量，下面举例进行说明。美国洛杉矶地区的一栋 9 层框剪结构 Millikan Library 的高度 $\tilde{H}$=43.9m，宽度 $2a$=23.3m，埋深 c=4.3m，基础质量 M_0=1.43×10^{6}kg，上部结构质量 M_b=1.07×10^{7}kg。因此无量纲结构质量 M_b/M_0=7.48，简化为单质点后无量纲高度 H/a=2.18，埋深 c/a=0.37。结构在南北方向的固端频率为 $f_b=\omega_b/2\pi$=2.16Hz，结构场地的剪切波速为β_L=298.7m/s，因此对于该场地，无量纲结构频率是 $\eta_b=0.17$；若该结构位于墨西哥城，则有 $\eta_b=0.50$（极软弱土层，约β_L=100m/s）；对于中等坚硬的场地，则有 $\eta_b=0.10$（β_L=500m/s）；对于坚硬场地，则有 $\eta_b=0.06$（β_L=800m/s）。本书一般取无量纲频率 η_b 为 0～0.50 来研究问题。

4. 无量纲场地频率

结构的近地表场地一般是天然层状结构，不同场地之间的土层组成差别极大，因此不同场地之间的动力特性也存在很大差别。场地作为土-结构相互作用系统的一部分，其动力特性对系统动力特性和系统动力响应都有重要影响。本书采用无量纲量进行分析计算时，一般将层状场地简化为基岩上的单一土层模型，而实际场地可通过剪切波速等效化来简化为这种模型。这可以突出场地共振频率，有助于抓住本质，厘清主要矛盾。对于基岩上的单一土层模型，场地动力特性可由土层刚度、基岩刚度和土层厚度来表示，其中土层厚度采用基础半宽进行无量纲化为 D/a（简称土层厚度），而土层剪切波速与基岩剪切波速比β_R/β_L表示场地的柔性特征（简称土层刚度）。均匀半空间可视为特殊的层状半空间，当β_R/β_L=1、D/a 为常数，或β_R/β_L 为常数、$D/a\to\infty$ 时，层状半空间即退化为均匀半空间。场地质量密度的无量纲量为土层和基岩的质量密度比ρ_R/ρ_L。

图 5-5 是不同的场地动力特性参数下，单位 SV 波垂直入射时自由场地表位移幅值的频谱，可视为放大谱。对于谐振激励，自由场地表位移在某些频率处达到极值，将这些极值频率称为场地频率 ω_{site}，这是由土层和基岩共振而产生的现

象，则有

$$\omega_{\text{site}}=\frac{(2j-1)\pi\beta_{\text{L}}}{2D}\qquad j=1,\ 2,\ 3,\ \cdots \tag{5-29}$$

对土-结构相互作用意义最大的是第一场地频率。与无量纲频率类似，无量纲场地频率可以定义为$\eta_{\text{site}}=\omega_{\text{site}}a/(\pi\beta_{\text{L}})$，因此当土层厚度分别为$D/a$=1, 2, 4 时，有$\eta_{\text{site}}=\omega_{\text{site}}a/(\pi\beta_{\text{L}})$=0.5, 0.25, 0.125，在这些频率处自由场地表位移幅值出现峰值。

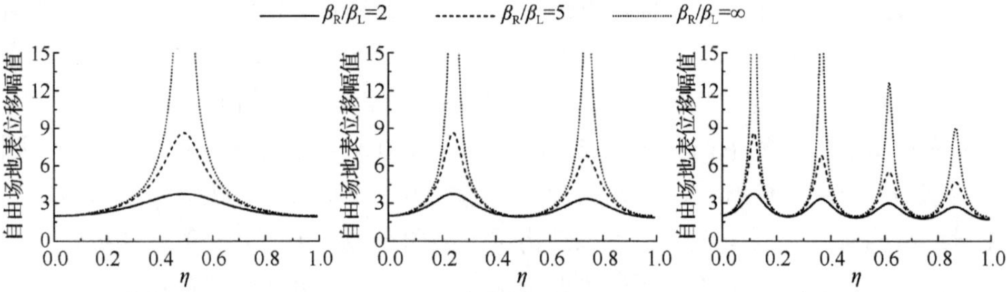

（a）D/a=1　（b）D/a=2　（c）D/a=4

图 5-5　SV 波垂直入射时自由场地表位移幅值频谱

5.3.2　系统响应

图 5-6 是二维半空间-基础-单质点结构模型的传递函数幅值$|u_b|$。图 5-6 中不同线型代表不同的土层厚度（D/a=1, 2, 4, ∞），各图形分别表示不同的土层刚度（β_R/β_L=2, 5, ∞）和不同的无量纲结构频率（η_b=0.1, 0.2, 0.5）。其他场地参数取ρ_R/ρ_L=1, $\nu_R=\nu_L$=1/4, $\xi_L=\xi_R$=0.02；基础质量 M_0/M_s=0.2，埋深 c/a=0.5；结构高度 H/a=2，结构质量根据公式取 M_b/M_0=10[27]。典型结构的阻尼系数值ξ_b为 0.01～0.1，本节取ξ_b=0.02。如无特别声明，以下分析讨论均采用这一组参数。

土-结构相互作用系统的峰值频率明显低于固端结构频率。这是因为柔性土体为结构基底增加了额外的垫层，土-结构相互作用系统比固端结构具有更大的柔性。另外，层状场地的系统频率大于均匀半空间的系统频率，尤其是基岩刚度较大或土层厚度较小的场地，这是因为层状场地的基岩为场地增加了有效刚度，使得层状场地更为刚性。另外，系统峰值频率明显受到场地动力特性的影响，其中包括土层厚度、土层刚度、基岩刚度等因素。

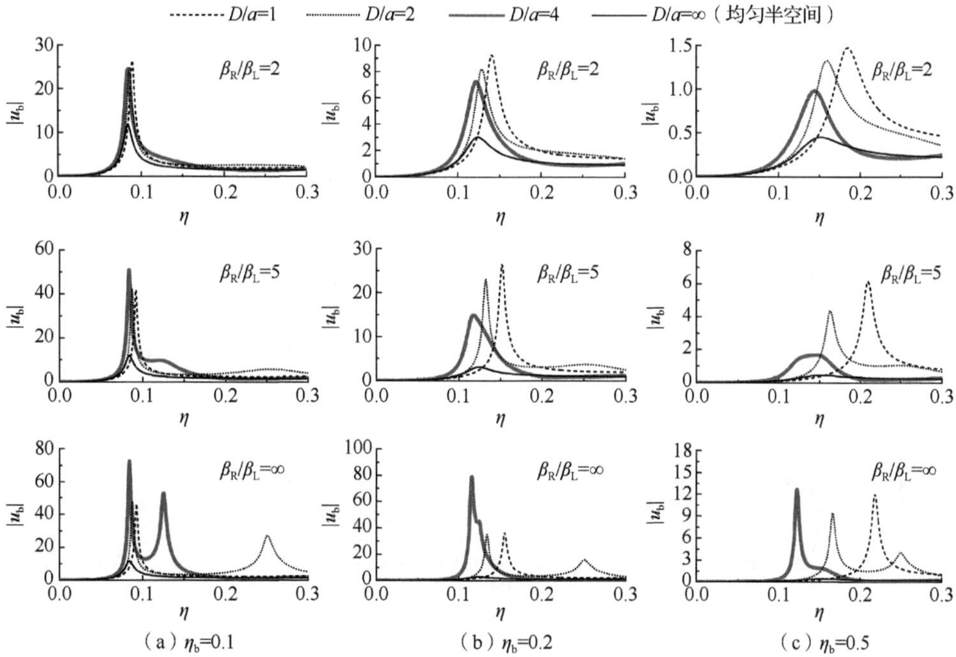

图 5-6　土-结构相互作用系统的传递函数$|u_b|$

传递函数峰值由系统共振引起，它与结构频率相关，但明显受到场地动力特性的影响。对于基岩刚度较大且土层较厚的层状场地（$\beta_R/\beta_L=\infty$，$D/a=4$），包含波路效应的传递函数$|u_b|$除有一个明显的峰值外，还能观察到第二个峰值，此峰值出现在场地频率附近，由场地共振效应引起。如果引起第二峰值的场地频率与第一峰值之间的频率差较小，且基岩刚度也较小，则动力响应频谱仅有唯一的峰值；如果二者的频率差较大且基岩刚度也较大，则可以观察到两个峰值。但是若二者频率差较大但基岩刚度并不大，则第二个峰会使第一个峰的形状发生扭曲，而导致峰值和峰值频率不易辨认。除少数特殊情况外，一般情况下的峰值扭曲，以及第二个峰值都可以通过因子$(u_* + \varphi_* H)$将传递函数归一化为$|\overline{u}_b| = |u_b/(u_* + \varphi_* H)|$来消除，使传递函数仅有唯一峰值，如图 5-7 所示。本书一般采用归一化传递函数$|\overline{u}_b|$来研究系统动力特性。

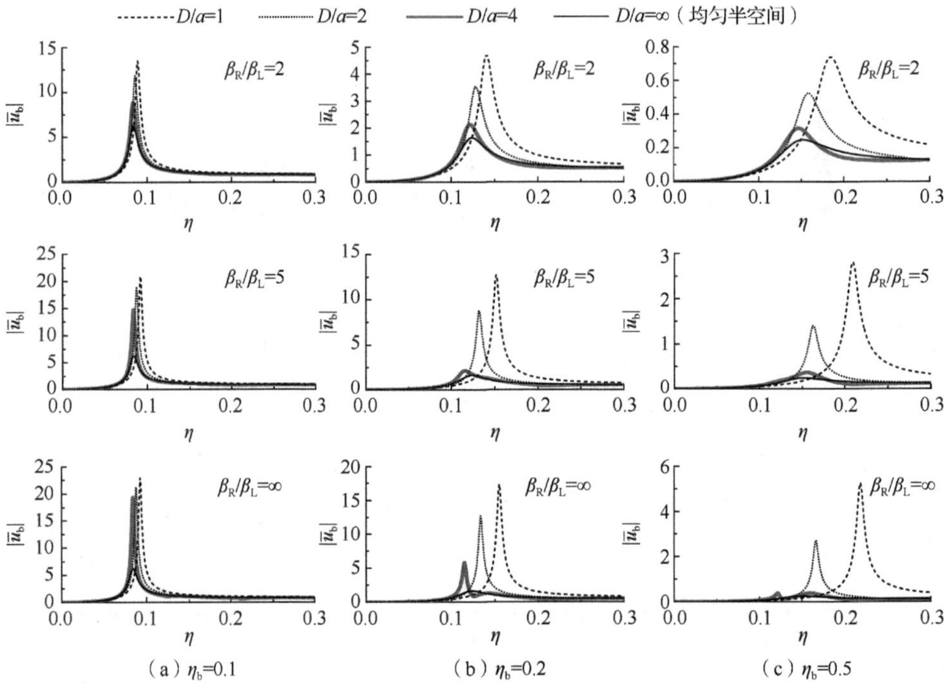

图 5-7　土-结构相互作用系统的归一化传递函数

图 5-8 是基础水平位移和基础转角的传递函数$|\bar{u}_0|$和$|\bar{\varphi}_0 H|$，以基岩刚度β_R/β_L=2 的场地为例。这两个传递函数具有和结构响应传递函数$|\bar{u}_b|$基本相同的峰值频率和峰值形状，尤其是在共振区附近，因此通过这些传递函数中的任何一个都可以得到系统峰值频率。图 5-9 是三个传递函数相对于静止地表的绝对位移，其中结构位移绝对值为$|\bar{u}_{bs}|=|\bar{u}_b+u+\varphi H|$。可以看出，结构位移$|\bar{u}_{bs}|$和基础转角$|\bar{\varphi}H|$的绝对值传递函数与它们的相对值传递函数（图 5-6 和图 5-7）的形状差别不大，因此由$|\bar{u}_{bs}|$和$|\bar{\varphi}H|$同样可以准确定位系统峰值频率，以及后面要讲到的系统阻尼。但是对于基础水平位移$|\bar{u}|$的绝对值传递函数，因为其在系统峰值频率附近存在相变，所以传递函数发生变形，不宜用来定位系统峰值频率和计算系统阻尼。在地震观测中常常在结构地面层布置强震仪，将记录得到的时程信息转换成频谱即是基础绝对位移。但应该注意的是，地面层的强震仪所记录的传递函数并不是可以反映系统共振状态的传递函数，而应该选取布置在结构顶层的强震仪来分析系统的动力特性，包括峰值频率和峰值响应等。

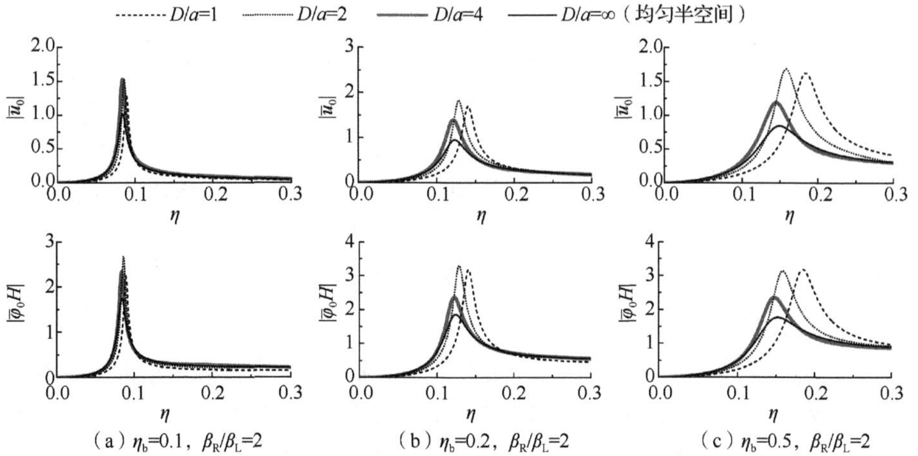

图 5-8　基础水平位移传递函数$|\overline{u}_0|$和基础转角传递函数$|\overline{\varphi}_0 H|$

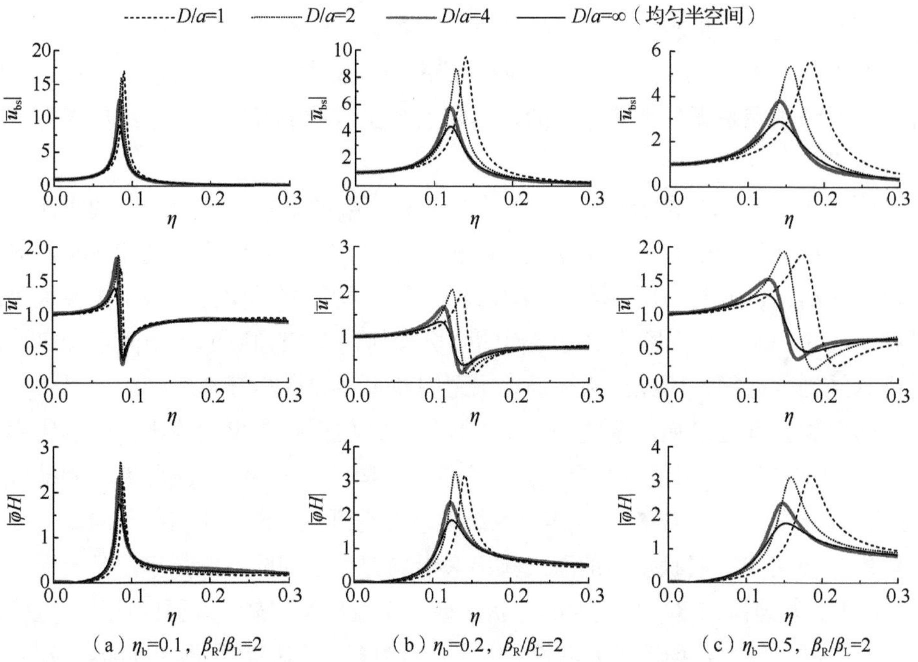

图 5-9　传递函数相对于静止地表的绝对位移

5.3.3　系统频率

彩图 3 是系统频率与传递函数峰值频率的对比图。从左至右组图表示不同的

高度和结构质量（M_b/M_0=5, 10, 15，对应结构高度 H/a=1, 2, 3），并以基岩刚度 $\beta_R/\beta_L=2$ 的场地为例。在每组图中，横坐标是根据式（5-11）计算得到的系统动力平衡方程的特征根的实部，即按照模态分析法计算的系统频率，而纵坐标是传递函数 $|\bar{u}_b|$ 的峰值频率。每组图不同形状的离散点代表不同的土层厚度情况。离散点的绘制方法如下：每种场地中的结构都选取 10 个均匀分布的结构频率点（系统频率 $\eta_b=0.05\sim0.5$），对于每一个结构频率点，都按照模态分析法计算系统频率 η_b 绘制于横坐标上，而将传递函数的峰值频率绘制于纵坐标上；一般每种场地情况下的离散点都是 10 个。

对于较为高重的结构（M_b/M_0=10, 15），系统频率即是传递函数的峰值频率，而对于较为刚性的轻矮结构（M_b/M_0=5，$\eta_b>0.25$），二者则出现了一定的偏差。这表明，虽然阻抗函数是频率相关函数，土-结构相互作用系统并不具备经典正交振型，但是除了一些刚性的轻矮结构，经典模态分析法仍然是计算系统频率的可靠方法。对于刚性的轻矮结构，采用式（5-11）计算系统频率的迭代过程往往发散；而其传递函数也较为扁平，往往不存在有意义的峰值。当某组图中某个形状的离散点数少于 10 个时，即表示这两种情况至少发生了一种。可以认为在这种情况下，系统频率是无法准确识别的，实际上，在这种情况下谈论系统频率并没有太大意义。

图 5-10 所示是系统频率 $\tilde{\eta}_b$（纵坐标）和固端频率 η_b（横坐标）的对比图，图中不同线型代表不同的土层厚度（D/a=1, 2, 4），而从左至右每列代表不同的土层刚度（β_R/β_L=2, 5, ∞）。系统频率取式（5-11）特征根的实部。对于柔性很大的结构（η_b<0.05），无论场地动力特性的情况如何，系统频率都等于固端频率，这是因为结构柔性很大所以结构和场地土之间基本不存在相互作用。

随着结构刚度增加，系统频率虽然也增大，但系统频率始终小于固端频率，说明土-结构相互作用使结构变柔；而且随着结构刚度增加，系统频率与固端频率的差值逐渐变大，土-结构相互作用系统逐渐变得刚性，表现在图中即曲线的曲率逐渐由 1 变为 0。层状场地的系统频率大于均匀半空间的系统频率，且土层厚度 D/a 较小或基岩刚度β_R/β_L 较大的层状场地的系统频率也较大。原因在于，这些场地的有效刚度较大，场地较为刚性。但土层厚度较大的层状场地（D/a=4）却有例外，这是因为该场地的场地频率较小（$\eta_{site}=0.125$），所以场地频率与系统频率的值域范围有较大重叠。因而，系统传递函数受场地共振影响，其频谱形状发生了一定的变形扭曲，在识别系统频率时出现了一定的偏差。

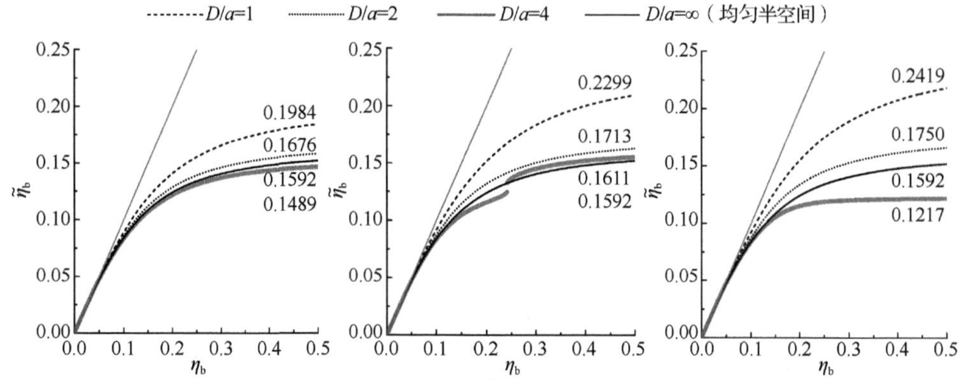

（a）$\beta_R/\beta_L=2$　（b）$\beta_R/\beta_L=5$　（c）$\beta_R/\beta_L=\infty$

图 5-10　系统频率 $\tilde{\eta}_b$ 与固端频率 η_b 对比图（$H/a=2$，$M_b/M_0=10$）

对于刚度极大的结构 $\eta_b\to\infty$，系统频率存在极限 $\tilde{\eta}_b\to\tilde{\eta}_{rigid}$，同时曲线曲率趋于 0。该极限值是式（5-18）的特征根，已标注在每条曲线的末端。层状场地的系统频率极限大于均匀半空间的系统频率极限，且对于土层厚度 D/a 较小或基岩刚度 β_R/β_L 较大的层状场地，该极限值也较大，这与系统频率本身随场地动力特性的变化是一致的，但土层厚度较大的层状场地（$D/a=4$）仍有例外。

图 5-11 所示仍是系统频率和固端频率的对比图，但研究对象是较为轻矮的结构（$H/a=1$，$M_b/M_0=5$）。对于相同的场地情况，轻矮结构的系统频率明显要高于高重结构的系统频率，因此图 5-11 的纵坐标范围大于图 5-10 的纵坐标范围。土-结构相互作用系统的系统频率范围可通过式（5-30）得到解释

$$\frac{1}{\tilde{\eta}_b^2}\approx\frac{1}{\eta_b^2}+\frac{M_b\beta_L^2\pi^2}{K_{HH}a^2}+\frac{M_b\beta_L^2\pi^2}{K_{MM}a^2}H^2 \tag{5-30}$$

式（5-30）是式（5-21）的另一种写法。根据式（5-21），因为轻矮结构具有较小的 H 值和 M_b 值，所以必然具有较大的系统频率 $\tilde{\eta}_b$。

值得注意的是，随着结构刚度变大，轻矮结构的系统频率曲线有较多的间断现象，尤其是土层厚度较大的层状场地中的土-结构相互作用系统。另外，对于轻矮结构，场地动力特性对系统频率的影响规律与图 5-10 中的高重结构有较多不同——系统频率不完全随着土层厚度变小或基岩刚度变大而变大。这是由于轻矮结构的系统频率较大，不仅与 $D/a=4$ 的层状场地共振频率（$\eta_L=0.125$）发生了重叠，并且与 $D/a=2$ 的层状场地共振频率（$\eta_L=0.25$）也发生了重叠。因此，这两种场地的传递函数频谱产生了一定的扭曲，系统频率不易辨认，导致图 5-11 纵坐标所显示的系统频率往往是伪值。实际上，对于较为刚性的低矮结构，特征值法和传递函数峰值法这两种方法往往都是失效的，即使能够得到计算结果，也往往并非系统频率的真实值。

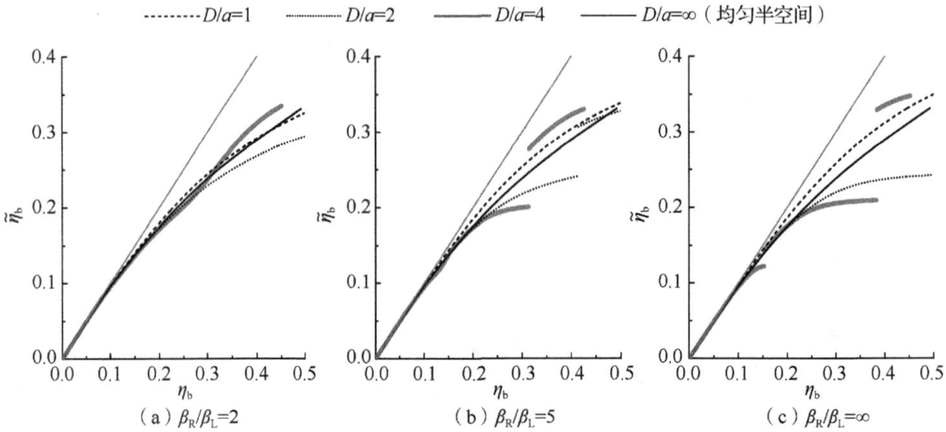

图 5-11　系统频率 $\tilde{\eta}_b$ 与固端频率 η_b 对比图（H/a=1，M_b/M_0=5）

彩图 4 是系统频率计算精度和准确性的验证图，横坐标是从图 5-10 中直接读出的系统频率 $\tilde{\eta}_b$，即根据模态分析法得到的系统动力平衡方程的特征值；纵坐标是根据固端频率 η_b 和刚性系统频率 $\tilde{\eta}_{rigid}$ 通过式（5-20）估算得到的系统频率。从左至右不同组图表示不同的基础质量 M_0/M_s=0, 0.2, 1，而每组图不同形状离散点表示不同的土层厚度 D/a=1, 2, 4, ∞。其他的系统参数取 β_R/β_L=2，H/a=2，M_b/M_0=10。离散点绘制方法与彩图 3 类似，对于每组场地情况都取 10 个均匀分布的结构频率点（η_b 为 0.05～0.5），对于每一个结构频率点，都从图 5-10 中读出系统频率绘制于横坐标中，并通过式（5-20）计算系统频率，绘制于纵坐标中。

对于忽略基础质量的土-结构相互作用系统（M_0/M_s=0），彩图 4 横纵坐标达到了非常好的吻合，这也间接验证了本书计算方法可以达到很高的精度。而对于没有忽略基础质量的系统，虽然式（5-20）仅是近似公式，但是图中横纵坐标也达到了很好的吻合，即使基础质量为 M_0/M_s=1 时也如此。因此对于一般基础质量和基础埋深的土-结构相互作用系统，完全可以通过式（5-20）估算系统频率，包括较为刚性的结构在内，都能达到良好精度。但应该强调的是，当基础质量很大且埋深也很大时，该公式的适用性需进行验证后再使用。

5.3.4　系统阻尼

图 5-12 是系统阻尼 $\tilde{\xi}_b$ 和固端频率 η_b 的对比图，其中横坐标仍然是结构频率，而纵坐标是系统阻尼，结构质量 M_b/M_0=10，高度 H/a=2。对于非常柔性的结构，无论场地情况如何，系统阻尼都退化为结构阻尼，即当 $\eta_b \to 0$ 时，$\tilde{\xi}_b \to \xi_b = 2\%$；对于非常刚性的结构，系统阻尼趋于常数，即当 $\eta_b \to \infty$ 时，$\tilde{\xi}_b \to \tilde{\xi}_{rigid}$，但这个常数 $\tilde{\xi}_{rigid}$ 是和场地动力特性及结构质量高度都相关的量。

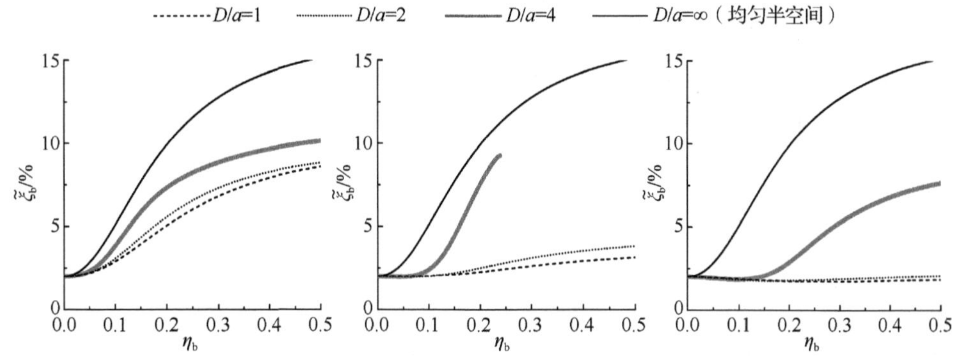

（a）β_R/β_L=2　（b）β_R/β_L=5　（c）β_R/β_L=∞

图 5-12　系统阻尼 $\tilde{\xi}_b$ 与固端频率 η_b 对比图（H/a=2，M_b/M_0=10）

层状场地的系统阻尼小于均匀半空间的系统阻尼，且土层厚度较小或基岩刚度较大的层状场地的系统阻尼也较小。和系统频率的曲线类似，系统阻尼的曲线也存在不连续现象，原因同样在于场地动力特性使传递函数的频谱形状发生了一定的扭曲，当系统频率曲线不连续时，系统阻尼曲线一般不会连续。

图 5-13 是系统阻尼 $\tilde{\xi}_b$ 与其两个组成部分 $\tilde{\xi}_{b1}$ 和 $\tilde{\xi}_{b2}$，并有 $\tilde{\xi}_b = \tilde{\xi}_{b1} + \tilde{\xi}_{b2}$。结构高度分别取 H/a=1, 2, 3，相应的结构质量取 M_b/M_0=5, 10, 15，以基岩刚度β_R/β_L=2 和土层厚度 D/a=1 的层状场地为例。正如前面的分析，对于刚度很小的结构，系统阻尼的两部分都存在极限 $\tilde{\xi}_{b1} \to \xi_b$ 和 $\tilde{\xi}_{b2} \to 0$；而对于刚度很大的结构，系统阻尼的两部分同样存在极限 $\tilde{\xi}_{b1} \to 0$ 和 $\tilde{\xi}_{b2} \to \tilde{\xi}_b$。另外，轻矮结构的系统阻尼比高重结构的系统阻尼大，因此轻矮结构的传递函数频谱较为扁平，而高重结构的传递函数频谱则较为高陡。这也从另一个角度解释了轻矮结构的系统频率相对较难以识别，而高重结构则相对容易得多。

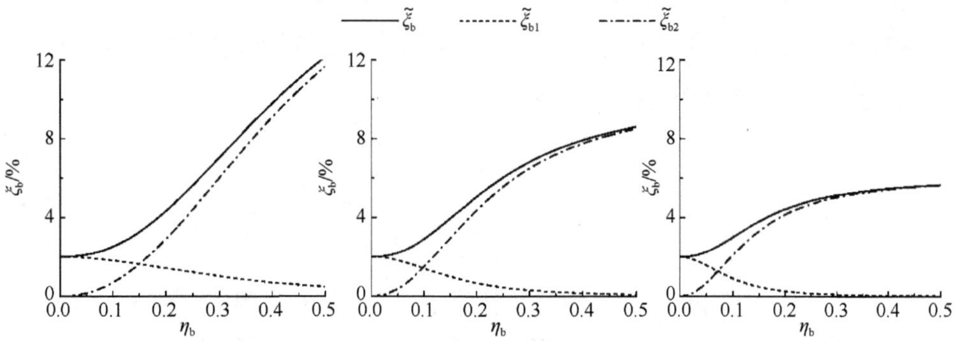

（a）H/a=1，M_b/M_0=5　（b）H/a=2，M_b/M_0=10　（c）H/a=3，M_b/M_0=15

图 5-13　系统阻尼 $\tilde{\xi}_b$ 与系统阻尼的两个部分 $\tilde{\xi}_{b1}$ 与 $\tilde{\xi}_{b2}$（β_R/β_L=2，D/a=1）

动力系统的系统频率计算一般不存在太大异议，但系统阻尼的求解并不完全具有统一的方法。下面将介绍另外两种使用较为广泛的求解系统阻尼的方法，讨论其对于估算土-结构相互作用系统阻尼的合理性。采用半功率法计算系统阻尼的公式为[14]

$$\tilde{\xi}_\mathrm{b} = \frac{\omega_2 - \omega_1}{\omega_2 + \omega_1} \tag{5-31}$$

式中，ω_1 和 ω_2 分别为系统频率左右两侧的两个特殊频率点，在这两个频率点上，系统动力响应为 $|u_\mathrm{b}(\tilde{\omega}_\mathrm{b})|/\sqrt{2}$，即系统峰值动力响应的 $1/\sqrt{2}$。图 5-14（a）是模态分析法和半功率法这两种方法计算的系统阻尼值的对比图，从左至右组图表示不同的土层厚度（$D/a = 1, 2, 4$），并以基岩刚度 $\beta_\mathrm{R}/\beta_\mathrm{L} = 2$ 为例，结构参数取 $H/a=2$，$M_\mathrm{b}/M_0=10$。在每组图中，横坐标表示模态分析法得到的系统阻尼值，而纵坐标是半功率法计算得到的数值。不同形状的离散点代表不同的波路效应（P 波或 SV 波，入射角度 5°, 30°, 60°, 90°）。离散点的绘制方法仍和图 5-9 类似：对于每种场地中的结构，都取 10 个均匀分布的结构频率点（η_b 为 0.05～0.5），对于每一个结构频率点，都按照模态分析法计算系统阻尼绘制于横坐标中，而将半功率法计算的系统阻尼值绘制于纵坐标中。当某种情况下离散点数少于 10 个时，表示模态分析法迭代过程发散或半功率法无法找到有意义的两个特殊点 ω_1 和 ω_2，尤其是右侧的频率点 ω_2。可以看出，半功率法估算的系统阻尼值略高于模态分析法的值，但总体而言，两种方法的计算结果对应较好，因此半功率法也应视为计算土-结构相互作用系统阻尼的一种有效方法。另外，根据式（5-23），波路效应对土-结构相互作用系统的系统频率和系统阻尼都是几乎没有影响的，半功率法计算得到的系统阻尼支持这一结论。

按照固端结构模型计算阻尼的思路，采用传递函数峰值动力响应 $\left|u_\mathrm{b}^\mathrm{max}\right|$ 估算土-结构相互作用系统阻尼的公式为[17, 18]

$$\tilde{\xi}_\mathrm{b}^2 = \frac{1}{2}\left(1 - \sqrt{\frac{\left|u_\mathrm{b}^\mathrm{max}\right|^2 - 1}{\left|u_\mathrm{b}^\mathrm{max}\right|^2}}\right) \tag{5-32}$$

图 5-14（b）是模态分析法和峰值法计算的系统阻尼的对比图。与图 5-13（a）类似，其横坐标是模态分析法得到的系统阻尼值，而纵坐标是峰值法得到的系统阻尼值。这两种方法的计算结果存在很大差异，尤其是对于刚度较大的结构。原因在于，传递函数峰值是波路效应的强相关函数，因此峰值法计算的系统阻尼结果

严重依赖于波路效应。一些学者早先采用峰值法计算系统阻尼，认为系统阻尼是依赖波路效应的系统参数[17, 18]，但这并不是合理的结论，原因是采用了不合理的计算方法，从而导致了错误认识。

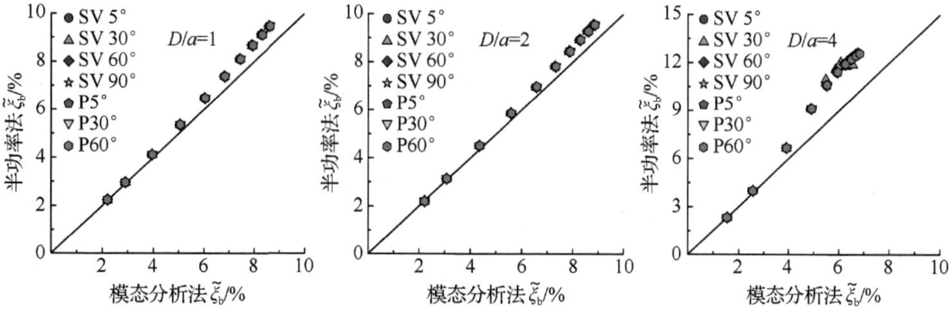

（a）模态分析法与半功率法

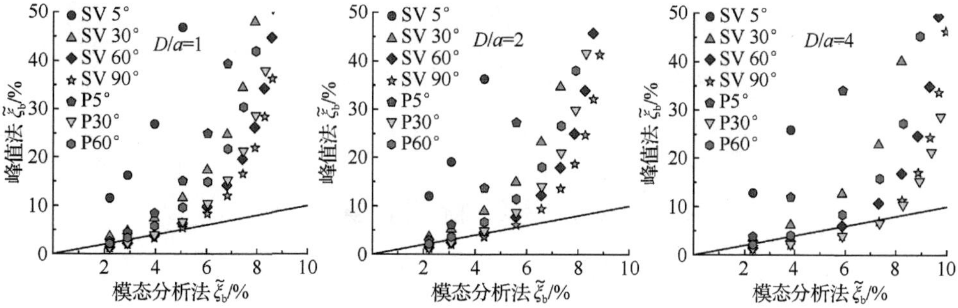

（b）模态分析法与峰值法

图 5-14　不同方法计算的系统阻尼对比图（H/a=2，β_R/β_L=2，M_b/M_0=10）

为了进一步理解半功率法计算的系统阻尼与波路效应无关，而峰值法计算的系统阻尼与波路效应强相关，从而导致二者的计算数值存在差异，彩图 5 详细描述了两种方法计算系统阻尼的步骤，以β_R/β_L =2 和 D/a=4 的层状场地，以及 H/a=2，M_b/M_0=10，η_b =0.2 的结构为例。彩图 5（a）是不同波路效应的传递函数$|u_b|$，并已通过$|u_b^{max}|$将所有传递函数的峰值调整为单位 1，包括归一化传递函数$|\overline{u}_b|$峰值。可以看出，不同波路效应的传递函数在峰值附近基本具有相同的形状，因为半功率法是根据传递函数的形状计算系统阻尼，所以不同波路效应下的系统阻尼值几乎是相同的。彩图 5（a）中 $\tilde{\xi}_b$ = 9.3%是以$|\overline{u}_b|$为准得到的结果，采用其他波路效应传递函数计算的系统阻尼值 $\tilde{\xi}_b$ 为 9.2%～9.4%。彩图 5（b）是采用峰值法式（5-32）计算得到的系统阻尼值，可以看出，波路

效应对传递函数峰值有明显影响，因为波路效应是依赖自由场运动的，如图 5-15 所示。由于系统峰值 $\left|u_b^{max}\right|$ 不同，所以由此计算得到的系统阻尼值就产生了很大差异。

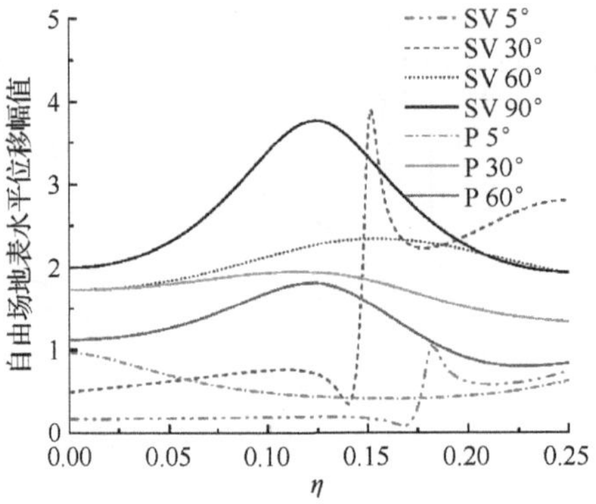

图 5-15　自由场地表运动（β_R/β_L=2，D/a=4）

5.4 影 响 因 素

5.4.1 基础埋深

图5-16所示上半部分和下半部分分别是不同基础埋深情况下的系统频率和系统阻尼，不同线型代表不同的基础埋深情况（c/a=0.25, 0.5, 1, 1.5），从左至右各列分别代表不同的结构质量和高度(第 1 列 H/a=1，M_b/M_{01}=5；第 2 列 H/a=2，M_b/M_{01}=10；第 3 列 H/a=3，M_b/M_{01}=15，其中 M_{01} 表示基础埋深为 c/a=0.5 情况下的基础质量)。以层状场地 D/a=2，β_R/β_L=2 为例。基础埋深较大的系统具有较大的系统频率，这是因为，埋深较大的基础，其土-结构相互作用系统中的结构更加接近固端结构。基础埋深较大的系统同时具有较大的系统阻尼，因此系统传递函数 $|\overline{u}_b|$ 的峰值较小。早期，一些学者认为基础埋深较大的系统具有较小的系统阻尼[14]，此矛盾结论的原因在于，其使用的波函数展开法处理平面内土-结构相互作用系统时，无法完全满足地表零应力条件，因此得到的传递函数并不准确，导致系统阻尼的估算出现了偏差。

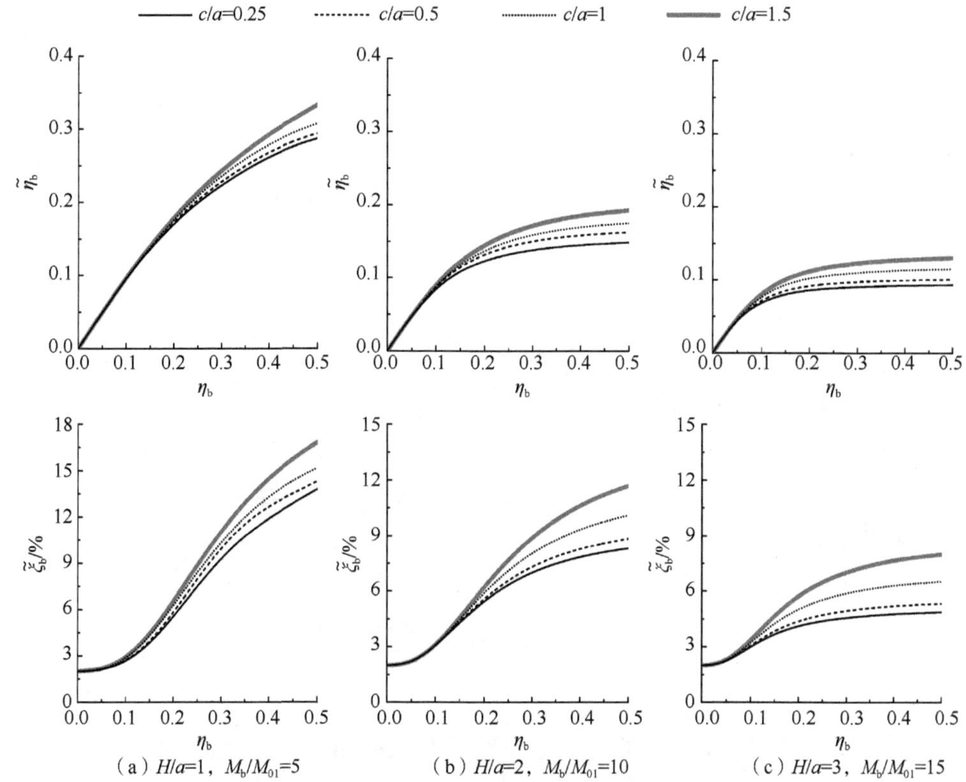

图 5-16　不同基础埋深情况下的系统频率和系统阻尼（层状场地 D/a=2，β_R/β_L=2）

5.4.2　波路效应

前面章节已经提到，谐波入射的波路效应可以通过基础有效输入因子 $(u_* + \varphi_* H)$ 归一化后去除，且不影响系统频率 $\tilde{\eta}_b$ 和系统阻尼 $\tilde{\xi}_b$ 的计算，这个归一化因子 $(u_* + \varphi_* H)$ 称为理想归一化因子。虽然采用理想归一化因子进行归一化在理论分析中很容易实现，但在实际地震观测中却难以测量，因为很难将基础有效输入（u_* 和 φ_*）与基础相对位移（u_0 和 φ_0）从强震仪的记录（u 和 φ）中分离开来。彩图 6 是几种不同理想归一化因子下的传递函数，以基岩刚度为 $\beta_R/\beta_L = 2$ 的层状场地和参数为 η_b=0.2，H/a=2，M_b/M_0=10 的结构为例。彩图 6（a）是理想归一因子传递函数 $\bar{u}_b$，而彩图 6（b）～（d）均为非理想传递函数。其中彩图 6（b）是结构相对于静止地表的传递函数 $|u_{bs}| = |u_b + u + \varphi H|$，实际对应只在结构顶部布置一个强震仪的情况；彩图 6（c）是传递函数 $|u_{bs}/u_f|$，相当于将彩图 6(b)的传递函数再进一步采用自由场两个方向位移幅值模 $u_f = \sqrt{|u_{fx}|^2 + |u_{fz}|^2}$ 进行归一化，实际对应结构顶部和周围自由地表面布置两个强震仪的情况；彩

图 6（d）是未归一化传递函数$|u_{\mathrm{b}}|$。彩图 6 从左至右各列分别是不同土层厚度的情况（D/a=1, 2, 4），而不同曲线代表了不同的波路效应（P 波和 SV 波，θ=5°，30°，60°，90°）。彩图 7 是相同内容，但以基岩刚度为$\beta_{\mathrm{R}}/\beta_{\mathrm{L}}=5$的层状场地为例。

采用理想归一化因子［彩图 6（a）和彩图 7（a）］可以完全消除波路效应，仅体现土-结构相互作用系统本身的动力特性。消除波路效应对土层较厚（D/a=4，$\eta_{\mathrm{site}}=0.125$）的层状场地尤为重要，因为这种场地的场地频率与系统频率很接近，所以传递函数频谱受到波路效应的影响较为严重，消除波路效应可以为研究系统本身的动力特性提供方便。而对于其他土层厚度的层状场地（D/a=1, 2），波路效应对传递函数频谱的影响不大，消除波路效应的意义并不十分明显。但需要指出的是，较为刚性的结构（η_{b}=0.5）或较为轻矮的结构（H/a=1, M_{b}/M_0=5）所形成的土-结构相互作用系统具有较大的系统频率，在这种情况下，消除波路效应不仅对土层厚度较大（D/a=4）的层状场地有意义，还对土层厚度较小（D/a=1, 2）的层状场地也有较大意义。

5.5　平面外二维模型

当二维模型受到运动方向平行于 y 轴，且入射面在 xOz 平面内的 SH 波激励时，是平面外土-结构相互作用，平面外的系统动力平衡方程为

$$\begin{bmatrix} M_{\mathrm{b}} & M_{\mathrm{b}} \\ M_{\mathrm{b}} & M_0+M_{\mathrm{b}} \end{bmatrix}\begin{bmatrix} \ddot{u}_{\mathrm{b}} \\ \ddot{u}_0 \end{bmatrix}+\begin{bmatrix} C_{\mathrm{b}} & 0 \\ 0 & c_{yy} \end{bmatrix}\begin{bmatrix} \dot{u}_{\mathrm{b}} \\ \dot{u}_0 \end{bmatrix}+\begin{bmatrix} K_{\mathrm{b}} & 0 \\ 0 & k_{yy} \end{bmatrix}\begin{bmatrix} u_{\mathrm{b}} \\ u_0 \end{bmatrix}=-\begin{bmatrix} M_{\mathrm{b}} \\ M_0+M_{\mathrm{b}} \end{bmatrix}\ddot{u}_* \tag{5-33}$$

式中，k_{yy}和c_{yy}分别是平面外阻抗函数的实部和虚部，即

$$K_{yy}=k_{yy}+\mathrm{i}\omega c_{yy} \tag{5-34}$$

u_0和u_{b}分别是平面外方向的基础相对位移和结构相对位移，方向均平行于 y 轴。式（5-34）中基础阻抗函数的虚部也可采用与式（4-13）相同的表达式，进行无量纲化处理。平面外二维模型的基础运动只有一个平动自由度，不发生转动。将系统响应$[u_{\mathrm{b}} \quad u_0]^{\mathrm{T}}$用基础有效输入$\boldsymbol{u}_*$归一化，式（5-33）简化为

$$\begin{bmatrix} M_{\mathrm{b}} & M_{\mathrm{b}} \\ M_{\mathrm{b}} & M_0+M_{\mathrm{b}} \end{bmatrix}\begin{bmatrix} \dot{\bar{u}}_{\mathrm{b}} \\ \dot{\bar{u}}_0 \end{bmatrix}+\begin{bmatrix} C_{\mathrm{b}} & 0 \\ 0 & c_{yy} \end{bmatrix}\begin{bmatrix} \dot{\bar{u}}_{\mathrm{b}} \\ \dot{\bar{u}}_0 \end{bmatrix}+\begin{bmatrix} K_{\mathrm{b}} & 0 \\ 0 & k_{yy} \end{bmatrix}\begin{bmatrix} \bar{u}_{\mathrm{b}} \\ \bar{u}_0 \end{bmatrix}=-\begin{bmatrix} M_{\mathrm{b}} \\ M_0+M_{\mathrm{b}} \end{bmatrix} \tag{5-35}$$

式（5-35）是不含基础输入运动的系统动力平衡方程，系统频率和系统阻尼可按

照 5.2.1 节介绍的模态分析法进行计算。

图 5-17 是平面外土-结构相互作用的系统频率，场地参数取土层厚度 D/a=1, 2, 4, ∞；基岩刚度β_R/β_L=2, 5, ∞；其他参数为ρ_R/ρ_L=1, $\nu_R=\nu_L$=1/4, $\xi_L=\xi_R$=0.02；结构参数取基础质量 M_0/M_s=0.2，埋深 c/a=0.5，结构质量 M_b/M_0=10。因为没有转动分量，结构高度作为一个独立参数不参与平面外土-结构相互作用。虽然这是和彩图 3 完全相同的一组参数，但平面外运动的系统频率大于平面内运动的系统频率。造成这种现象的原因是二维平面外运动不含转动分量，根据式（5-21），其具有较大的系统频率。因为平面外系统频率和土层厚度较大的层状场地（D/a=2, 4）的场地频率相差较小，所以这组系统频率受到场地动力特性的影响更大，系统频率曲线出现间断和不连续的现象更为普遍，模态分析法和峰值法这两种方法往往都是失效的。即使曲线连续，其表现的系统频率也不一定是系统频率的真实值，尤其是对于较为刚性的结构。例如，均匀半空间 $\eta_b > 0.3$ 的情况下，系统频率甚至大于结构固端频率，很明显该值并不是系统频率的真实值。

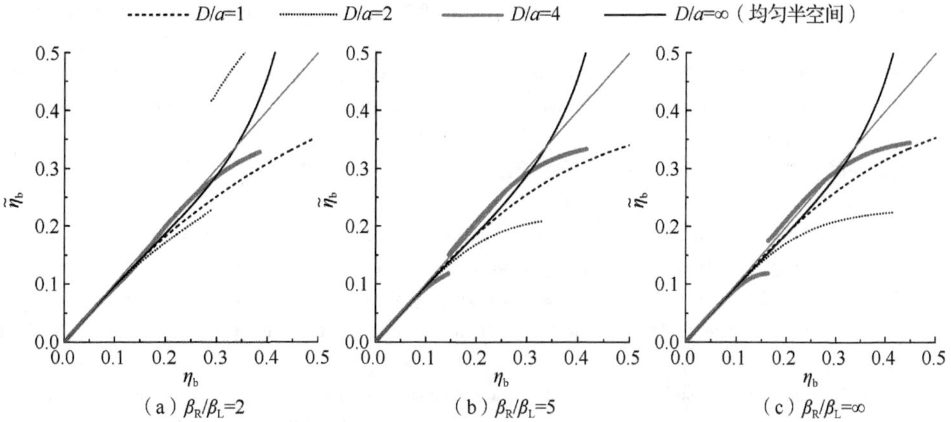

图 5-17　平面外土-结构相互作用系统频率

采用平面外土-结构相互作用模型时往往不易准确计算系统频率的值，另外由于土-结构相互作用系统是含有转动分量的，平面外模型并不是研究土-结构相互作用的合适模型。

参 考 文 献

[1] JENNINGS P C, BIELAK J. Dynamics of building-soil interaction[J]. Bulletin of the seismological society of America, 1973, 63: 9-48.

[2] PARMELEE R A. Building-foundation interaction effects[J]. Journal of the engineering mechanics, 1967, 93: 131-152.

[3] VELETSOS A S, MEEK J W. Dynamic behaviour of building-foundation systems[J]. Earthquake engineering and structural dynamics, 1974, 3(2): 121-138.

[4] BIELAK J. Modal analysis for building-soil interaction[J]. Journal of the engineering mechanics division, ASCE, 1976, 102: 771-786.

[5] American Society of Civil Engineers. Minimum design loads for buildings and other structures: ASCE/SEI 7-05[S]. Virginia: American Society of Civil Engineers, 2006.

[6] American Society of Civil Engineers. Minimum design loads for buildings and other structures: ASCE/SEI 7-10[S]. Virginia: American Society of Civil Engineers, 2010.

[7] American Society of Civil Engineers. Minimum design loads for buildings and other structures: ASCE/SEI 7-16[S]. Virginia: American Society of Civil Engineers, 2016.

[8] Building Seismic Safety Council. National earthquake hazard reduction program (NEHRP) recommended seismic provisions for new buildings and other structures: FEMA 368[S].Washington: Building Seismic Safety Council, 2001.

[9] Building Seismic Safety Council. National earthquake hazard reduction program (NEHRP) recommended seismic provisions for new buildings and other structures: FEMA 450-1/2003[S].Washington: Building Seismic Safety Council, 2004.

[10] Building Seismic Safety Council. National earthquake hazard reduction program (NEHRP) recommended seismic provisions for new buildings and other structures: FEMA P-750-1/2009[S].Washington: Building Seismic Safety Council, 2009.

[11] BUILDING SEISMIC SAFETY COUNCIL. National earthquake hazard reduction program (NEHRP) recommended seismic provisions for new buildings and other structures: FEMA P-1050-1/2015[S].Washington: Building Seismic Safety Council, 2015.

[12] 中国地震局工程力学研究所，中国建筑科学研究院工程抗震研究所，哈尔滨工业大学. 建筑工程抗震性态设计通则：CECS 160—2004[S]. 北京：中国计划出版社，2004.

[13] LUCO J E, TRIFUNAC M D, WONG H L. On the apparent change in dynamic behavior of a nine-story reinforced concrete building[J]. Bulletin of the seismological society of America, 1987, 77(6): 1961-1983.

[14] TODOROVSKA M I, TRIFUNAC M D. The system damping, the system frequency and the system response peak amplitudes during in-plane building-soil interaction[J]. Earthquake engineering and structural dynamics, 1992, 21(2): 127-144.

[15] TODOROVSKA M I. Seismic interferometry of a soil-structure interaction model with coupled horizontal and rocking response[J]. Bulletin of the seismological society of America, 2009, 99(2A): 611-625.

[16] TODOROVSKA M I. Soil-structure system identification of Millikan Library north-south response during four earthquakes (1970-2002): what caused the observed wandering of the system frequencies?[J]. Bulletin of the seismological society of America, 2009, 99(2A): 626-635.

[17] AVILES J, PEREZ-ROCHA L E. Evaluation of interaction effects on the system period and the system damping due to foundation embedment and layer depth[J]. Soil dynamics and earthquake engineering, 1996, 15(1): 11-27.

[18] AVILES J, SUAREZ M. Effective periods and dampings of building-foundation systems including seismic wave effects[J]. Engineering structures, 2002, 24(5): 553-562.

[19] JUAREZ M, AVILES J. Effective eccentricity due to the effects of structural asymmetry and wave passage[J]. Engineering structures, 2008, 30(3): 831-844.

[20] LIANG J, FU J, TODOROVSKA M I, et al. Effects of the site dynamic characteristics on soil-structure interaction (Ⅰ): incident SH waves[J]. Soil dynamics and earthquake engineering, 2013, 44: 27-37.

[21] LIANG J, FU J, TODOROVSKA M I, et al. Effects of the site dynamic characteristics on soil-structure interaction (Ⅱ): Incident P and SV waves[J]. Soil dynamics and earthquake engineering, 2013, 51: 58-76.

[22] LANZI A, LUCO J E. Approximate soil-structure interaction analysis by a perturbation approach: the case of stiff

soils[J]. Soil dynamics and earthquake engineering, 2014, 66: 415-428.

[23] LUCO J E. Bounds for natural frequencies, Dunkerley' s formula and application to soil-structure interaction[J]. Soil dynamics and earthquake engineering, 2013, 47: 32-37.

[24] KHALIL L, SADEK M, SHAHROUR I. Influence of the soil-structure interaction on the fundamental period of buildings[J]. Earthquake engineering and structural dynamics, 2007, 36(15): 2445-2453.

[25] HATZIGEORGIOU G D, KANAPITSAS G. Evaluation of fundamental period of low-rise and mid-rise reinforced concrete buildings[J]. Earthquake engineering and structural dynamics, 2013, 42(11): 1599-1616.

[26] FU J, LIANG J, TODOROVSKA M I, et al. Soil-structure system frequency and damping: estimation from eigenvalues and results for a 2D model in layered half-space[J]. Earthquake engineering and structural dynamics, 2018, 47: 2055-2075.

[27] LUCO J E. Soil-structure interaction and identification of structural models[C]. Proceedings of 2nd ASCE Conference on Civil Engineering and Nuclear Power, Knoxville, 1980.

第 6 章　土-结构动力相互作用简化模型

6.1　引　　言

虽然多数建筑物大体是三维空间矩形结构，但目前有关土-结构相互作用的研究经常采用二维模型或三维轴对称模型。这是因为第 4 章提到的原因，三维矩形基础阻抗函数的计算量很大，大概比轴对称基础阻抗函数的计算高出一到两个数量级，比二维基础阻抗函数的计算高出两到三个数量级，一般的个人计算机或工作站难以承受。

出于这些原因，二维模型和三维轴对称模型在土-结构相互作用的研究中一直被广泛采用，但因为这些简化模型无法反映实际建筑物长宽比的情况，所以其与真实结构还存在较大出入。例如，Luco 和 Hadjian 采用边界元法，通过地表圆盘基础和其二维截面基础阻抗函数的比较，发现二维模型一般会高估系统阻尼，从而低估结构动力响应；另外还发现二维模型很难在宽频域范围内模拟基础阻抗函数的辐射阻尼部分[1]。Wolf 和 Meek 也得到了有关基础阻抗函数辐射阻尼部分的类似结论[2]。付佳比较了半球基础-单质点结构和其二维截面的动力响应，发现二维模型动力响应一般小于三维模型动力响应，这和之前学者的结论是吻合的[3]。这些有限的研究说明了忽略结构长宽比的简化模型实际上存在较大问题，但真正采用三维模型研究土-结构相互作用的成果却并不多见[4-7]。

本章比较不同长宽比的三维土-结构相互作用模型和二维土-结构相互作用模型的动力特性和动力响应，研究采用二维模型代替三维空间结构进行分析计算而产生的误差，并以图表的形式提供修正系数以供实用。模型基础阻抗函数采用前面介绍的分布荷载格林函数和间接边界元法进行计算，而系统动力特性参数，如系统频率、系统阻尼、系统峰值等采用第 5 章介绍的模态分析法进行求解。由于二维模型的计算规模较小，在实用化方面具有较大优势，通过本章提供的修正系数图表，可拓展二维模型的适用性并提高模型分析的安全性。另外，因为场地动力特性对土-结构相互作用系统有深刻的影响，所以将层状场地结果和均匀场地结果一并给出[8]。在土-结构相互作用研究中还经常采用的一种简化模型是轴对称模型，这种模型也属于三维模型，一般是将基础简化为具有一定埋深的圆柱体。轴对称模型的空间效应使其在模拟基础辐射阻尼方面优于二维模型，但是其本身阻抗函数的计算量一般也不小，而且同样无法反映真实结构长宽比的情况。本章也给出采用圆柱基础代替三维空间结构进行分析计算而产生的误差，并提供修正系数图表。

美国抗震规范将土-结构相互作用作为一个独立章节，给出了具体条文、计算步骤和计算公式，这对研究土-结构相互作用的实用化具有一定的启发。本章对这一部分进行较为详细的介绍，并以实际算例初步讨论其合理性和适用性问题。

6.2　二维模型修正系数

6.2.1　平面内模型

图 6-1（a）是三维土-结构相互作用模型的截面，模型仍由层状半空间、单质点结构和刚性基础 3 个部分组成。三维矩形基础半宽为 a，半长为 b，埋深为 c，质量为 M_0，如图 6-1（b）所示。结构的高度为 H，质量为 M_b，刚度系数为 k_b，阻尼系数为 c_b，模型质量比为 M_0/M_s 和 M_b/M_0。二维土-结构相互作用模型是三维模型的横截面，其基础半宽为 a，埋深为 c，在 y 方向单位长度的质量为 M_0'，其结构在 y 方向单位长度的质量为 M_b'，刚度系数为 k_b'，阻尼系数为 c_b'。因此二维模型的质量比仍然是 M_0/M_s 和 M_b/M_0；另外根据 $\omega_b=\sqrt{k_b/M_b}$ 和 $\xi_b=c_b/(2M_b\omega_b)$，二维模型和三维模型具有相同的固端频率和阻尼系数。实际上，二维模型可视为 $b\to\infty$ 的三维模型。本章谐波激励、层状半空间和结构变形的形式与前面章节相同。

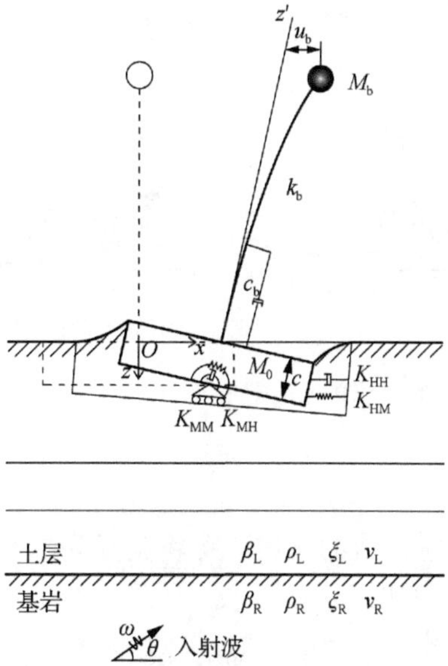

（a）二维模型或三维模型截面

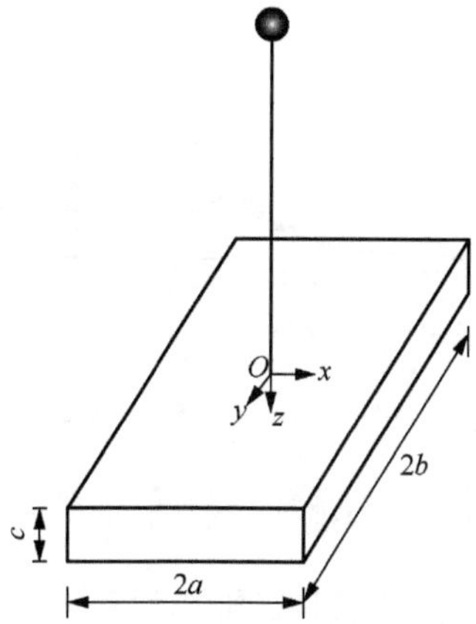

（b）三维模型

图 6-1　三维土-结构相互作用模型与二维土-结构相互作用模型

图 6-2 是不同长宽比结构的传递函数$\left|\overline{u}_{\mathrm{b}}\right|$，图中不同线型表示不同长宽比值$b/a$=1/4, 1/2, 1, 2, 4, ∞，从左至右每列分别表示不同的结构质量和高度（M_b/M_0=5，H/a=1；M_b/M_0=10，H/a=2；M_b/M_0=15，H/a=3），而从上至下每行分别表示不同的无量纲结构频率（η_b=0.1，0.2，0.3）。以均匀半空间为例，其他场地参数取ρ_R/ρ_L=1，$\nu_R=\nu_L$=1/4，$\xi_L=\xi_R$=0.02。基础质量 M_0/M_s=0.2，埋深 c/a=0.5，结构阻尼系数ξ_b=0.02。如无特别声明，则以下计算和分析均采用这一组参数。随着结构长宽比增大，三维结构传递函数的峰值频率和幅值都变小，且峰的形状变宽，越来越接近二维模型的动力响应频谱。

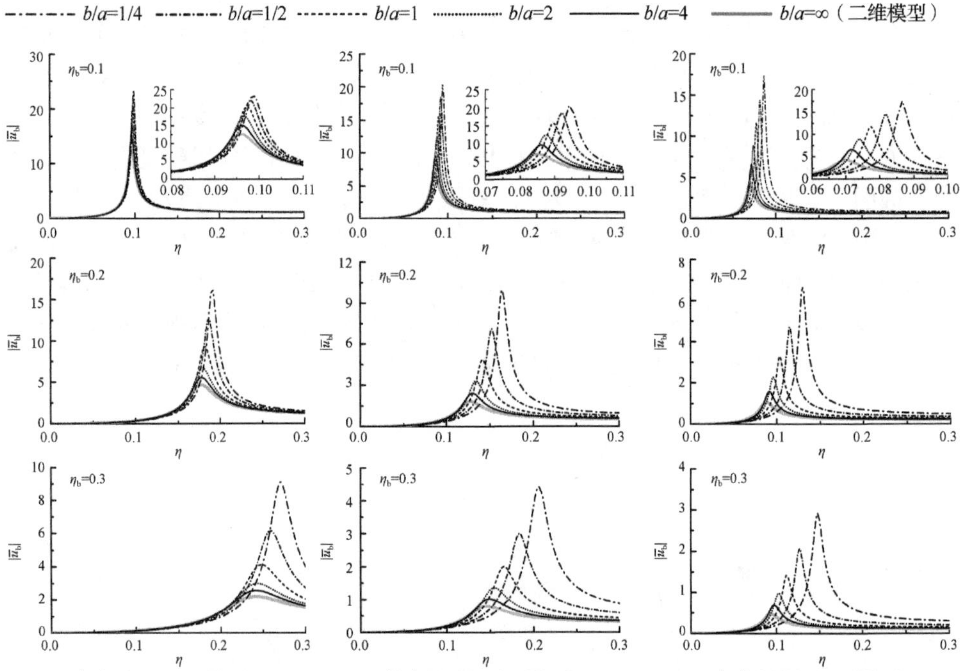

（a）M_b/M_0=5，H/a=1　（b）M_b/M_0=10，H/a=2　（c）M_b/M_0=15，H/a=3

图 6-2　不同长宽比模型的系统传递函数$\left|\overline{u}_{\mathrm{b}}\right|$

1. 结构高度和质量的影响

图 6-3 所示是二维模型和三维模型系统参数的比值，可将其视为二维模型系统参数的修正系数。图 6-3（a）是系统频率比值$\tilde{\eta}_{\mathrm{b(3D)}}/\tilde{\eta}_{\mathrm{b(2D)}}$，图 6-3（b）是系统阻尼比值$\tilde{\xi}_{\mathrm{b(3D)}}/\tilde{\xi}_{\mathrm{b(2D)}}$，而图 6-3（c）是系统峰值比值$\left|\overline{u}^{\max}_{\mathrm{b(3D)}}/\overline{u}^{\max}_{\mathrm{b(2D)}}\right|$，横坐标为结构固端频率$\eta_{\mathrm{b}}$。对于所有的情况都有$\tilde{\eta}_{\mathrm{b(3D)}}/\tilde{\eta}_{\mathrm{b(2D)}}\geqslant 1$，这说明二维模型会低估系统频率。对于长宽比为 2 的狭长形结构（$b>a$），二维模型估算系统频率的误差小于 10%；对于长宽比为 1 的方形结构（$b=a$），此误差虽然稍大，但仍然可控制在 20%

以内。而对于扁平形结构这个误差则非常大（$b<a$），尤其是刚性的高重结构（即结构具有较大的 M_b/M_0、H/a 及 η_b 值）误差甚至能达到并超过 60%。二维模型估算系统频率的误差可由式（5-21）得到解释：因为长宽比较大的结构具有较大的基础阻抗函数值和结构质量值，且基础阻抗函数与结构质量的比值较大，即式（5-21）的后两项值较大，所以系统频率值则较小。

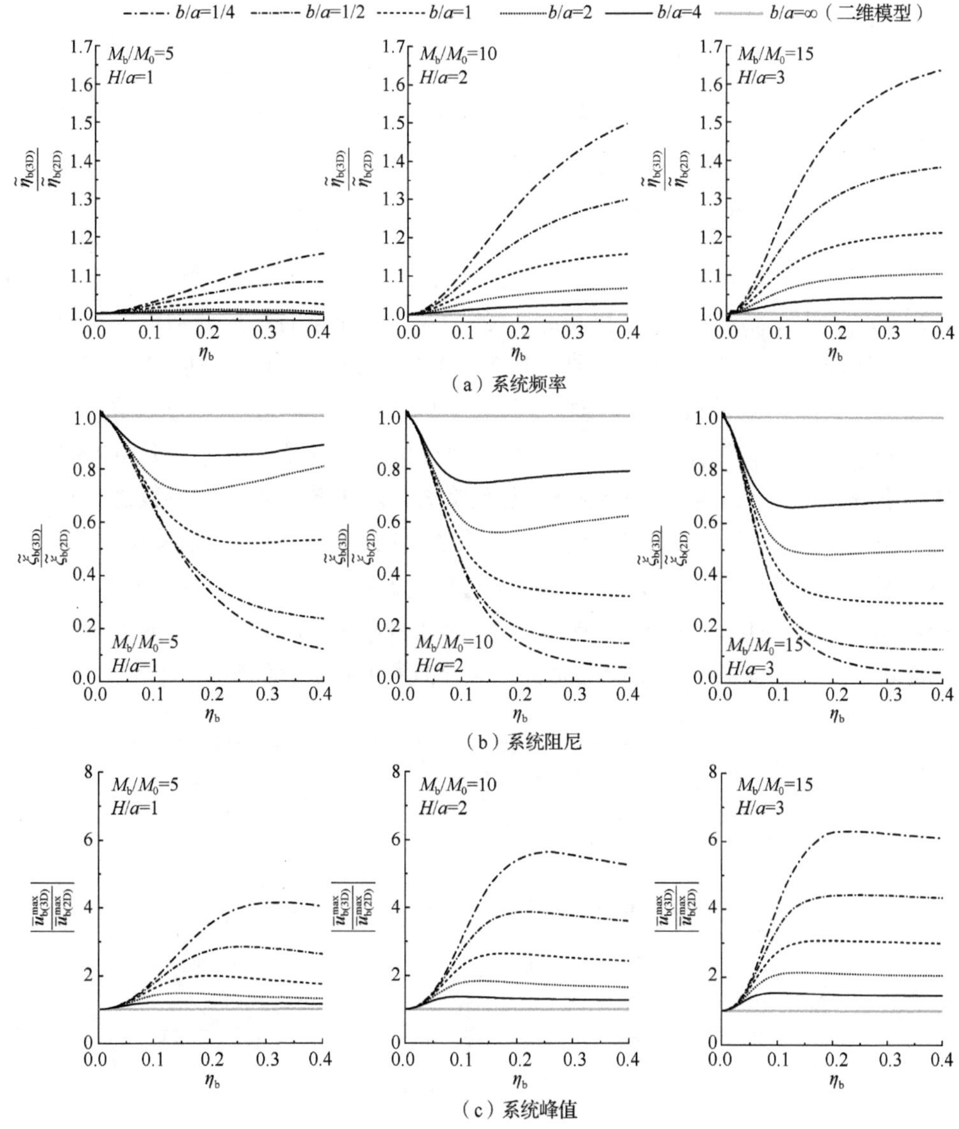

图 6-3　不同长宽比下的二维模型与三维模型系统参数比值（二维模型修正系数）

对于所有长宽比情况都有 $\tilde{\xi}_{b(3D)} / \tilde{\xi}_{b(2D)} \leqslant 1$，这说明二维模型会高估系统阻尼，而且其高估系统阻尼的情况要比低估系统频率的情况严重得多，甚至对于长宽比达到 b/a=4 的狭长形结构，这个误差也超过 10%。对于长宽比为 b/a=2 的狭长形结构，此误差可达到 50%；对于 b/a=1 的方形结构，误差则可达到 70%；而对于 b/a<1 的扁平形结构，误差甚至可达到 90%。所以相应的必有系统峰值比值 $\left|\bar{u}_{b(3D)}^{\max} / \bar{u}_{b(2D)}^{\max}\right| > 1$，即二维模型会低估系统峰值响应，而且往往是严重低估。对于长宽比达到 b/a=4 的狭长形结构，二维模型低估峰值响应的误差甚至可为 20%～50%；对于 b/a=1 的方形结构，误差可达到 100%；而对于 $b<a$ 的扁平形结构，误差将为 200%～500%。

2. 基础埋深的影响

图 6-4 所示是与图 6-3 相似的修正系数，但主要反映基础埋深 c/a 对比值 $\tilde{\eta}_{b(3D)} / \tilde{\eta}_{b(2D)}$、$\tilde{\xi}_{b(3D)} / \tilde{\xi}_{b(2D)}$ 和 $\left|\bar{u}_{b(3D)}^{\max} / \bar{u}_{b(2D)}^{\max}\right|$ 的影响。从左至右每列分别代表不同的基础埋深情况（c/a=0.25, 0.5, 1）。结构质量和高度取 H/a=2 和 M_b/M_{01}=10，其中 M_{01} 是埋深 c/a=0.5 的基础质量。对于不同的基础埋深比，同样有 $\tilde{\eta}_{b(3D)} / \tilde{\eta}_{b(2D)} > 1$，$\tilde{\xi}_{b(3D)} / \tilde{\xi}_{b(2D)} < 1$ 和 $\left|\bar{u}_{b(3D)}^{\max} / \bar{u}_{b(2D)}^{\max}\right| > 1$，这与前面分析的结论是一致的。采用二维模型估算系统频率的误差随着基础埋深增加而变大，对于图 6-4 中的参数情况而言，此误差为 5%～30%。但是二维模型估算系统阻尼的误差却随着埋深增加而减小，当埋深较浅时此误差为 40%～90%(c/a=0.25)，中等埋深情况下此误差为 40%～80%(c/a=0.5)，当埋深较大时此误差为 30%～80%(c/a=1)。系统峰值的误差与基础埋深基本无关，就图中参数情况而言，其值都为 100%～400%。

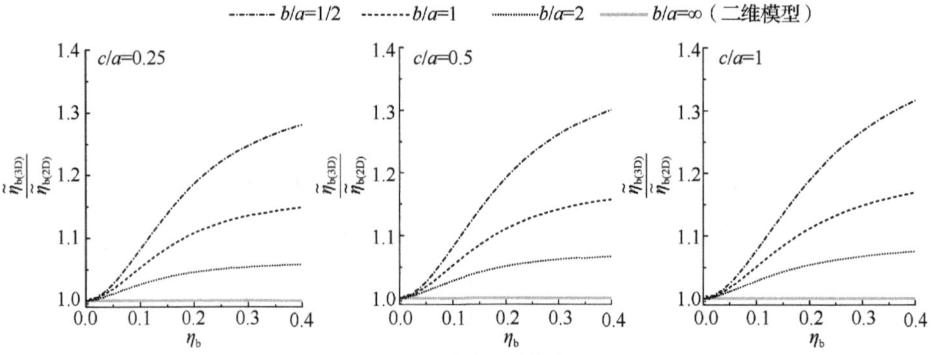

（a）系统频率

图 6-4　不同埋深情况下的二维模型与三维模型系统参数比值（二维模型修正系数）

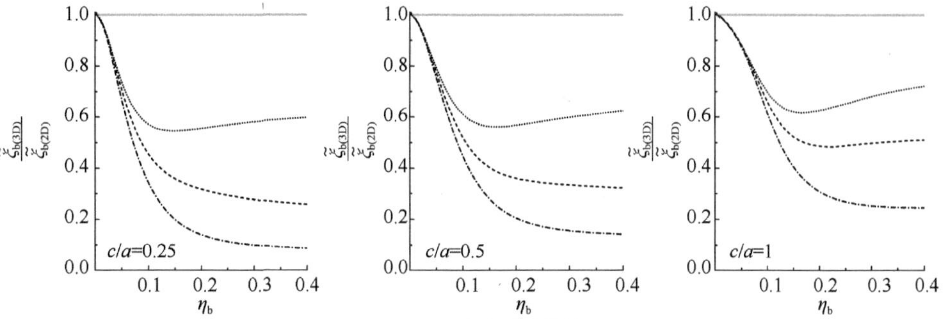

（b）系统阻尼

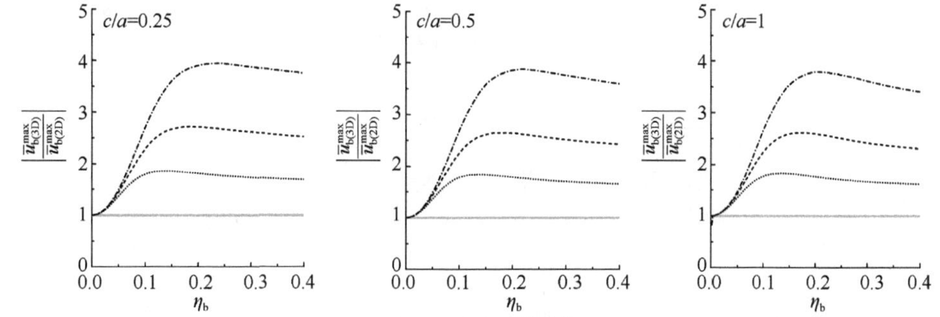

（c）系统峰值

图 6-4　（续）

第 5 章采用二维模型进行分析计算时得到结论，土-结构相互作用系统的基础埋深较大时，系统频率和系统阻尼也较大，而系统峰值则较小。虽然这里没有给出不同基础埋深情况下的三维模型系统参数，但仍可以得到完全相同的结论。

3. 土层厚度的影响

图 6-5 所示也是与图 6-3 相似的修正系数，但主要考察土层厚度对比值 $\tilde{\eta}_{b(3D)}/\tilde{\eta}_{b(2D)}$、$\tilde{\xi}_{b(3D)}/\tilde{\xi}_{b(2D)}$ 和 $\left|\overline{u}_{b(3D)}^{max}/\overline{u}_{b(2D)}^{max}\right|$ 的影响。从左至右每行分别代表不同的土层厚度情况（D/a=1, 2, ∞；其中 $D/a=\infty$ 对应均匀半空间），基岩刚度取定值 β_R/β_L=2，系统其他参数为 c/a=0.5, H/a=2, M_b/M_0=10。对于不同土层厚度情况同样有 $\tilde{\eta}_{b(3D)}/\tilde{\eta}_{b(2D)}>1$，$\tilde{\xi}_{b(3D)}/\tilde{\xi}_{b(2D)}<1$ 和 $\left|\overline{u}_{b(3D)}^{max}/\overline{u}_{b(2D)}^{max}\right|>1$，这仍然与前面的结论完全一致。采用二维模型估算系统频率的误差随着土层厚度增加而变大，对于图 6-5 中的参数而言，当土层较薄时此误差小于 35%(D/a=1)，中等厚度情况下误差不超过 45%(D/a=2)，而当土层较厚时误差可达到 50%($D/a\to\infty$)。二维模型估算系统阻尼的误差为 20%～90%，对于不同土层厚度这个值都大体相同，而其估算系统峰值的最大误差，根据土层厚度不同其值为 450%～600%。

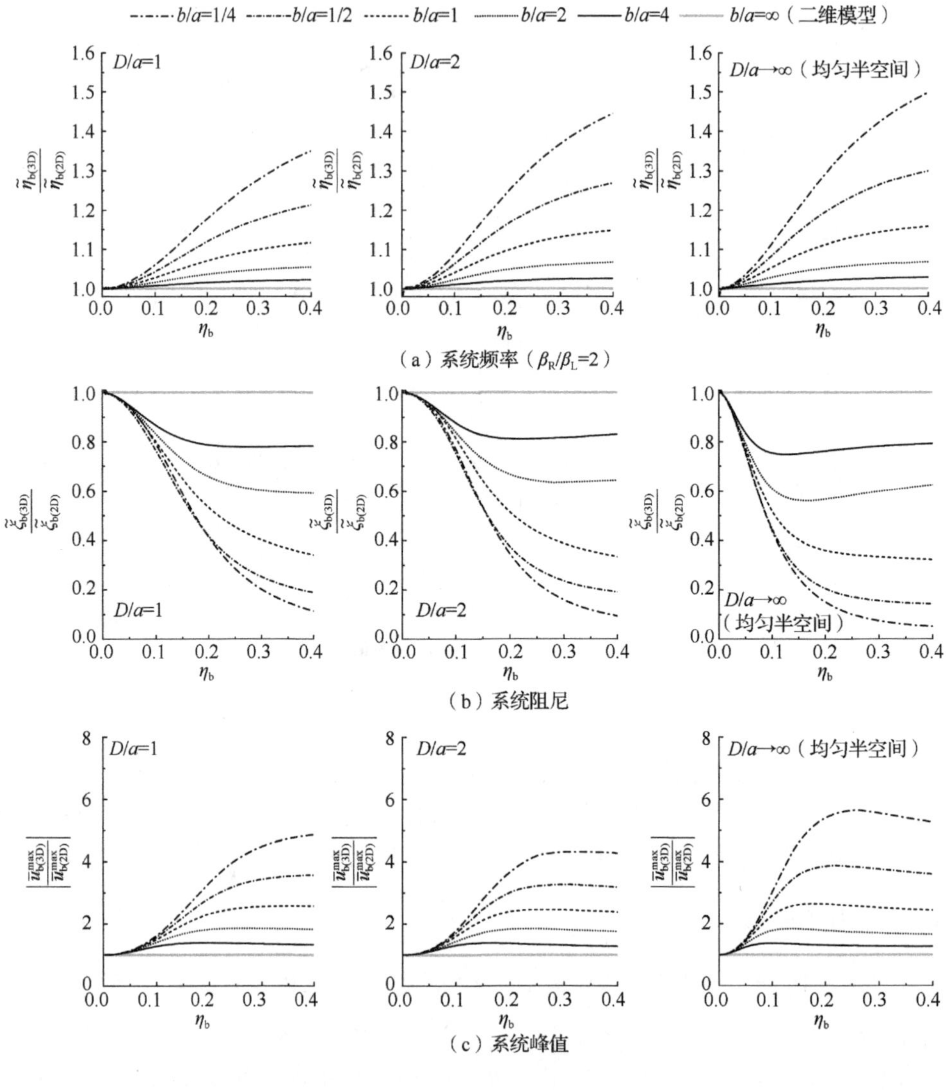

图 6-5　不同土层厚度情况下的二维模型与三维模型系统参数比值（二维模型修正系数）

第 5 章的结论是，当土-结构相互作用系统的土层厚度较小时，系统频率和系统峰值较大，而系统阻尼则较小。同样的，采用三维模型可以得到完全相同的结论。二维模型适合于定性分析，但在做定量分析时会产生较大误差，可采用图 6-3～图 6-5 进行修正。

6.2.2　平面外模型

除了平面内二维模型，也有学者将扁平形结构（$b<a$）在短边 b 方向上简化为平面外二维模型，如图 6-6 所示是两种二维模型和三维模型的示意图。仍然设谐波激励在 xOz 平面入射，但平面外二维模型的基础位移沿 x 轴方向，因为模型在 x 轴方向无限长，所以系统不发生转动。为便于分析，这里采用长度 b 进行无量纲化，得到无量纲频率为 $\eta'=\omega b/(\beta_L\pi)$，而相应的无量纲结构频率为 $\eta_b'=\omega_b b/(\beta_L\pi)$，无量纲结构高度和埋深取 $H/b=2$ 和 $c/b=0.5$。本节重点分析将扁平形三维结构简化为平面外二维模型产生的系统误差，考虑 3 组结构长宽比情况 $a/b=1, 2, 4$（即扁平形结构 $b/a=1, 1/2, 1/4$）。

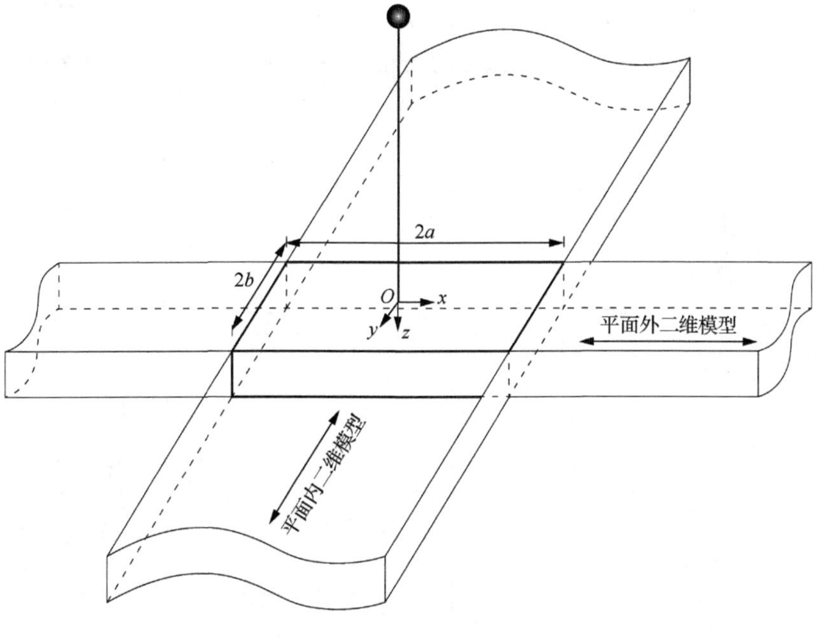

图 6-6　三维模型及平面内二维模型和平面外二维模型

图 6-7 是平面外二维模型和不同长宽比三维模型的传递函数$|\overline{u}_b|$，其中三维模型的极限情况 $a/b\to\infty$即退化为平面外二维模型。从左至右每列分别对应不同的结构质量和高度（$M_b/M_0=5$，$H/b=1$；$M_b/M_0=10$，$H/b=2$；$M_b/M_0=15$，$H/b=3$），从上至下每行分别对应不同的结构固端频率（$\eta_b'=0.1, 0.2, 0.3$），不同线型代表不同长宽比情况 $a/b=1, 2, 4, \infty$。与平面内二维模型会低估系统频率不同，平面外二维模型会高估系统频率，这是因为平面外二维模型没有转动分量。当结构长

宽比 a/b 越小时，平面外二维模型估算系统频率的误差越大，即三维模型由扁平变得方正时，采用平面外二维模型估算系统频率的误差变大。但是与平面内二维模型相同的是，平面外二维模型同样会高估系统阻尼并低估系统峰值，这是因为两种二维模型传递函数的形状都比三维模型传递函数要扁平。正是出于这个原因，取三维结构的截面建立二维模型进行抗震分析和计算是一种不安全的做法，存在较大的潜在危险。

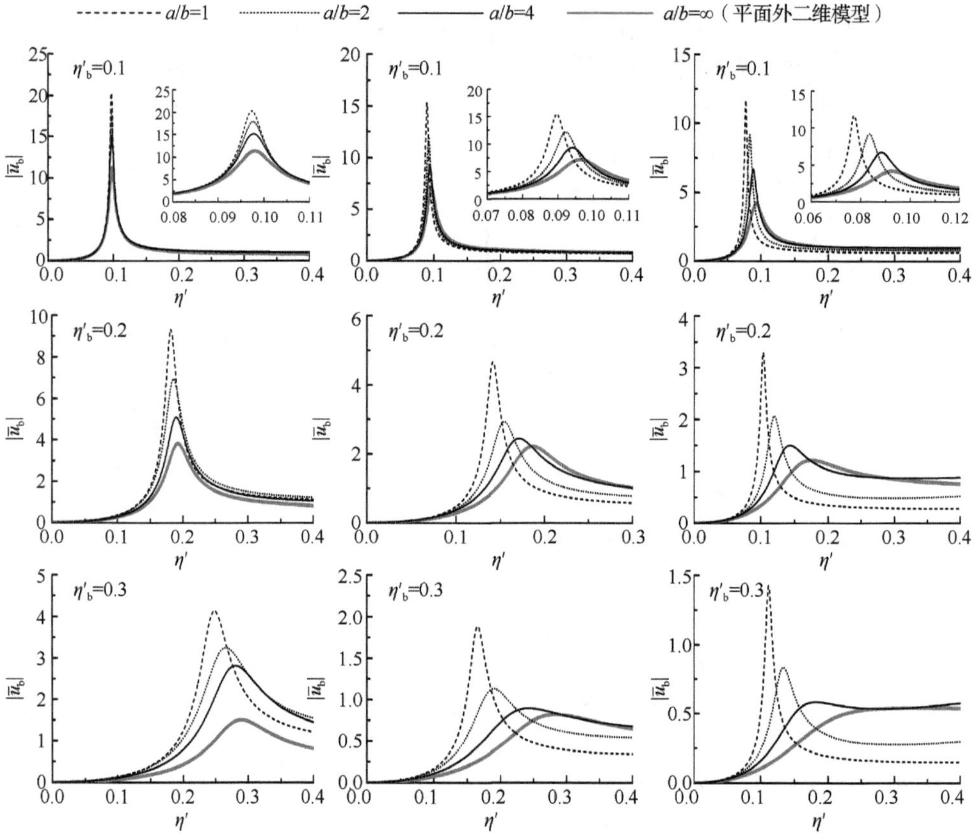

（a）M_b/M_0=5，H/b=1　（b）M_b/M_0=10，H/b=2　（c）M_b/M_0=15，H/b=3

图 6-7　平面外二维模型和不同长宽比三维模型的传递函数 $|\overline{u}_b|$

6.2.3　算例分析

本节通过具体实例——Millikan Library 南北和东西两个方向的动力特性，采用三维和二维两种形式来建立土-结构相互作用模型，分析二维模型导致的系统误差，并详述上节修正系数曲线的使用方法。有关 Millikan Library 的结构详情、试验细节及试验结论请参考本章文献[9, 10]。Millikan Library 的抗侧力构件由框架和剪力墙组成，其中剪力墙为两片边墙加筒中筒，因此结构基础刚度较大，对于一般的入射地震波可将其视为刚性基础。图 6-8 是该结构的外观、基础平面、立面和模型图。上部结构高 H=43.9m，地下埋深 c=4.3m，平面形状接近正方形。

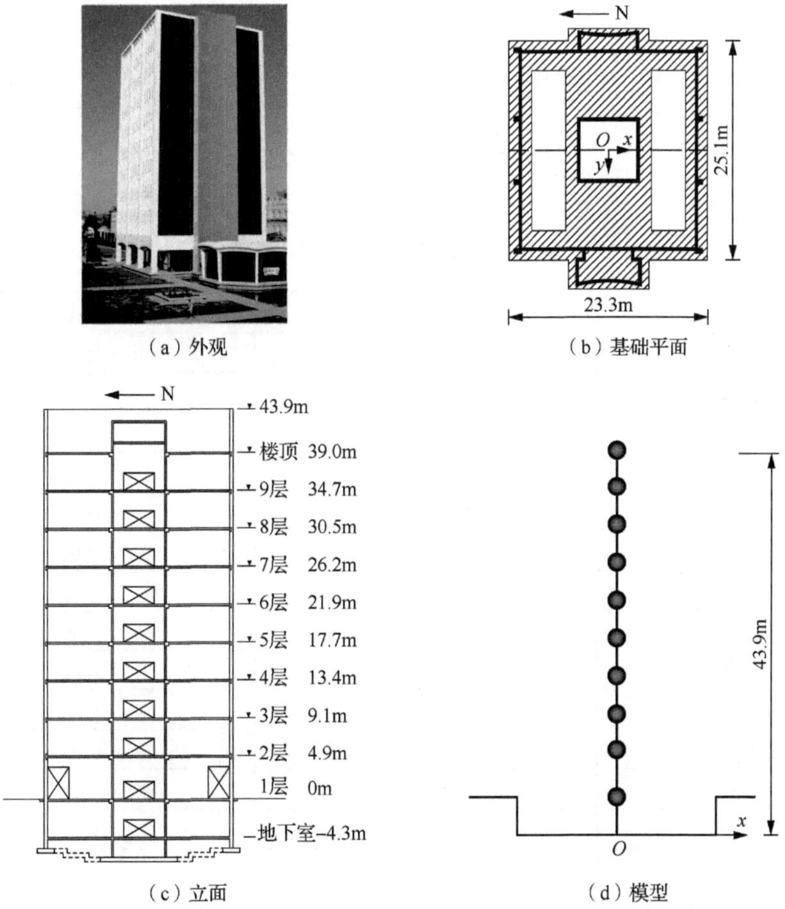

图 6-8　Millikan Library 的外观、基础平面、立面和模型图

在土-结构相互作用的计算模型中，可以将基础简化成尺寸为 $2a$=$2b$=23.3m 且 c=4.3m 的三维矩形体，参考点在地表以下 2.75m。上部结构简化为多质点体系，结构参数如表 6-1 所示，其中 S_{b} 为结构各层关于 x 轴的面积矩之和，I_{b} 为各层对原点的惯性矩之和，$I_{0\mathrm{b}}$ 为各层对通过该层中心的水平轴的惯性矩之和。多质点结构第 r 阶振型的频率为 ω_r，振型质量为 M_r，阻尼系数为 ξ_r，另外还有振型参数 β_r 和 γ_r。根据这些参数，上部结构的等效动力质量为

$$\boldsymbol{M}_{\mathrm{b}}=M_{\mathrm{b}}\left(\begin{bmatrix}1 & \dfrac{S_{\mathrm{b}}}{M_{\mathrm{b}}H}\\ \dfrac{S_{\mathrm{b}}}{M_{\mathrm{b}}H} & \dfrac{I_{0\mathrm{b}}+I_{\mathrm{b}}}{M_{\mathrm{b}}H^2}\end{bmatrix}+\sum_{r=1}^{N}\begin{bmatrix}\beta_r^2 & \beta_r\gamma_r\\ \beta_r\gamma_r & \gamma_r^2\end{bmatrix}\left(\frac{\omega^2}{\omega_r^2+2\mathrm{i}\xi_r\omega\omega_r-\omega^2}\right)\frac{M_r}{M_{\mathrm{b}}}\right)\tag{6-1}$$

结构顶部相对位移，即传递函数为

$$\overline{u}_{\mathrm{b}}=\sum_{r=1}^{N}\left(\frac{\omega^2}{\omega_r^2+2\mathrm{i}\xi_r\omega\omega_r-\omega^2}\right)(\beta_r u+\gamma_r\varphi H)/(u_*+\varphi_* H)\tag{6-2}$$

表 6-1　Millikan Library 结构参数

结构参数	南北	东西
M_{b}/kg	1.07×10^7	1.07×10^7
M_0/kg	1.43×10^6	1.43×10^6
M_0/M_{s}	0.308	0.308
M_{b}/M_0	7.483	7.483
S_{b}/（$M_{\mathrm{b}}H$）	0.554	0.554
I_{b}/（$M_{\mathrm{b}}H^2$）	0.395	0.395
$I_{0\mathrm{b}}$/（$M_{\mathrm{b}}H^2$）	0.027	0.030
I_0/（$M_{\mathrm{b}}H^2$）	0.004	0.005
S_0/（$M_{\mathrm{b}}H$）	0.000	0.000
（$\omega_1/2\pi$）/Hz	2.16	1.26
M_1/M_{b}	0.35	0.35
ξ_1	0.012	0.015
β_1	1.42	1.42
γ_1	1.07	1.07
（$\omega_2/2\pi$）/Hz	10.0	6.20
M_2/M_{b}	0.40	0.40
ξ_2	0.012	0.015
β_2	−0.63	−0.63
γ_2	−0.08	−0.08

场地勘测资料显示，Millikan Library 所在场地土由中砂至密砂组成，夹杂碎石，可以将该场地模拟为水平成层场地，具体参数如表 6-2 所示。该数据经由 3 次钻孔勘测测得，地点分别位于 Millikan Library 正下方（勘测于建造前）和附近两栋建筑处（分别距离该建筑 370m 和 76m）。

表 6-2　Millikan Library 场地参数

层号	D/m	β/（m/s）	ν	ξ/%	ρ/（kg/m^3）
1	5.49	298.7	1/3	2	1846.9
2	4.26	387.1	1/3	2	1846.9
3	3.66	454.2	1/3	2	1846.9
4	6.71	487.7	1/3	2	1846.9
5	82.29	609.6	1/3	2	1846.9
6	16.16	762.0	1/3	2	1846.9
基岩	∞	944.8	1/3	2	1846.9

图 6-9（a）和（b）分别是结构南北方向和东西方向的系统传递函数$|\overline{u}_b|$，其中 3 条粗实线分别是实际结构（b/a=1）、二维模型（$b/a\to\infty$）和固端模型的传递函数，而细线表示假想结构的传递函数（b/a=1/2，2，4），图 6-10 将用到假想结构的计算结果。Millikan Library 南北方向固端频率为 2.16Hz，东西方向固端频率为 1.26Hz，结构在南北方向的刚度更大，考虑到该结构是正方形，因此土-结构相互作用效应在南北方向更强烈。通过三维模型和二维模型计算得到的系统频率、系统阻尼和系统峰值，以及二维模型的修正系数如表 6-3 所示，本节采用平面内二维模型。比较南北方向和东西方向的计算结果，可以发现二维模型在南北方向的误差更大（系统频率误差是南北方向为 7%，东西方向为 4%；系统阻尼误差是南北方向为 44%，东西方向为 20%；系统峰值误差是南北方向为 140%，东西方向为 34%）。这说明，刚性结构的土-结构相互作用效应明显，因此二维模型产生的误差更大，这与 6.2.1 节中的分析是一致的。

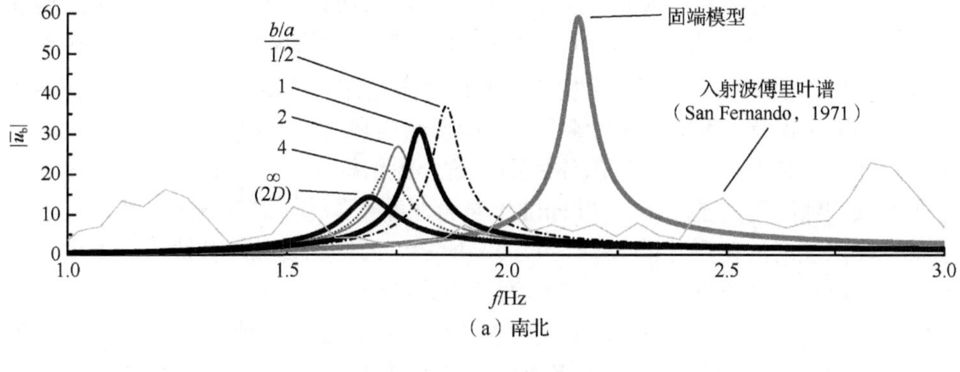

（a）南北

图 6-9　Millikan Library 南北方向和东西方向的传递函数

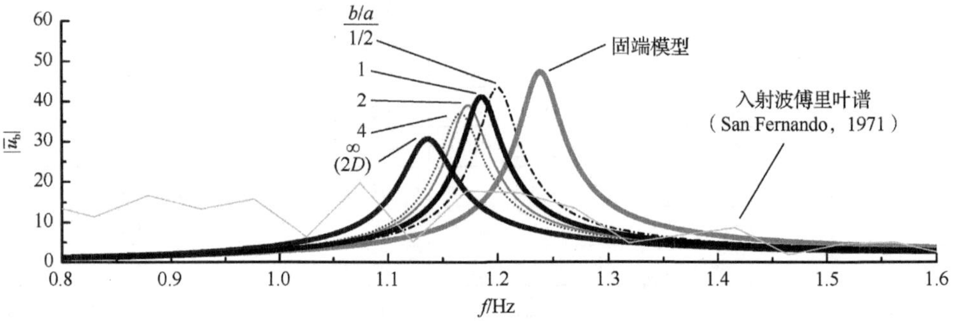

（b）东西

图 6-9　（续）

表 6-3　二维模型和三维模型计算 Millikan Library 的系统参数

结构参数	南北（固端频率 2.16Hz）			东西（固端频率 1.26Hz）		
	3D	2D	修正系数	3D	2D	修正系数
$\tilde{\eta}_b$	1.80Hz	1.69Hz	1.07	1.18Hz	1.14Hz	1.04
$\tilde{\xi}_b$	1.66%	2.97%	0.56	1.59%	2.00%	0.80
$\overline{u}_b^{max}$	34.42	14.37	2.40	41.04	30.65	1.34

下面在时域中进一步对二维模型的适用性进行研究。图 6-10 中的激励是 1971 年 San Fernando 地震发生时，Millikan Library 地面层强震仪记录下的南北方向加速度，并已将最大值调整为 0.1g，该加速度时程记录如图 6-10 第一行，其傅里叶谱如图 6-9（a）所示（为了与传递函数的纵坐标相适应，已将傅里叶谱进行了适当放大）。在模型计算中，假设地震动记录由基岩面入射。图 6-10 从第二行起是图 6-9（a）中各结构在此激励下的加速度时程和反应谱，其中左侧一栏是结构顶部的加速度时程响应 $\ddot{u}_b(t)$，而右侧一栏是该时程响应的反应谱 $\mathrm{RS}\{\ddot{u}_b\}$。从上至下各行分别为固端模型、假想结构 b/a=1/2、实际结构（b/a=1）、假想结构 b/a=2、假想结构 b/a=4 及二维模型的计算结果。假想结构和实际结构的参数均按照表 6-1 中“南北”一栏取值，为方便叙述后面将这一组结构简称为南北组结构。图 6-11 与图 6-10 类似，但其激励是 Millikan Library 地面层强震仪记录下的东西方向的加速度，此加速度的傅里叶谱如图 6-9（b）所示，而结构参数均按照表 6-1 中“东西”一栏取值，并将这一组结构简称为东西组结构。

时域计算步骤如下。首先将地震波时程记录通过离散傅里叶变换分解成为 1024 个频率分量，最低频率和频率间隔均为 1/(2×1024×0.01s)，其中 0.01s 为地震记录的时间采样间隔。这样可以得到某个具体频率分量的强度，将频率分量强度乘以对应的传递函数强度就是放大谱，然后再通过离散傅里叶逆变换得到模型的时域响应。

根据图 6-10 和图 6-11，时域计算中二维模型的误差已列于表 6-4。对于南北组结构的时程最大值$|\ddot{u}_b(t)|^{max}$，实际结构（b/a=1）比二维模型的计算值大 36%，长度为 1/2 宽度的假想结构（b/a=1/2）比二维模型的计算值大 100%，而对于长度分别为宽度的 2 倍（b/a=2）和 4 倍（b/a=4）的假想结构，二维模型计算误差分别为 29%和 14%。对于反应谱最大值 $RS\{\ddot{u}_b\}^{max}$，二维模型的误差分别为 171%（b/a=1/2）、24%（b/a=1）、14%（b/a=2）、8%（b/a=4）。因为东西组结构较柔，所以二维模型的误差较小。这进一步表明，取三维结构的截面建立二维模型进行抗震计算和分析是一种不保守和不安全的方法。

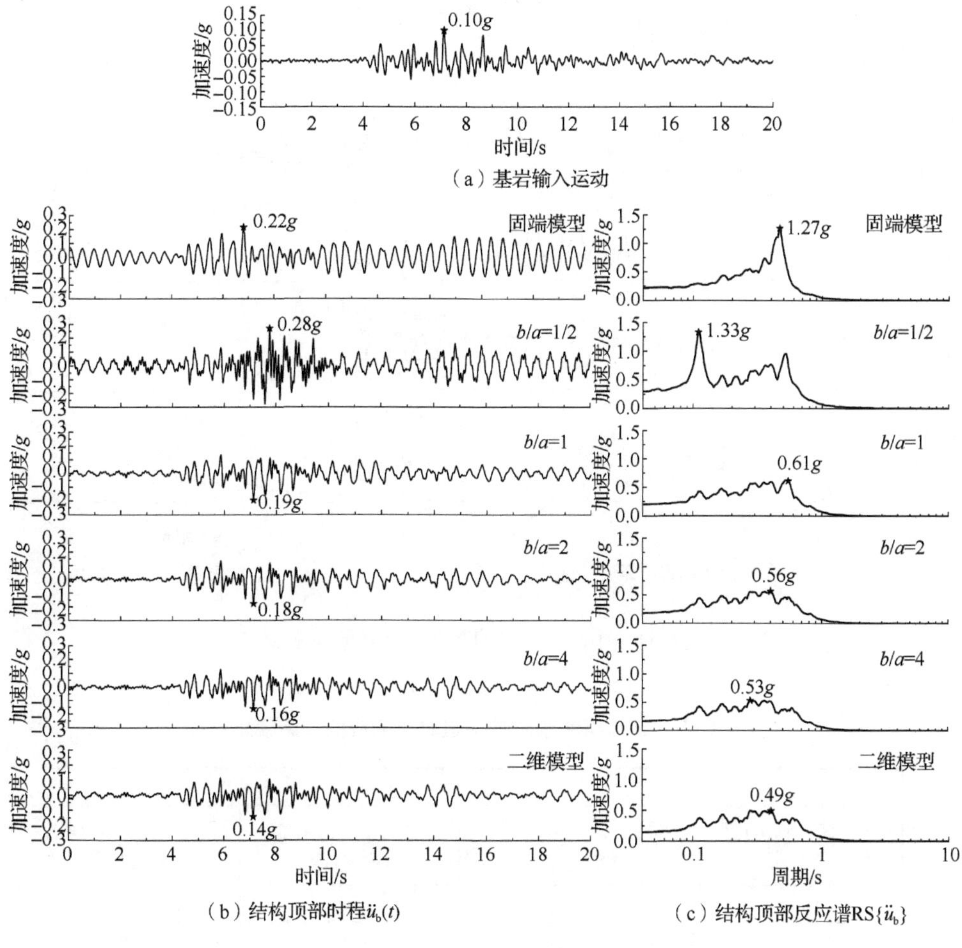

（a）基岩输入运动

（b）结构顶部时程$\ddot{u}_b(t)$　　（c）结构顶部反应谱$RS\{\ddot{u}_b\}$

图 6-10　不同长宽比的南北组结构时域响应

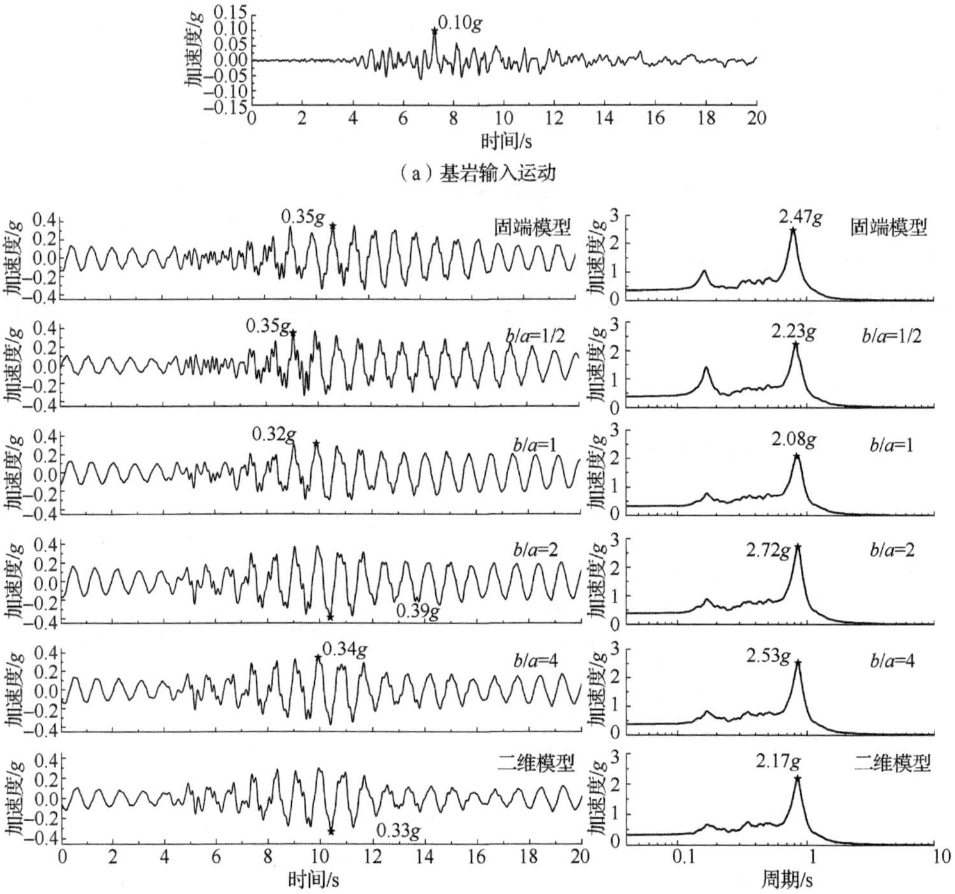

（a）基岩输入运动

（b）结构顶部时程$\ddot{u}_b(t)$　　（c）结构顶部反应谱$RS\{\ddot{u}_b\}$

图 6-11　不同长宽比的东西组结构时域响应

表 6-4　南北结构组和东西结构组时域响应的二维模型误差

b/a	南北		东西	
	$\dfrac{\lvert\ddot{u}_b(t)\rvert_{3D}^{max}-\lvert\ddot{u}_b(t)\rvert_{2D}^{max}}{\lvert\ddot{u}_b(t)\rvert_{2D}^{max}}$	$\dfrac{RS\{\ddot{u}_b\}_{3D}^{max}-RS\{\ddot{u}_b\}_{2D}^{max}}{RS\{\ddot{u}_b\}_{2D}^{max}}$	$\dfrac{\lvert\ddot{u}_b(t)\rvert_{3D}^{max}-\lvert\ddot{u}_b(t)\rvert_{2D}^{max}}{\lvert\ddot{u}_b(t)\rvert_{2D}^{max}}$	$\dfrac{RS\{\ddot{u}_b\}_{3D}^{max}-RS\{\ddot{u}_b\}_{2D}^{max}}{RS\{\ddot{u}_b\}_{2D}^{max}}$
1/2	100%	171%	6%	3%
1	36%	24%	−3%	−4%
2	29%	14%	18%	25%
4	14%	8%	3%	17%

6.2.4　修正系数使用

本节仍以 Millikan Library 为例，详述 6.2.1 节中的系统频率、系统阻尼和系统峰值修正系数曲线的使用步骤，并分析修正系数曲线的适用性。

1. 修正系数曲线使用步骤

1）确定结构的等效单质点参数和等效矩形基础尺寸（M_b、H、$2a$、$2b$、c、M_0、ω_b）。对于以剪切变形为主的结构，等效单质点高度可以按 $H=\tilde{H}/\sqrt{3}$ 进行估算，其中 $\tilde{H}$ 为结构实际高度。

2）确定土-结构相互作用模型的无量纲结构参数 M_b/M_0、M_0/M_s、H/a、b/a、c/a。

3）将实际场地等效为基岩上的单一土层场地，并确定无量纲场地参数 β_R/β_L 和 D/a。

4）确定土-结构相互作用模型的无量纲频率 $\eta_b=\omega_b a/(\pi\beta_L)$。

5）找到图 6-3～图 6-5 中最接近模型无量纲量的曲线，这些无量纲量包括 M_b/M_0、H/a、c/a、D/a、β_R/β_L、M_0/M_s 等，可以对曲线进行插值。

6）通过曲线横坐标的无量纲频率 η_b 读出修正系数。

7）将采用二维模型计算得到的系统频率 $\tilde{\eta}_b$、系统阻尼 $\tilde{\xi}_b$ 和系统峰值 $\bar{u}_b^{max}$ 乘以修正系数进行修正。

2. 算例

Millikan Library 结构参数为 $2a=2b=23.3$m，$c=4.3$m，$\tilde{H}=43.9$m，$M_b/M_0=7.8$，$M_0/M_s=0.31$，南北方向固端频率为 $f_b=2.16$Hz，东西方向固端频率为 $f_b=1.26$Hz。因此等效单质点结构的无量纲高度 $H/a=2.18$，长宽比 $b/a=1$，深宽比 $c/a=0.37$。将表 6-2 所示的多层场地简化为基岩上的单一土层，具体方式是将场地上面 4 个覆盖层合并为单一土层，并取土层厚度为

$$D=5.49\text{m}+4.26\text{m}+3.66\text{m}+6.71\text{m}=20.12\text{m} \tag{6-3}$$

通过两种方式取土层剪切波速：①因为基础完全埋置于第一层土中，所以取第一层土的剪切波速作为土层剪切波速（$\beta_L=298.7$m/s）；②将上面 4 层土的等效剪切波速作为土层剪切波速，即

$$\beta_L^{eq}=\frac{D}{\dfrac{5.49\text{m}}{298.7\text{m/s}}+\dfrac{4.26\text{m}}{387.1\text{m/s}}+\dfrac{3.66\text{m}}{454.2\text{m/s}}+\dfrac{6.71\text{m}}{487.7\text{m/s}}}=393.0\text{m/s} \tag{6-4}$$

第五层土的剪切波速较大且厚度也较大，可将这层土视为基岩（$\beta_R=609.6\text{m/s}$）。因此工况①的无量纲量为$\beta_R/\beta_L=2.04$，$\eta_b^{NS}=0.168$，$\eta_b^{EW}=0.098$，$D/a=1.73$；工况②的无量纲量为$\beta_R/\beta_L=1.55$，$\eta_b^{NS}=0.128$，$\eta_b^{EW}=0.075$，$D/a=1.73$。

情况 1：在图 6-3～图 6-5 中，最接近本例的结构参数是M_b/M_0=10，H/a=2，b/a=1，c/a=0.5，M_0/M_s=0.2；而最接近本例的场地参数对于工况①为土层厚度D/a=2且基岩刚度$\beta_R/\beta_L=2$的层状场地，对于工况②则宜将工况①的层状场地和均匀场地（$\beta_R/\beta_L=1$）进行插值，即取两者修正系数的平均值。采用这种处理方式，结构参数、基础参数和场地参数都按照修正系数图取近似值。

情况 2：将结构参数按照实际取值M_b/M_0=7.8，H/a=2.18，但基础参数和场地参数仍按照情况 1 取近似值，针对这一组参数重新计算修正系数。在基础阻抗函数已知的前提下，这种处理方式基本不额外增加计算量。

按照各种方式估算的修正系数已列于表 6-5 中，情况 0 表示采用实际结构参数、实际基础参数和实际场地参数计算得到的二维模型修正系数，可将其视为本例准确的修正系数。括号中的数字表示情况 1 和情况 2 的修正系数与准确修正系数的比值。由表 6-5 可知，无论采用何种方式选取修正系数，都可以将系统频率修正至较为准确的数值，误差基本在 1%以内。而系统阻尼和系统峰值受修正系数准确性的影响稍大，误差分别能达到 18%和 19%。情况 2 在某些时候的误差甚至大于情况 1，这也许是多重近似反而偶然地将一些误差抵消。对于本例，场地的两种工况①和②对结果的影响很小，两种基岩上单一土层场地的等效方式都是合理的。

表 6-5　Millikan Library 修正系数

情况	场地参数			南北（$f_b=2.16\text{Hz}$）			东西（$f_b=1.26\text{Hz}$）		
				$\frac{\tilde{\eta}_{b(3D)}}{\tilde{\eta}_{b(2D)}}$	$\frac{\tilde{\xi}_{b(3D)}}{\tilde{\xi}_{b(2D)}}$	$\frac{\overline{u}_{b(3D)}^{max}}{\overline{u}_{b(2D)}^{max}}$	$\frac{\tilde{\eta}_{b(3D)}}{\tilde{\eta}_{b(2D)}}$	$\frac{\tilde{\xi}_{b(3D)}}{\tilde{\xi}_{b(2D)}}$	$\frac{\overline{u}_{b(3D)}^{max}}{\overline{u}_{b(2D)}^{max}}$
情况 0 准确修正系数	实际多质点结构（表 6-1） 实际场地（表 6-2）			1.07 (1.00)	0.56 (1.00)	2.40 (1.00)	1.04 (1.00)	0.80 (1.00)	1.34 (1.00)
情况 1 M_b/M_0=10 H/a=2 c/a= 0.5	(a) β_L=298.7m/s			$\eta_b^{NS}=0.168$			$\eta_b^{EW}=0.098$		
		层状场地	β_R/β_L=2, D/a=2	1.08 (1.01)	0.59 (1.05)	2.24 (0.93)	1.04 (1.00)	0.82 (1.03)	1.58 (1.18)
	(b) β_L=393.0m/s			$\eta_b^{NS}=0.128$			$\eta_b^{EW}=0.075$		
		均匀场地	β_R/β_L=1, D/a=2	1.07	0.44	2.53	1.04	0.63	1.87
		层状场地	β_R/β_L=2, D/a=2	1.06	0.72	1.91	1.03	0.90	1.34
		插值	β_R/β_L=1.5, D/a=2	1.07 (1.00)	0.58 (1.04)	2.22 (0.93)	1.04 (1.00)	0.77 (0.96)	1.60 (1.19)

续表

情况	场地参数			南北（$f_b = 2.16$Hz）			东西（$f_b = 1.26$Hz）		
				$\frac{\tilde{\eta}_{b(3D)}}{\tilde{\eta}_{b(2D)}}$	$\frac{\tilde{\xi}_{b(3D)}}{\tilde{\xi}_{b(2D)}}$	$\frac{\overline{u}_{b(3D)}^{max}}{\overline{u}_{b(2D)}^{max}}$	$\frac{\tilde{\eta}_{b(3D)}}{\tilde{\eta}_{b(2D)}}$	$\frac{\tilde{\xi}_{b(3D)}}{\tilde{\xi}_{b(2D)}}$	$\frac{\overline{u}_{b(3D)}^{max}}{\overline{u}_{b(2D)}^{max}}$
情况 2 M_b/M_0=7.48 H/a=2.18 c/a= 0.5	(a) β_L=298.7m/s			$\eta_b^{NS} = 0.168$			$\eta_b^{EW} = 0.098$		
		层状场地	β_R/β_L=2, D/a=2	1.07 (1.00)	0.66 (1.18)	2.08 (0.85)	1.03 (0.99)	0.87 (1.09)	1.46 (1.09)
	(b) β_L=393.0m/s			$\eta_b^{NS} = 0.128$			$\eta_b^{EW} = 0.075$		
		均匀场地	β_R/β_L=1, D/a=2	1.06	0.49	2.36	1.03	0.69	1.71
		层状场地	β_R/β_L=2, D/a=2	1.05	0.78	1.75	1.02	0.93	1.26
		插值	β_R/β_L=1.5, D/a=2	1.06 (0.99)	0.63 (1.13)	2.06 (0.86)	1.03 (0.99)	0.81 (1.01)	1.49 (1.11)

若要从修正系数图表中读出更为准确的修正系数值，可将图 6-3～图 6-5 的参数取值加密并扩大取值范围，以将图绘制得更加精细，这里不再详细讨论。最后采用二维模型进行计算，并将采用修正系数进行修正后的系统频率、系统阻尼和系统峰值列于表 6-6 中。经过修正处理后，土-结构相互作用的系统参数已基本被调整至较为准确的数值。

表 6-6　修正后的 Millikan Library 系统参数

情况	场地		南北（$f_b = 2.16$Hz）			东西（$f_b = 1.26$Hz）		
			$\tilde{\eta}_b$ /Hz	$\tilde{\xi}_b$ /%	$\overline{u}_b^{max}$	$\tilde{\eta}_b$ /Hz	$\tilde{\xi}_b$ /%	$\overline{u}_b^{max}$
二维模型计算值	实际多质点结构（表 6-1） 实际场地（表 6-2）		1.69	2.97	14.37	1.14	2.00	30.65
情况 0 三维模型计算值	实际多质点结构（表 6-1） 实际场地（表 6-2）		1.80	1.66	34.42	1.18	1.59	41.04
情况 1 M_b/M_0=10 H/a=2 c/a= 0.5	(a) β_L=298.7m/s	β_R/β_L=2, D/a=2	1.82	1.75	32.12	1.18	1.64	48.43
	(b) β_L=393.0m/s	β_R/β_L=1.5, D/a=2	1.80	1.72	31.90	1.18	1.54	49.04
情况 2 M_b/M_0=7.48 H/a=2.18 c/a= 0.5	(a) β_L=298.7m/s	β_R/β_L=2, D/a=2	1.80	1.96	29.89	1.17	1.74	44.75
	(b) β_L=393.0m/s	β_R/β_L=1.5, D/a=2	1.79	1.87	29.60	1.17	1.62	45.67

6.3　轴对称模型修正系数

6.3.1　模型等效

轴对称土-结构相互作用模型仍由层状场地、刚性基础和单质点结构 3 个部分组成，如图 6-12（b）所示，而三维土-结构相互作用模型与 6.2 节完全相同，如图 6-12（a）所示。通常将轴对称土-结构相互作用模型的基础简化为圆柱体，设其半径为 r，埋深为 c，质量为 M_0，模型其他参数及入射波情况与 6.2 节完全相同。

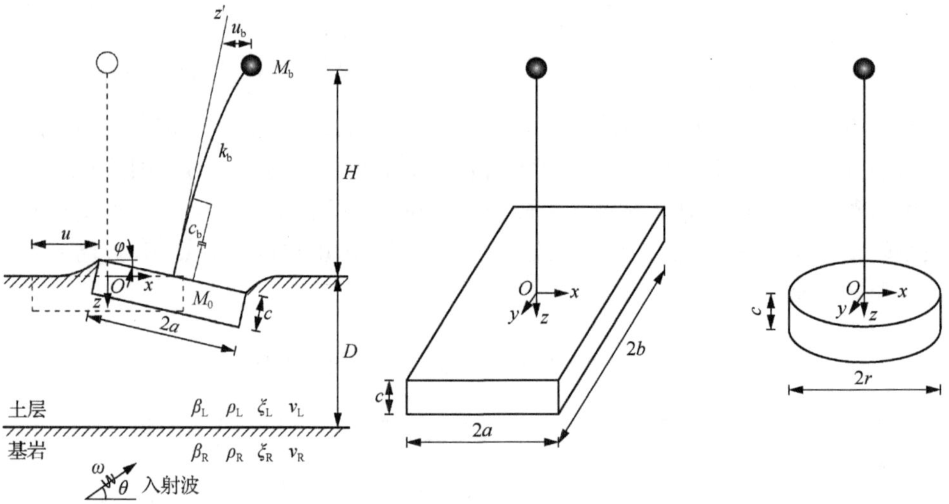

（a）三维模型　　（b）轴对称模型

图 6-12　三维模型与轴对称模型

考虑三种轴对称模型的情况。第一种情况取轴对称模型基础半径等于矩形基础半宽 $r=a$，即两种模型具有相同的截面面积。第二种情况取轴对称模型基础顶面积等于矩形基础顶面积，即基础半径为

$$r = 2\sqrt{ab / \pi} \tag{6-5}$$

第三种情况是在第二种情况的前提下，对基础的转动阻抗函数做进一步修正，即

$$K_{\text{MM}} = K_{\text{MM}} \frac{I_{\text{3D\_rec}}}{I_{\text{Axi\_sym}}} \tag{6-6}$$

式中，$I_{\text{3D\_rec}}$ 和 $I_{\text{Axi\_sym}}$ 分别是矩形基础和轴对称基础绕参考点的转动惯量。

图 6-13 是不同长宽比情况下三维模型和三种轴对称模型的传递函数$|\bar{u}_b|$，从上至下每行分别表示不同的结构长宽比（b/a=1/4, 1/2, 1, 2, 4），而从左至右每列分别表示不同的质量和结构高度（M_b/M_0=5，H/a=1；M_b/M_0=10，H/a=2；M_b/M_0=15，H/a=3，其中 M_0 是三维矩形基础的基础质量）。图 6-13 中每组实线表示三维模型

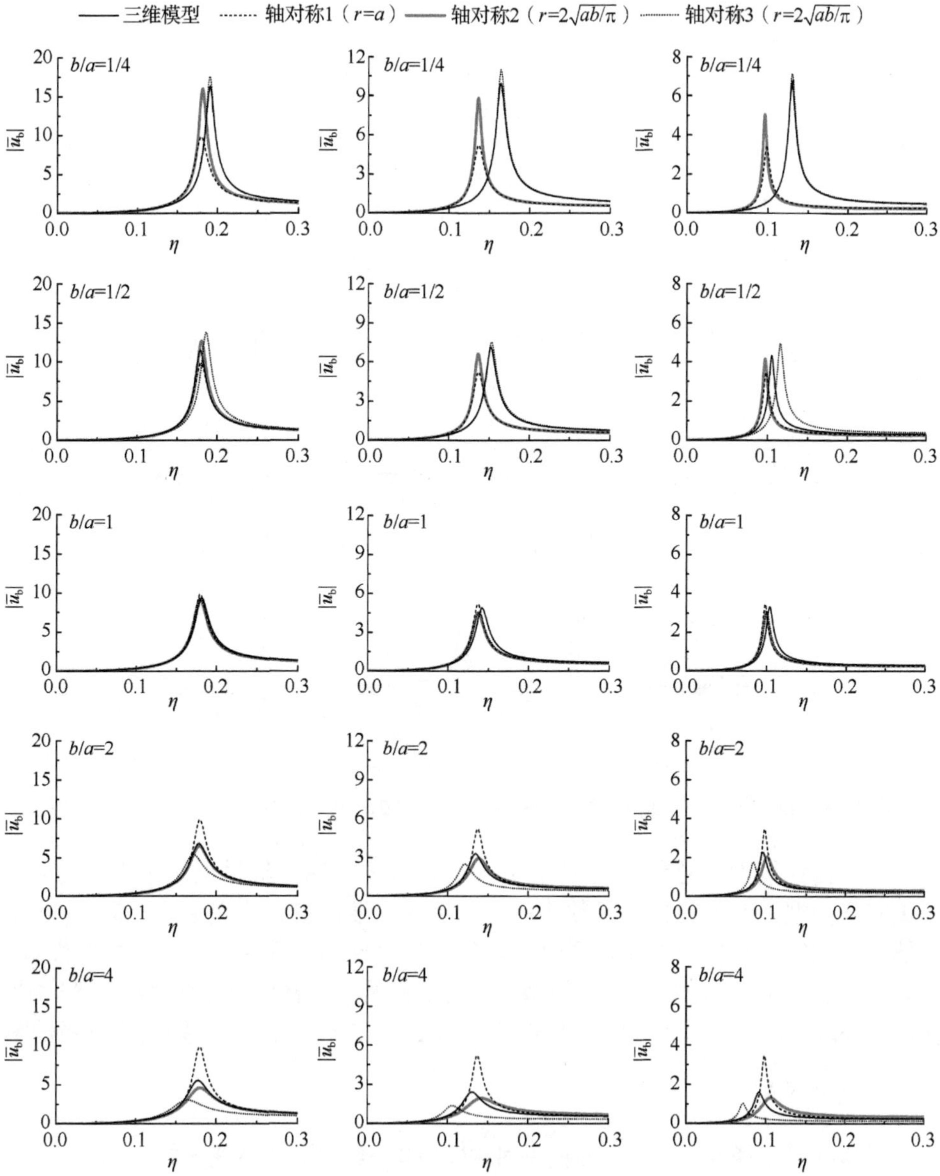

（a）M_b/M_0=5，H/a=1　　（b）M_b/M_0=10，H/a=2　　（c）M_b/M_0=15，H/a=3

图 6-13　轴对称模型与三维模型的传递函数（η_b=0.2，c/a=0.5，均匀半空间）

传递函数，而长虚线、灰线和短虚线分别表示 3 种轴对称模型的传递函数。这里以基础埋深 c/a=0.5 和均匀半空间为例，结构固端频率为 η_b=0.2，基础质量为 M_0/M_s=0.2，其他参数同 6.2 节。图 6-14 是不同基础埋深情况下轴对称模型和三维模型的传递函数 $|\overline{u}_b|$，从上至下每行仍然表示不同的结构长宽比（b/a=1/2, 1, 2），而从左至右每列分别表示不同的基础深宽比（c/a=0.25, 0.5, 1），以质量 M_b/M_0=10 和高度 H/a=2 的结构为例。

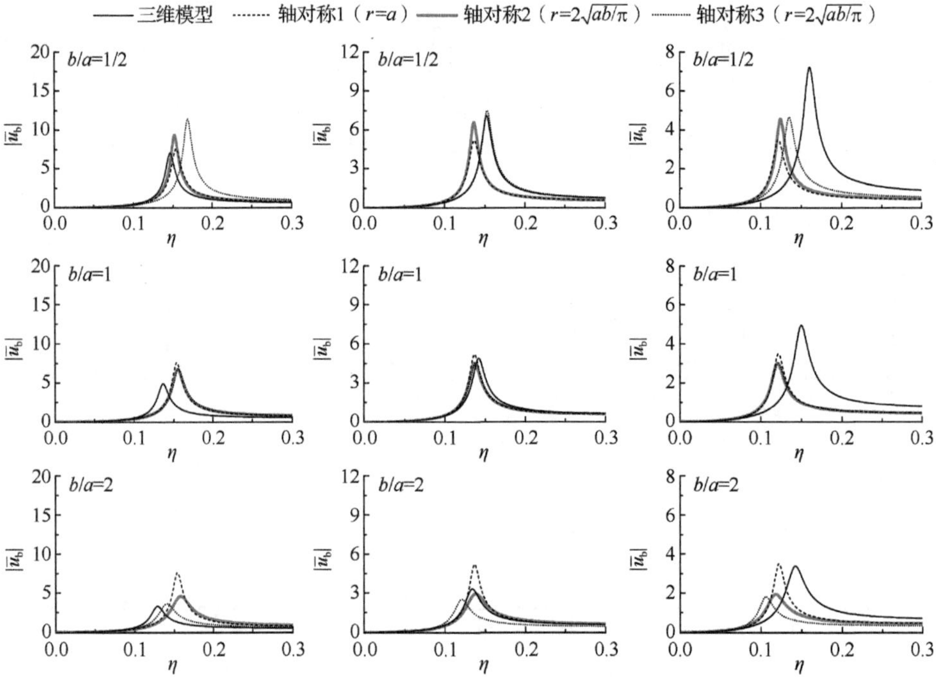

（a）c/a=0.25　（b）c/a=0.5　（c）c/a=1

图 6-14　轴对称模型与三维模型的传递函数 （η_b=0.2，M_b/M_0=10，H/a=2，均匀半空间）

作为简化模型，总体而言半径为 $r=2\sqrt{ab/\pi}$ 的轴对称模型优于半径为 $r=a$ 的轴对称模型，前者的传递函数比后者更接近三维模型的传递函数。第三种情况虽然将基础转动阻抗函数进行了修正，但这对改善轴对称模型的适用性并没有帮助。虽然轴对称模型也属于三维模型，但由于其无法考虑结构长宽比，仍然与实际情况存在较大出入，6.3.2 节将给出半径为 $r=2\sqrt{ab/\pi}$ 的轴对称模型的修正系数图。

6.3.2　修正系数

图 6-15 是半径为 $r=2\sqrt{ab/\pi}$ 的轴对称模型与三维模型的系统频 $\tilde{\eta}_{b(3D)}/\tilde{\eta}_{b(Axis)}$、系统阻尼 $\tilde{\xi}_{b(3D)}/\tilde{\xi}_{b(Axis)}$ 和系统峰值 $\left|\overline{u}_{b(3D)}^{max}/\overline{u}_{b(Axis)}^{max}\right|$ 的比值，即半径为 $r=2\sqrt{ab/\pi}$ 的轴对称模型的修正系数，横坐标无量纲频率仍为 $\eta_b=\omega a/\beta_L$，以均匀半空间和埋深

c/a=0.5 的情况为例。当结构越接近正方形时（$b=a$），轴对称模型的适用性越好，而当结构变得狭长或变扁平时，轴对称模型的适用性都会变差。对于狭长形结构（$b>a$），轴对称模型一般会高估系统频率，而对于扁平形结构（$b<a$），轴对称模型则一般会低估系统频率，尤其是对于固端频率较大的刚性结构。

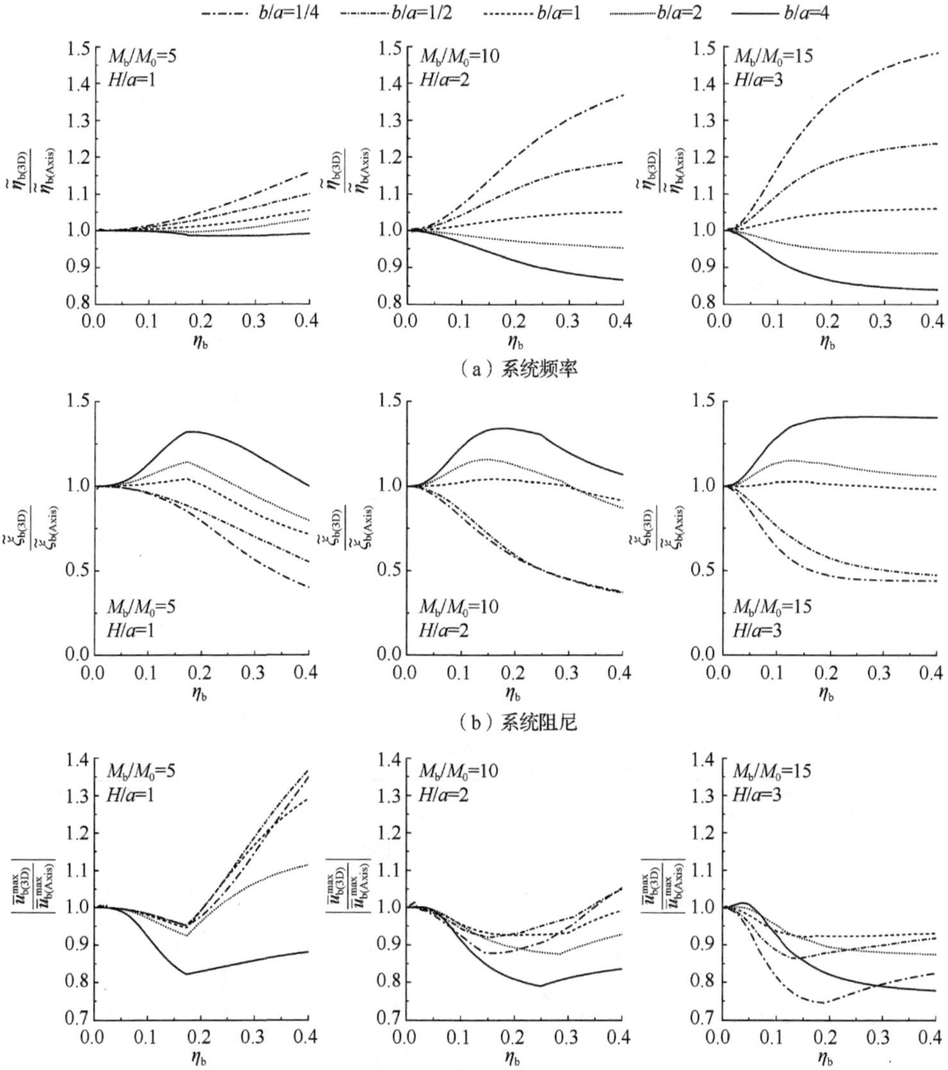

（a）系统频率

（b）系统阻尼

（c）系统峰值

图 6-15　半径为 $r=2\sqrt{ab/\pi}$ 的轴对称模型修正系数（$c/a=0.5$，均匀半空间）

对于轻矮结构（M_b/M_0=5, H/a=1），轴对称模型估算系统频率的误差为-1%～20%，对于中等质量和高度的结构（M_b/M_0=10, H/a=2），轴对称模型的误差为

-15%～40%；而对于高重结构（M_b/M_0=15，H/a=3），轴对称模型的误差为-20%～50%。轴对称模型估算系统阻尼的误差为-50%～50%。而在系统峰值方面，轴对称模型一般低估此项参数，虽然对于一些较为刚性的轻矮结构（$\eta_b > 0.2$，M_b/M_0=5，H/a=1），其修正系数$\left|\bar{u}_{b(3D)}^{max} / \bar{u}_{b(Axis)}^{max}\right|$大于 1。

图 6-16 是不同埋深情况下的轴对称模型的修正系数，考虑 c/a=0.25, 0.5, 1 共 3 个深宽比值，并以结构质量 M_b/M_{01}=10 和高度 H/a=2 的情况为例，其中 M_{01} 仍然表示埋深为 c/a=0.5 的基础质量。修正系数的实用化方法同 6.2 节，可根据需要选用。

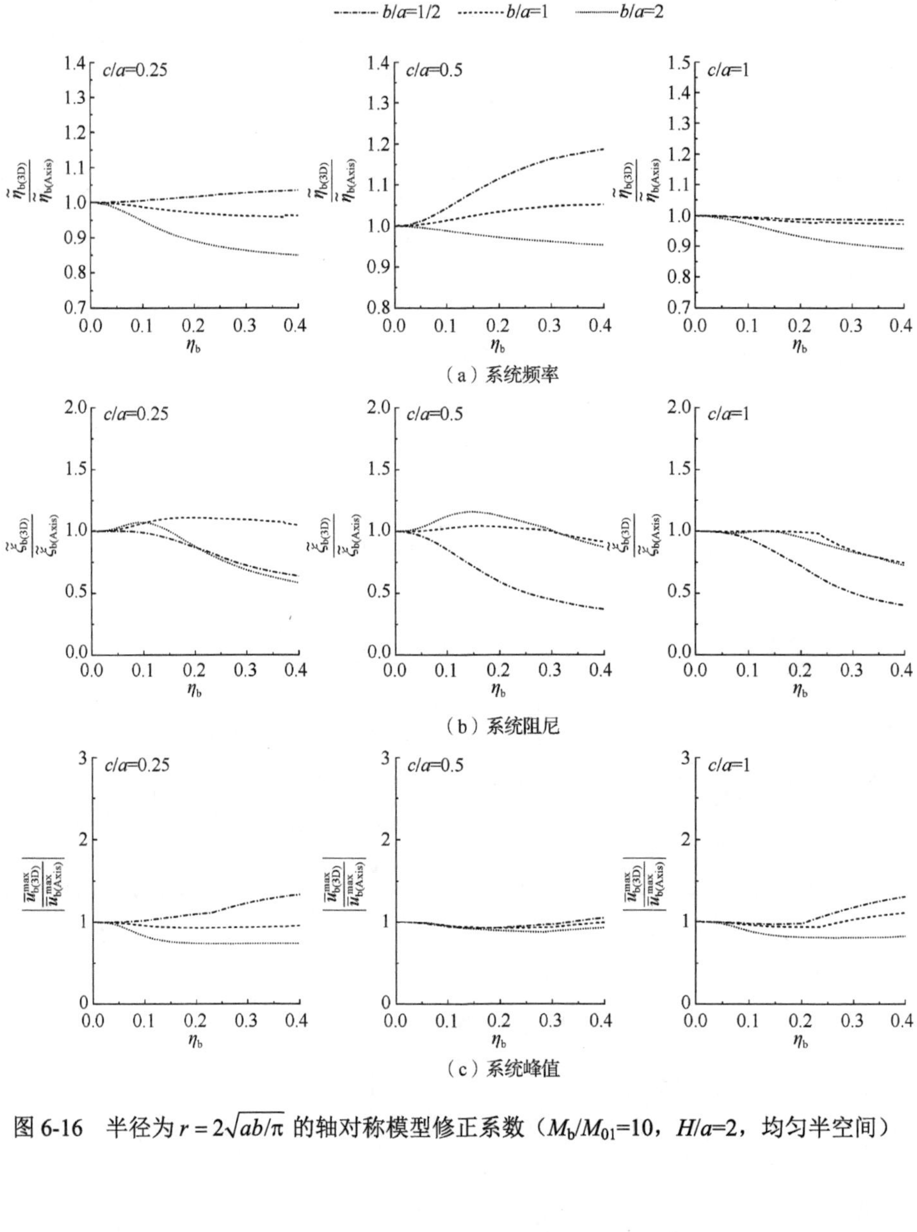

图 6-16　半径为 $r = 2\sqrt{ab/\pi}$ 的轴对称模型修正系数（M_b/M_{01}=10，H/a=2，均匀半空间）

6.4　NEHRP 的土-结构相互作用

6.4.1　规范条文介绍

1985 年，美国开展了一项名为“国家地震减灾计划”（National Earthquake Hazards Reduction Program，NEHRP）的项目，并出版了第一版抗震设计推荐性条文。之后每隔数年，NEHRP 都会推出新版本，以反映过去抗震设计研究取得的进步，距离现在时间较近的版本有 2015、2009、2003、2000、1997 等。这些版本都采用一个章节的篇幅给出了土-结构相互作用对结构基底剪力产生的折减的计算方法，其中 2015 版本和之前版本在具体公式的表达上稍有不同。《建筑结构最小设计荷载规范》（*Minimum Design Loads for Buildings and Other Structures*, ASCE/SEI 7）是美国一部针对各种结构形式的荷载规范，在地震荷载方面规定了设防目标、场地特性、设计地震作用、地震响应计算方法等内容。这部分内容基本会全面继承在它之前发布的 NEHRP 最新版本的相关内容，其中也包括土-结构相互作用部分。

NEHRP 和 ASCE/SEI 7 中的土-结构相互作用部分并非强制性内容，“在工程实践中也较少有工程师采用这部分内容进行附加计算，第一，因为 NEHRP 只规定了对水平地震剪力进行折减的方法，按照这种写法，不考虑复杂的土-结构相互作用是偏安全的。第二，由于在设计中一般只有对于重要建筑，如高耸结构、超限结构等，工程师们才有动力接受新理念和新方法，但土-结构相互作用对较为柔性的高耸结构的作用效果，不如对较为刚性的中低层结构的效果明显，因此考虑土-结构相互作用对高耸结构的水平地震剪力的折减有限，对降低建筑成本的作用有限，预期获益较少。中低层常规结构的设计发展到今天，设计习惯和思维固化使之缺乏接受新理念和新方法的动力”[11]。虽然如此，NEHRP 和 ASCE/SEI 7 是目前少有的涉及土-结构相互作用的成文规定，因此应该对其进行研究，为将来土-结构相互作用的实用化和规范化奠定基础。

1. 水平地震剪力

NEHRP 规定水平地震剪力的计算公式为

$$V = C_s W \tag{6-7}$$

式中，V 为基底水平地震剪力；W 为结构重力；C_s 为地震反应系数（seismic response coefficient），相当于我国《建筑抗震设计规范》（2016 年版）（GB 50011—

2010）中的地震影响系数，计算公式为

$$C_s = \frac{S_{DS}}{R/I} \tag{6-8}$$

且应满足

$$0.01 \leqslant C_s \leqslant \begin{cases} \dfrac{S_{D1}}{T(R/I)} & T \leqslant T_L \\ \dfrac{S_{D1}T_L}{T^2(R/I)} & T > T_L \end{cases} \tag{6-9}$$

且当 $S_1 \geqslant 0.6g$ 时，应满足

$$C_s \geqslant \frac{0.5S_1}{R/I} \tag{6-10}$$

式中，S_{DS} 为设计反应谱短周期的加速度；S_{D1} 为设计反应谱 1.0s 周期的加速度，不同城市和地区的这两个设计加速度值可以通过 NEHRP 自带地图进行查阅，或登录美国联邦地质调查局（United States Geological Survey，USGS）网站在线查阅；T 为固端结构周期；T_L 为设计长周期，可由 ASCE/SEI 7-10 自带地图进行查阅；I 为结构重要性系数；R 为反应修正系数；S_1 为设计反应谱的最大加速度值，这些参数均可由 NEHRP 前面的章节进行查阅。

2. 考虑土-结构相互作用的水平地震剪力折减

当考虑土-结构相互作用时，NEHRP 允许对基底水平地震剪力进行折减，则有

$$\Delta V = \left(C_s - \frac{\tilde{C}_s}{B_{SSI}} \right) \bar{W} \tag{6-11}$$

且应满足

$$\tilde{V} = V - \Delta V > \alpha V, \quad \alpha = \begin{cases} 0.7 & R \leqslant 3 \\ 0.5 + R/15 & 3<R<6 \\ 0.9 & R \geqslant 6 \end{cases} \tag{6-12}$$

式中，ΔV 为折减量；$\tilde{V}$ 为折减后的基底水平剪力；$\bar{W}$ 为结构有效模态质量，一般取 $\bar{W} = 0.7W$，W 为结构质量，除非结构质量集中于一个楼层时取 $\bar{W} = W$；$\tilde{C}_s$ 为柔性基底的地震反应系数，取值方法与固端结构的地震反应系数 C_s 相同，但应将结构周期取为土-结构相互作用的系统周期 $\tilde{T}$。因为一般情况下 $C_s = \tilde{C}_s$，所以当

取 $B_{\mathrm{SSI}}=1$ 时，基底水平地震剪力的折减量 $\Delta V=0$ ，对应不考虑土-结构相互作用的情况。

根据式（6-12），水平地震剪力折减的上限与结构反应系数 R 相关。这是因为 NEHRP 是基于线弹性假设得到的计算公式，$R\leqslant 3$ 的结构非线性相对较弱，因此水平地震剪力的折减量最多允许达到 30%。而对于 R 值较大的结构，非线性产生的阻尼也较大，因此土-结构相互作用的辐射阻尼对水平地震剪力折减的贡献减少，如对于 $R\geqslant 6$ 的结构，折减量最多只允许达到 10%。

土-结构相互作用系数 B_{SSI} 的计算公式为

$$B_{\mathrm{SSI}}=\frac{4}{5.6-\ln(100\beta_0)} \tag{6-13}$$

式中，β_0 为土-结构相互作用的系统阻尼，当 $\beta_0=0.05$ 时，有 $B_{\mathrm{SSI}}=1$ ，即水平地震剪力折减量 $\Delta V=0$ 。

3. 系统阻尼的计算

土-结构相互作用的系统阻尼 β_0 的计算公式为

$$\beta_0=\beta_{\mathrm{f}}+\frac{\beta}{(\tilde{T}/T)_{\mathrm{eff}}^2}\leqslant 0.20 \tag{6-14}$$

式中，β 为结构阻尼；β_{f} 为结构基础和土体相互作用的辐射阻尼；$(\tilde{T}/T)_{\mathrm{eff}}^2$ 为考虑结构延性的有效周期

$$\left(\frac{\tilde{T}}{T}\right)_{\mathrm{eff}}^2=1+\frac{1}{\mu}\left[\left(\frac{\tilde{T}}{T}\right)^2-1\right] \tag{6-15}$$

式中，μ 为结构延性系数，当不考虑非线性作用时，取 $\mu=1$ 。

系统阻尼由结构阻尼和辐射阻尼两部分所组成，因为抗震计算一般将结构阻尼取为 0.05，所以当系统阻尼等于结构阻尼（$\beta_0=0.05$），即系统中不存在辐射阻尼时就不存在土-结构相互作用（$\Delta V=0$）。而当系统阻尼大于结构阻尼时（$\beta_0>0.05$），有 $B_{\mathrm{SSI}}>1$ ，即土-结构相互作用将对基底水平地震剪力产生折减。当然，这里没有考虑结构延性和非线性的问题。NEHRP 正是依据土-结构相互作用会使系统产生辐射阻尼而对地震作用做出了折减。得到了折减的基底水平地震剪力后，后面的计算步骤与不考虑土-结构相互作用时的计算步骤是相同的。

不少学者提出了辐射阻尼 β_{f} 的实用计算模型[12-17]，其中 Veletsos 和 Nair 采用经典圆盘地表基础模型，得到了频率相关的复数辐射阻尼，但复数形式的阻尼对

厘清其物理含义并植入规范造成了一定困难[12]。Bielak 采用具有一定埋深的圆柱基础，得到了实数值的辐射阻尼表达式[13, 14]。Wolf 采用常数基础阻抗函数，且假设辐射阻尼是线性黏滞阻尼，即阻抗函数虚部代表的阻尼系数是常数，得到了圆盘基础的辐射阻尼表达式[16]

$$\beta_{\mathrm{f}}=\frac{(\tilde{T}/T)^2-1}{(\tilde{T}/T)^2}\beta_{\mathrm{s}}+\frac{1}{(\tilde{T}/T_y)^2}\beta_y+\frac{1}{(\tilde{T}/T_{xx})^2}\beta_{xx} \tag{6-16}$$

NEHRP-2015 采用式（6-16）估算辐射阻尼。式中，β_{s} 为土体材料的阻尼系数，按 NEHRP 的规定取值；β_y 和 β_{xx} 分别为基础水平运动和转动运动的辐射阻尼系数；T_y 和 T_{xx} 分别对应这两种运动的周期，对于矩形基础按下面公式进行计算

$$T_y=2\pi\sqrt{\frac{\bar{M}}{K_y}} \tag{6-17a}$$

$$K_y=\frac{GB}{2-\nu}\left[6.8\left(\frac{L}{B}\right)^{0.65}+0.8\times\frac{L}{B}+1.6\right] \tag{6-17b}$$

$$\beta_y=\left[\frac{4(L/B)}{K_y/GB}\right]\cdot\frac{a_0}{2} \tag{6-17c}$$

$$T_{xx}=2\pi\sqrt{\frac{\bar{M}(\bar{h})^2}{\alpha_{xx}K_{xx}}} \tag{6-17d}$$

$$K_{xx}=\frac{GB^3}{1-\nu}\left[3.2\times\frac{L}{B}+0.8\right] \tag{6-17e}$$

$$\beta_{xx}=\frac{(4\psi/3)(L/B)a_0^2}{\dfrac{K_{xx}}{GB^3}\left[2.2-\dfrac{0.4}{(L/B)^3}+a_0^2\right]}\cdot\frac{a_0}{2\alpha_{xx}} \tag{6-17f}$$

$$\psi=\sqrt{\frac{2(1-\nu)}{1-2\nu}}\leqslant 2.5 \tag{6-17g}$$

$$\alpha_{xx}=1.0-\frac{\left(0.55+0.01\sqrt{(L/B)-1}\right)a_0^2}{2.4-\dfrac{0.4}{(L/B)^3}+a_0^2} \tag{6-17h}$$

$$a_0=\frac{2\pi B}{\tilde{T}v_{\mathrm{s}}} \tag{6-17i}$$

式中，$\bar{M}$ 为第一振型的有效模态质量；K_y 和 K_{xx} 分别为水平和转动阻抗函数；$\bar{h}$ 为有效高度，对于多质点结构取实际高度的 70%，而对于单质点结构取全高；L

和 B 分别为结构半长和半宽，并有 $L > B$； v_s 为深度为 B 范围内的土体平均有效剪切波速，根据 NEHRP 规定的 v_s/v_{so} 系数进行计算，其中 v_{so} 是深度 B 范围内的土体平均剪切波速；G 为深度为 B 范围内的平均有效剪切模量，根据 NEHRP 规定的系数 G/G_o 进行计算，其中 $G_o = \gamma v_{so}/g$ 是平均剪切模量，γ 是深度 B 范围内的土体平均体积质量；ν 是泊松比，没有测定结果时，砂土取 0.3，粉土取 0.45。对于圆形基础有另一组公式，可参考 NEHRP-2015 第十九章进行计算。

在式（6-17）中，K_y 和 K_{xx} 的表达式是采用薄层法计算的地表矩形基础的阻抗函数的实部，经曲线拟合后得到的近似多项式表达式[18]。为了使周期 T_y 和 T_{xx} 的公式表达简洁，NEHRP 中没有考虑阻抗函数的虚部。另外参考文献[18]在计算阻抗函数时没有考虑基础埋深和场地情况等参数，若能通过其他方式得到较为准确的基础阻抗函数，则应采用较为准确的值进行计算。

4. 早期版本

与 NEHRP-2015 不同的是，NEHRP-1997、NEHRP-2000、NEHRP-2003 和 NEHRP-2009 这几个版本规定，对土-结构相互作用的基底水平地震剪力进行折减的计算公式为

$$\Delta V = \left[C_s - \tilde{C}_s \left(\frac{0.05}{\beta_0} \right)^{0.4} \right] \bar{W} \tag{6-18}$$

同样，当系统阻尼等于结构阻尼时（β_0=0.05），折减量 $\Delta V = 0$ 。且折减量应满足

$$\tilde{V} = V - \Delta V > 0.7V \tag{6-19}$$

式中，$\tilde{V}$ 为经折减后的基底水平地震剪力。对任何 R 值结构的折减量上限都可以达到 30%。

系统阻尼的计算公式为

$$\beta_0 = \beta_f + \frac{\beta}{(\tilde{T} / T)^3} \tag{6-20}$$

式（6-20）是参考文献[12]～[14]提出的土-结构互作用第一振型的阻尼系数表达式。其中，结构阻尼 β 仍取 0.05，而辐射阻尼 β_f 按图 6-17 进行取值。r 为结构尺寸的代表值，即

$$r = \begin{cases} \sqrt{A_0 / \pi} & \bar{h}/L_0 \leqslant 0.5 \\ \sqrt[4]{4I_0 / \pi} & \bar{h}/L_0 \geqslant 1.0 \end{cases} \tag{6-21}$$

式中，L_0 为基础在分析方向上的总长度；A_0 为基础面积；I_0 为基础在分析方向上绕中心水平轴的转动惯量；当 $\bar{h}/L_0$ 的值为 0.5～1.0 时，r 按两种情况的差值进行取值。在图 6-17 中，当 $S_{DS}/2.5$ 为 1.0～2.0 时，辐射阻尼 β_f 需在实线和虚线之间按差值进行计算。

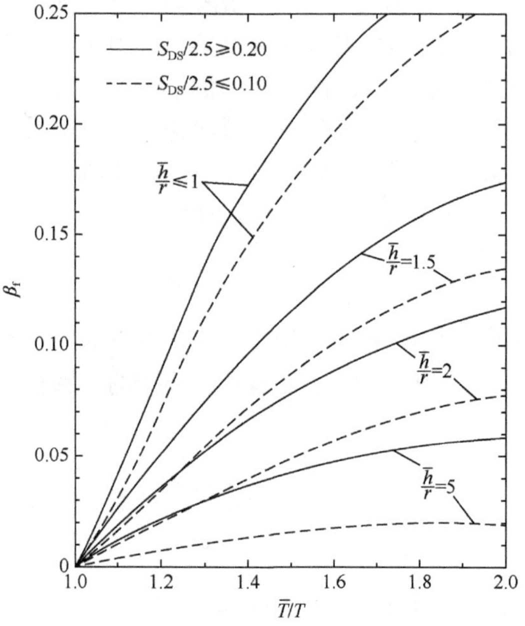

图 6-17　辐射阻尼曲线

摘自 NEHRP-2003[19]。

NEHRP-1997、NEHRP-2000、NEHRP-2003、NEHRP-2009 的版本中给出了系统周期的计算公式，即

$$\tilde{T} = T\sqrt{1 + \frac{\bar{k}}{K_y} + \frac{\bar{k}(\bar{h})^2}{K_{xx}}} \tag{6-22}$$

式中，$\bar{k}$ 为固端结构的刚度，计算公式为

$$\bar{k} = 4\pi^2 \cdot \frac{\overline{W}}{gT^2} \tag{6-23}$$

式（6-22）与之前得到的系统频率的估算公式，即式（5-22）的含义是一致的，但这些早前版本并没有给出阻抗函数的计算公式。

6.4.2　算例分析

6.2.3 节中采用 Millikan Library 的实际结构（b/a=1）和 3 种假想结构（b/a=1/2, 2, 4），在南北和东西方向上进行了计算和分析。本节采用 NEHRP-2015 中的推荐公式，即式（6-11）来计算这 4 个结构中土-结构相互作用在南北和东西方向上的基底剪力折减系数，具体计算过程如表 6-7 所示。假设这些结构位于 D 类场地，地震动分组为二组（结构重要性系数 I=1.25），反应谱修正系数 R=3，不考虑结构延性。有关场地分类和地震动分组等问题均以 NEHRP-2015 的规定为准。在洛杉矶地区，短周期设计地震加速度 S_{DS}=1.768g，1.0s 周期设计地震加速度 S_{D1}=0.984g。

表 6-7　根据 NEHRP-2015 推荐公式计算基底剪力折减系数

参数	南北				东西			
a/m	11.65	11.65	11.65	11.65	11.65	11.65	11.65	11.65
b/m	46.6	23.3	11.65	5.8	46.6	23.3	11.65	5.8
b/a	4	2	1	0.5	4	2	1	0.5
$M_b/10^7$	4.28	2.14	1.07	0.54	4.28	2.14	1.07	0.54
$\tilde{T}$	0.575	0.567	0.546	0.535	0.857	0.853	0.854	0.833
$K_y/10^{10}$	2.481	1.598	1.060	0.799	2.481	1.598	1.060	0.799
T_y	0.261	0.230	0.200	0.163	0.261	0.230	0.200	0.163
β_y	0.264	0.208	0.163	0.110	0.177	0.138	0.104	0.071
$K_{xx}/10^{12}$	5.315	2.814	1.563	0.352	5.315	2.814	1.563	0.352
T_{xx}	0.559	0.544	0.518	0.758	0.533	0.538	0.511	0.755
$\beta_{xx}/10^{-3}$	8.875	8.898	10.57	1.363	2.739	2.670	2.847	3.637
$\beta_r/10^{-2}$	6.272	4.235	3.127	1.290	1.755	1.108	6.691	2.993
$\beta_f/10^{-2}$	6.975	4.902	3.689	1.792	2.040	1.378	9.436	4.838
β_0	0.102	0.082	0.073	0.055	0.063	0.057	0.053	0.050
B_{SSI}	1.221	1.146	1.107	1.029	1.065	1.037	1.015	1.003
C_s	0.737	0.737	0.737	0.737	0.737	0.737	0.737	0.737
$\tilde{C}_s$	0.713	0.723	0.737	0.737	0.713	0.723	0.737	0.737
$\Delta V/V$	21%	14%	10%	3%	9%	5%	1%	0%

根据 NEHRP-2015 相关公式计算得到的基底剪力折减（表 6-7），以及根据图 6-10 与图 6-11 计算得到的实际基底剪力折减（三维模型相对于固端结构的基底剪力折减）已列于表 6-8 中。对于 Millikan Library 实际结构（b/a=1），根据 NEHRP-2015 计算得到的基底剪力折减小于实际折减：南北方向计算折减为 14%，而实际折减仅为 10%；东西方向计算折减为 9%，而实际折减仅为 1%。虽然根据

NEHRP 的计算结果偏安全，但可以看出其缺乏一定的冗余储备。而对于 3 种假想结构，NEHRP 的计算结果则并不能总是保证安全，如 b/a=1/2 的结构在南北方向的动力响应和 b/a=2 的结构在东西方向的动力响应，NEHRP 的计算折减都大于实际折减。

表 6-8　NEHRP-2015 基底剪力折减和实际基底剪力折减　（单位：%）

b/a	南北		东西	
	NEHRP-2015	实际计算值	NEHRP-2015	实际计算值
1/2	3	−27	0	0
1	10	14	1	9
2	14	18	5	−11
4	21	27	9	3

此算例说明，在基于线性分析的基础上，NEHRP-2015 有关土-结构相互作用条文的安全性需要进一步讨论。在工程实践中，除非有确切依据能证明按照 NEHRP-2015 相关条文计算的安全性，否则对该部分内容确实应该谨慎采用。

本章认为，NHERP 有关土-结构相互作用部分的问题之一在于，对土-结构相关作用的计算只考虑了惯性相互作用，而没有考虑散射问题和波路效应，即没有考虑场地动力特性产生的影响。通过前面章节的分析可知，不同场地之间的土质组成和场地动力特性差别很大，其影响不应忽略。如图 6-9 所示，结构传递函数频谱的峰值是在一个较窄频段范围内的频带，若不考虑场地动力特性，则在该频段内进入结构的地震波的频谱就具有较大的随机性，这增加了土-结构相互作用分析的不确定性，不安全的情况也就在所难免。

参 考 文 献

[1] LUCO J E, HADJIAN A H. Two-dimensional approximations to the three-dimensional soil-structure interaction problem[J]. Nuclear engineering and design, 1974, 31(2): 195-203.

[2] WOLF J P, MEEK J W. Insight on 2D-versus 3D-modelling of surface foundations via strength-of-materials solutions for soil dynamics[J]. Earthquake engineering and structural dynamics, 1994, 23(1): 91-112.

[3] 付佳. 场地动力特性对土-结构相互作用的影响 [R]. 天津：天津大学，2015. DOI：https://dx.doi.org/10.13140/RG.2.2.20664.85762.

[4] TORABI H, RAYHANI M. Three dimensional finite element modeling of seismic soil-structure interaction in soft soil[J]. Computers and geotechnics, 2014, 60: 9-19.

[5] JEREMIĆ B, JIE G, PREISIG M, et al. Time domain simulation of soil-foundation-structure interaction in non-uniform soils[J]. Earthquake engineering and structural dynamics, 2009, 38(6): 699-718.

[6] ANASTASOPOULOS I, KONTOROUPI TH. Simplified approximate method for analysis of rocking systems

accounting for soil inelasticity and foundation uplifting[J]. Soil dynamics and earthquake engineering, 2014, 56: 28-43.

[7] ROMERO A, GALVÍN P, DOMÍNGUEZ J. 3D non-linear time domain FEM-BEM approach to soil-structure interaction problems[J]. Engineering analysis with boundary elements, 2013, 37(3): 501-512.

[8] FU J, TODOROVSKA M I, LIANG J. Correction factors for SSI effects predicted by simplified models: 2D versus 3D rectangular embedded foundations[J]. Earthquake engineering and structural dynamics, 2018, 47(9): 1963-1983.

[9] LUCO J E, WONG H L, TRIFUNAC M D. Soil-structure interaction effects on forced vibration tests: report 86-05[R]. Los Angeles: University of Southern California, Department of Civil Engineering, 1986.

[10] LUCO J E, TRIFUNAC M D, WONG H L. On the apparent change in dynamic behavior of a nine-story reinforced concrete building[J]. Bulletin of the seismological society of America, 1987, 77(6): 1961-1983.

[11] Building Seismic Safety Council. National earthquake hazard reduction program (NEHRP) recommended seismic provisions for new buildings and other structures, part 2 commentary: FEMA P-1050-1/2015[Z]. Washington, 2015.

[12] VELETSOS A S, NAIR V V. Seismic interaction of structures on hysteretic foundations[J]. Journal of structural engineering, 1975, 101(1): 109-129.

[13] BIELAK J. Dynamic behavior of structures with embedded foundations[J]. Earthquake engineering and structural dynamics, 1975, 3(3): 259-274.

[14] BIELAK J. Modal analysis for building-soil interaction[J]. Journal of engineering mechanics, 1976, 102(5): 771-786.

[15] ROESSET J M. Stiffness and damping coefficients of foundations[C]//Proceedings of ASCE Geotechnical Engineering Division National Convention, 1980: 1-30.

[16] WOLF J P. Dynamic soil-structure interaction[M]. Englewood Cliffs: Prentice-Hall, Inc., 1985.

[17] AVILES J, PEREZ-ROCHA L E. Evaluation of interaction effects on the system period and the system damping due to foundation embedment and layer depth[J]. Soil dynamics and earthquake engineering, 1996, 15(1): 11-27.

[18] PAIS A, KAUSEL E. Approximate formulas for dynamic stiffnesses of rigid foundations[J]. Soil dynamics and earthquake engineering, 1988, 7(4): 213-227.

[19] Building Seismic Safety Council. National earthquake hazard reduction program (NEHRP) recommended seismic provisions for new buildings and other structures, part 1: provisions: 450-1/2003[Z]. Washington, 2003.

第 7 章　饱和场地土–结构动力相互作用

7.1　引　　言

工程场地的土颗粒之间实际上充满了孔隙，当这些孔隙中充满水时就形成了饱和场地，如水位线以下土体、雨后地表土等。饱和土是一种两相介质，Biot 等[1-3]在 20 世纪五六十年代建立了经典的饱和介质波动理论，之后相关学者陆续发展了饱和介质格林函数[4-6]和饱和介质人工边界条件[7]等理论，得到了不少有关饱和场地基础阻抗函数和基础运动的研究结果[8-12]。这些研究的着眼点一般是基础和基础运动，而考虑土–结构相互作用系统动力特性和动力响应问题的研究较少[13, 14]。

Liang 等最早建立了二维饱和场地分布线荷载格林函数理论[15,16]，并结合边界元法得到了饱和场地不规则地形散射问题的解答[17]。本章从 Biot 理论开始，以二维问题为例，推导饱和介质分布线荷载格林函数，并研究土体饱和性对系统动力响应的作用，以及基底孔压的分布规律[18, 19]。因为孔隙水不抗剪，所以饱和场地在平面外 SH 波激励下的动力响应与弹性场地是完全相同的，二维饱和土–结构相互作用问题只涉及平面内 P 波和 SV 波入射。

7.2　饱和介质动力格林函数

7.2.1　Biot 两相介质波动理论

当弹性固体的孔隙中充满了流体后就形成了饱和两相介质。Biot 理论是基于线性假设下的理论，其认为在谐振激励下，固体颗粒组成的骨架形成波动运动，而孔隙流体相对于固体骨架的运动是由达西（Darcy）定律描述的扩散运动。这个假设可以进一步描述为如下形式：

1）孔隙流体的运动是层流，即雷诺数小于 2000，这就限定了理论有效性的频率上限。

2）固体骨架的颗粒尺度远小于谐振激励的波长。

3）固体骨架的尺度远大于孔隙尺度。

当两相介质的固体骨架由土颗粒组成，而土颗粒间隙充满水时，就形成了饱和土。为了与习惯说法相符，下面将 Biot 理论中的固体称为土（或土骨架、土颗粒)，而将流体称为水。设 $\boldsymbol{V}$ 为土骨架沿两个坐标方向的位移矢量，$\boldsymbol{w}$ 为孔隙水对于土骨架的相对位移矢量，μ 和 λ 为土骨架材料的两个拉梅常数，ρ_{f} 和 ρ_{g} 分别为水和土骨架的质量密度。若土体孔隙率为 n，则土骨架和水组成的饱和介质质量密度为

$$\rho = n\rho_{\mathrm{f}} + (1-n)\rho_{\mathrm{g}} \tag{7-1}$$

而饱和介质的两个拉梅常数为

$$\mu_{\mathrm{c}} = \mu \tag{7-2a}$$

$$\lambda_{\mathrm{c}} = \lambda + \alpha^2 M \tag{7-2b}$$

式中，α 和 M 分别为描述土骨架和水压缩性的参数，其中 α 是无量纲量，取值范围为 $0 \leqslant \alpha \leqslant 1$，而 M 具有和拉梅常数相同的量纲，取值范围为 $0 \leqslant M \leqslant \infty$。当不考虑土骨架和流体的压缩性时，有 $\alpha=1$ 且 $M=\infty$。

由土骨架和水组成的饱和介质的控制运动方程为

$$\begin{cases} \mu\nabla^2\boldsymbol{V}+(\lambda_{\mathrm{c}}+\mu)\nabla(\nabla\cdot\boldsymbol{V})+\alpha M\nabla(\nabla\cdot\boldsymbol{w})=\rho\ddot{\boldsymbol{V}}+\rho_{\mathrm{f}}\ddot{\boldsymbol{w}} \\ \alpha M\nabla(\nabla\cdot\boldsymbol{V})+M\nabla(\nabla\cdot\boldsymbol{w})=\rho_{\mathrm{f}}\ddot{\boldsymbol{V}}+m\ddot{\boldsymbol{w}}+b\dot{\boldsymbol{w}} \end{cases} \tag{7-3}$$

式中，∇ 为哈密尔顿算子；b 为耗散系数，来自流体和土骨架相对运动产生的内摩擦，是与孔隙率、流体黏性和土骨架透水性相关的量；m 具有和质量密度相同的量纲，即

$$m = \rho_{\mathrm{f}}/n + \gamma\rho_{\mathrm{f}}(1-n)/n^2 \tag{7-4}$$

式中，γ 为惯性系数，也来自流体和土骨架之间的相互作用，是与土粒形状相关的量，当假设土颗粒为球形时，取 $\gamma=0.5$[20, 21]。

设土骨架中的压缩波势函数为 ϕ_1，剪切波势函数为 ψ_1，而水中的压缩波势函数为 ϕ_2，剪切波势函数为 ψ_2，则土骨架位移和流体相对位移可以用势函数分别表示为

$$\begin{cases} \boldsymbol{V}=\left[\dfrac{\partial\phi_1}{\partial x}+\dfrac{\partial\psi_1}{\partial z} \quad \dfrac{\partial\phi_1}{\partial z}-\dfrac{\partial\psi_1}{\partial x}\right] \\ \boldsymbol{w}=\left[\dfrac{\partial\phi_2}{\partial x}+\dfrac{\partial\psi_2}{\partial z} \quad \dfrac{\partial\phi_2}{\partial z}-\dfrac{\partial\psi_2}{\partial x}\right] \end{cases} \tag{7-5}$$

因为流体中不存在剪切波，所以这 4 个势函数中只有 3 个独立量。下面采用势函数将控制运动方程（7-3）中的土骨架运动和流体运动进行解耦，将式（7-5）代入式（7-3），可以得到土骨架运动方程

$$(\lambda_c + 2\mu)\nabla^2\phi_1 + \rho\omega^2\phi_1 = -\alpha M\nabla^2\phi_2 - \rho_f\omega^2\phi_2 \tag{7-6a}$$

$$\alpha M\nabla^2\phi_1 + \rho_f\omega^2\phi_1 = -M\nabla^2\phi_2 + (\mathrm{i}b\omega - m\omega^2)\phi_2 \tag{7-6b}$$

和流体运动方程

$$\mu\nabla^2\psi_1 + \rho\omega^2\psi_1 = -\rho_f\omega^2\psi_2 \tag{7-7a}$$

$$\rho_f\omega^2\psi_1 = (\mathrm{i}b\omega - m\omega^2)\psi_2 \tag{7-7b}$$

将式（7-6）中的两个方程联立，可以进一步得到势函数 ϕ_1 和 ϕ_2 解耦的方程，两个解耦的方程可以统一表示为

$$\nabla^2\left(\nabla^2\phi_J\right) + \omega^2 R_1\nabla^2\phi_J + \omega^4 R_2\phi_J = 0 \qquad J=1, 2 \tag{7-8}$$

式中，

$$R_1 = \frac{M\rho + (m - \mathrm{i}b/\omega)(\lambda_c + 2\mu) - 2\alpha M\rho_f}{M(\lambda + 2\mu)} \tag{7-9a}$$

$$R_2 = \frac{(m - \mathrm{i}b/\omega)\rho - \rho_f^2}{M(\lambda + 2\mu)} \tag{7-9b}$$

为了求解高阶偏微分方程（7-8），设其解为

$$\left(\nabla^2 + \frac{\omega^2}{\chi^2}\right)\phi_J = 0 \qquad J=1, 2 \tag{7-10}$$

则将式（7-10）代入式（7-8），解得参数 χ 具有两个值，可分别表示为 χ_1、χ_2。

$$\chi^2 = \frac{R_1 \pm \sqrt{R_1^2 - 4R_2}}{2R_2} \tag{7-11}$$

因为式（7-10）是亥姆霍兹（Helmholtz）方程，且式（7-8）和式（7-10）是同解方程，所以参数χ是偏微分方程（7-8）所描述的波动运动的波速。式（7-11）进一步表明在饱和介质中存在两种压缩波，分别称为快 P 波和慢 P 波。快 P 波的波速为χ_1，性质与弹性介质中 P 波的性质相同，而慢 P 波的波速为χ_2，这种压缩波衰减得很快，只有在发振点附近可以观测到。为了与 Biot 理论的符号习惯保持一致，本章采用α表示土骨架压缩参数，而采用χ表示压缩波速。

势函数 ϕ_1 的解是两个亥姆霍兹方程解的线性组合，即

$$\left(\nabla^2 + \frac{\omega^2}{\chi_1^2}\right)\phi_1 = 0 \tag{7-12a}$$

$$\left(\nabla^2 + \frac{\omega^2}{\chi_2^2}\right)\phi_1 = 0 \tag{7-12b}$$

因此

$$\phi_1(x,z)=\left[A_{\mathrm{P1}}\exp(\mathrm{i}ks_1z)+B_{\mathrm{P1}}\exp(-\mathrm{i}ks_1z)+A_{\mathrm{P2}}\exp(\mathrm{i}ks_2z)+B_{\mathrm{P2}}\exp(-\mathrm{i}ks_2z)\right]\times\exp(-\mathrm{i}kx)\exp(\mathrm{i}\omega t) \tag{7-13}$$

式中，A_{P1} 和 B_{P1} 分别为快 P 波的来波和去波的幅值；A_{P2} 和 B_{P2} 分别为慢 P 波的来波和去波的幅值；k 是 x 方向的波数；s_1 和 s_2 分别为

$$s_1=-\mathrm{i}\sqrt{1-\frac{\omega^2}{k^2\chi_1^2}}\,,\qquad s_2=-\mathrm{i}\sqrt{1-\frac{\omega^2}{k^2\chi_2^2}} \tag{7-14}$$

则 ks_1 和 ks_2 分别为快 P 波和慢 P 波在 z 方向的波数。

因为ϕ_1 和ϕ_2 均满足方程(7-10)，所以ϕ_2 解的每一部分都与ϕ_1 相差了一个常数，设两个相差的常数分别为 D_1 和 D_2，则ϕ_2 可以表示为

$$\phi_2(x,z)=\left[A_{\mathrm{P1}}D_1\exp(\mathrm{i}ks_1z)+B_{\mathrm{P1}}D_1\exp(-\mathrm{i}ks_1z)+A_{\mathrm{P2}}D_2\exp(\mathrm{i}ks_2z)+B_{\mathrm{P2}}D_2\exp(-\mathrm{i}ks_2z)\right]\times\exp(-\mathrm{i}kx)\exp(\mathrm{i}\omega t) \tag{7-15}$$

将式（7-15）代入式（7-6）可以得到 D_1 和 D_2 的值为

$$D_1=\frac{\lambda_c+2\mu-\rho\chi_1^2}{\rho_{\mathrm{f}}\chi_1^2-\alpha M}\,,\qquad D_2=\frac{\lambda_c+2\mu-\rho\chi_2^2}{\rho_{\mathrm{f}}\chi_2^2-\alpha M} \tag{7-16}$$

将式（7-7）的两个方程联立，可以进一步得到ψ_1 和ψ_2 解耦的方程，两个解耦的方程同样可以统一表示为

$$\nabla^2\psi_J+\omega^2\left[\frac{\rho}{\mu}+\frac{\rho_{\mathrm{f}}^2}{\mu(\mathrm{i}b/\omega-m)}\right]\psi_J=0\qquad (J=1,2) \tag{7-17}$$

式（7-17）本身即是亥姆霍兹方程，可以直接解得 S 波的波速

$$\beta=\sqrt{\frac{\mu}{\rho+\rho_{\mathrm{f}}^2\omega^2/(\mathrm{i}b\omega-m\omega^2)}} \tag{7-18}$$

因此势函数ψ_1 和ψ_2 可以表示为

$$\psi_1(x,z)=\left[A_{\mathrm{SV}}\exp(\mathrm{i}ktz)+B_{\mathrm{SV}}\exp(-\mathrm{i}ktz)\right]\exp(-\mathrm{i}kx)\exp(\mathrm{i}\omega t) \tag{7-19a}$$

$$\psi_2(x,z)=\left[A_{\mathrm{SV}}D_3\exp(\mathrm{i}ktz)+B_{\mathrm{SV}}D_3\exp(-\mathrm{i}ktz)\right]\exp(-\mathrm{i}kx)\exp(\mathrm{i}\omega t) \tag{7-19b}$$

式中，符号 t 为

$$t=-\mathrm{i}\sqrt{1-\frac{\omega^2}{k^2\beta^2}} \tag{7-20}$$

则 kt 为 S 波在 z 方向的波数。将式（7-19）代入式（7-7），可求得ψ_1和ψ_2相差的常数 D_3 为

$$D_3 = \frac{\rho_f \omega^2}{\mathrm{i}b\omega - m\omega^2} \tag{7-21}$$

7.2.2 格林函数

仍如图 3-1 所示，假设无限半空间由基岩和 N 个水平覆盖土层组成，其中基岩和土层都是多孔饱和、均匀、各向同性的介质。基岩土骨架的质量密度为ρ_{gR}、剪切模量为μ_R、阻尼系数为ξ_R、泊松比为ν_R；另外基岩孔隙率为 n_R，两个压缩常数为α_R和 M_R，耗散系数为 b_R。各土层土骨架的质量密度为ρ_{gj}、剪切模量为μ_j、阻尼系数为ξ_j、泊松比为ν_j；另外基岩孔隙率为 n_j，两个压缩常数为α_j和 M_j，耗散系数为 $b_j(j = 1, 2, \cdots, N)$。第 j 层土厚度为 d_j，覆盖土层总厚度为 D。饱和介质的复数材料常数为

$$\mu^* = \mu(1+2\mathrm{i}\xi), \qquad \lambda^* = \lambda(1+2\mathrm{i}\xi) \tag{7-22}$$

边界$\varGamma$仍然表示基础与土体的交界面，并假设饱和土与基础在边界$\varGamma$上无滑移。另外，边界$\varPi=\{(x, z)|\ z=0, |x|\geqslant a\}$表示自由地表面，而边界$\varSigma=\{(x, z)|\ z=D, |x|\geqslant a\}$表示基岩面。

1. 位移与应力

将波函数，即式（7-13）、式（7-15）和式（7-19）代入式（7-5），得到第 j 层土骨架和孔隙水的位移分别为

$$V_x(x, z) = V_x(z)\exp(-\mathrm{i}kx)\exp(\mathrm{i}\omega t) \tag{7-23a}$$

$$V_z(x, z) = V_z(z)\exp(-\mathrm{i}kx)\exp(\mathrm{i}\omega t) \tag{7-23b}$$

$$w_x(x, z) = w_x(z)\exp(-\mathrm{i}kx)\exp(\mathrm{i}\omega t) \tag{7-23c}$$

$$w_z(x, z) = w_z(z)\exp(-\mathrm{i}kx)\exp(\mathrm{i}\omega t) \tag{7-23d}$$

其中，

$$\begin{aligned} V_x(z) = {} & h_{1j}[A_{P1}\exp(\mathrm{i}ks_{1j}z) + B_{P1}\exp(-\mathrm{i}ks_{1j}z)] + h_{2j}[A_{P2}\exp(\mathrm{i}ks_{2j}z) + B_{P2}\exp(-\mathrm{i}ks_{2j}z)] \\ & -f_j t_j[A_{SV}\exp(\mathrm{i}kt_j z) - B_{SV}\exp(-\mathrm{i}kt_j z)] \end{aligned} \tag{7-24a}$$

$$\begin{aligned} V_z(z) = {} & -h_{1j}s_{1j}[A_{P1}\exp(\mathrm{i}ks_{1j}z) - B_{P1}\exp(-\mathrm{i}ks_{1j}z)] - h_{2j}s_{2j}[A_{P2}\exp(\mathrm{i}ks_{2j}z) - B_{P2}\exp(-\mathrm{i}ks_{2j}z)] \\ & -f_j[A_{SV}\exp(\mathrm{i}kt_j z) + B_{SV}\exp(-\mathrm{i}kt_j z)] \end{aligned} \tag{7-24b}$$

$$\begin{aligned} w_x(z) = {} & h_{1j}D_{1j}[A_{P1}\exp(\mathrm{i}ks_{1j}z) + B_{P1}\exp(-\mathrm{i}ks_{1j}z)] + h_{2j}D_{2j}[A_{P2}\exp(\mathrm{i}ks_{2j}z) + B_{P2}\exp(-\mathrm{i}ks_{2j}z)] \\ & -f_j t_j D_{3j}[A_{SV}\exp(\mathrm{i}kt_j z) - B_{SV}\exp(-\mathrm{i}kt_j z)] \end{aligned} \tag{7-24c}$$

$$w_z(z) = -h_{1j}s_{1j}D_{1j}[A_{P1}\exp(\mathrm{i}ks_{1j}z) - B_{P1}\exp(-\mathrm{i}ks_{1j}z)] - h_{2j}s_{2j}D_{2j}[A_{P2}\exp(\mathrm{i}ks_{2j}z)$$
$$-B_{P2}\exp(-\mathrm{i}ks_{2j}z)] - f_jD_{3j}[A_{SV}\exp(\mathrm{i}kt_jz) + B_{SV}\exp(-\mathrm{i}kt_jz)] \quad (7\text{-}24\text{d})$$

为保证x方向的波数k为常数，快P波法矢量$\begin{bmatrix} h_{1j} & h_{1j}s_j \end{bmatrix}$、慢P波法矢量$\begin{bmatrix} h_{2j} & h_{2j}s_j \end{bmatrix}$和 S 波法矢量$\begin{bmatrix} f_j & f_jt_j \end{bmatrix}$应满足关系

$$k = \frac{\omega f_R}{\beta_R} = \frac{\omega h_{1R}}{\chi_{1R}} = \frac{\omega h_{2R}}{\chi_{2R}} = \frac{\omega f_j}{\beta_j} = \frac{\omega h_{1j}}{\chi_{1j}} = \frac{\omega h_{2j}}{\chi_{2j}} \quad (7\text{-}25)$$

饱和介质的应力和孔隙水压 P_f 由 Biot 理论相关公式进行求解

$$P_f(x,z) = -M_j(w_{x,x} + w_{z,z}) - \alpha_jM_j(V_{x,x} + V_{z,z}) \quad (7\text{-}26\text{a})$$
$$\sigma_x(x,z) = \lambda_j^*(V_{x,x} + V_{z,z}) + 2\mu_j^*V_{x,x} - \alpha_jP_f \quad (7\text{-}26\text{b})$$
$$\sigma_z(x,z) = \lambda_j^*(V_{x,x} + V_{z,z}) + 2\mu_j^*V_{z,z} - \alpha_jP_f \quad (7\text{-}26\text{c})$$
$$\tau_{xz}(x,z) = \mu_j^*(V_{x,z} + V_{z,z}) \quad (7\text{-}26\text{d})$$

2. 场地动力刚度矩阵

二维层状饱和场地如图 7-1 所示。对于二维饱和问题，z 为常数的平面上除应力τ_{zx}和σ_z外，还应包含孔隙水压P_f。当 z=0 和 z=d_j时，可求出该层顶面的位移与应力(V_{xj}, V_{zj}, w_{zj}, τ_{xzj}, σ_{zj}, P_{fj})和该层底面的位移与应力($V_{x(j+1)}$, $V_{z(j+1)}$, $w_{z(j+1)}$, $\tau_{xz(j+1)}$, $\sigma_{z(j+1)}$, $P_{f(j+1)}$)。应注意，式（7-24）中的 4 个位移方程只包含 3 组未知幅值，因此土骨架和孔隙水的 4 个位移中只有 3 个独立量。其中孔隙水的水平相对位移 w_x 对于生成沿 z 方向变化的场地动力刚度矩阵并没有意义，因此有

$$\begin{bmatrix} \mathrm{i}V_{xj} & V_{zj} & w_{zj} & \mathrm{i}V_{x(j+1)} & V_{z(j+1)} & w_{z(j+1)} \end{bmatrix}^{\mathrm{T}} = \boldsymbol{E}_1\begin{bmatrix} A_{P1} & B_{P1} & A_{P2} & B_{P2} & A_{SV} & B_{SV} \end{bmatrix}^{\mathrm{T}} \quad (7\text{-}27\text{a})$$

$$\begin{bmatrix} -\mathrm{i}\tau_{xzj} & -\sigma_{zj} & P_{fj} & \mathrm{i}\tau_{xz(j+1)} & \sigma_{z(j+1)} & -P_{f(j+1)} \end{bmatrix}^{\mathrm{T}} = \boldsymbol{E}_2\begin{bmatrix} A_{P1} & B_{P1} & A_{P2} & B_{P2} & A_{SV} & B_{SV} \end{bmatrix}^{\mathrm{T}} \quad (7\text{-}27\text{b})$$

$\boldsymbol{E}_1$和$\boldsymbol{E}_2$中的元素表达式见附录 C。土层动力刚度矩阵为

$$\begin{bmatrix} -\mathrm{i}\tau_{xzj} & -\sigma_{zj} & P_{fj} & \mathrm{i}\tau_{xz(j+1)} & \sigma_{z(j+1)} & -P_{f(j+1)} \end{bmatrix}^{\mathrm{T}} = \boldsymbol{E}_j\begin{bmatrix} \mathrm{i}V_{xj} & V_{zj} & w_{zj} & \mathrm{i}V_{x(j+1)} & V_{z(j+1)} & w_{z(j+1)} \end{bmatrix}^{\mathrm{T}} \quad (7\text{-}28)$$

则$\boldsymbol{E}_j = \boldsymbol{E}_1\boldsymbol{E}_2^{-1}$为 6×6 对称矩阵，其中$\boldsymbol{E}_1$和$\boldsymbol{E}_2$的元素见附录 C，为了使公式表达简洁化，附录 C 中省略了角标 j 。按同样方法可以得到基岩动力刚度矩阵$\boldsymbol{E}_R$，其为 3×3 对称矩阵，即

$$[-\mathrm{i}\tau_{xzR} \quad -\sigma_{zR} \quad P_{fR}]^{\mathrm{T}} = \boldsymbol{E}_R[\mathrm{i}V_{xR} \quad V_{zR} \quad w_{zR}]^{\mathrm{T}} \quad (7\text{-}29)$$

根据界面上的位移和应力连续条件，场地动力刚度矩阵 $\boldsymbol{S}$ 按下列方式生成

$$
\boldsymbol{S}=\begin{bmatrix}
E_1^{11} & E_1^{12} & E_1^{13} & E_1^{14} & E_1^{15} & E_1^{16} & 0 & 0 & 0 & & & & & & & \\
E_1^{21} & E_1^{22} & E_1^{23} & E_1^{24} & E_1^{25} & E_1^{26} & 0 & 0 & 0 & & & & & & & \\
E_1^{31} & E_1^{32} & E_1^{33} & E_1^{34} & E_1^{35} & E_1^{36} & 0 & 0 & 0 & & & & & & & \\
E_1^{41} & E_1^{42} & E_1^{43} & E_1^{44}+E_2^{11} & E_1^{45}+E_2^{12} & E_1^{46}+E_2^{13} & E_2^{14} & E_2^{15} & E_2^{16} & & & & \cdots & & & \\
E_1^{51} & E_1^{52} & E_1^{53} & E_1^{54}+E_2^{21} & E_1^{55}+E_2^{22} & E_1^{56}+E_2^{23} & E_2^{24} & E_2^{25} & E_2^{26} & & & & & & & \\
E_1^{61} & E_1^{62} & E_1^{63} & E_1^{64}+E_2^{31} & E_1^{65}+E_2^{32} & E_1^{66}+E_2^{33} & E_2^{34} & E_2^{35} & E_2^{36} & & & & & & & \\
0 & 0 & 0 & E_2^{41} & E_2^{42} & E_2^{43} & E_2^{44}+E_3^{11} & E_2^{45}+E_3^{12} & E_2^{46}+E_3^{13} & & & & & & & \\
0 & 0 & 0 & E_2^{51} & E_2^{52} & E_2^{53} & E_2^{54}+E_3^{21} & E_2^{55}+E_3^{22} & E_2^{56}+E_3^{23} & & & & & & & \\
0 & 0 & 0 & E_2^{61} & E_2^{62} & E_2^{63} & E_2^{64}+E_3^{31} & E_2^{65}+E_3^{32} & E_2^{66}+E_3^{33} & & & & & & & \\
 & & & & & & & & & \ddots & & & & & & \\
 & & & & & & & & & & E_N^{11}+E_{N-1}^{44} & E_N^{12}+E_{N-1}^{45} & E_N^{13}+E_{N-1}^{46} & E_N^{14} & E_N^{15} & E_N^{16} \\
 & & & & & & & & & & E_N^{21}+E_{N-1}^{54} & E_N^{22}+E_{N-1}^{55} & E_N^{23}+E_{N-1}^{56} & E_N^{24} & E_N^{25} & E_N^{26} \\
 & & & & & \vdots & & & & & E_N^{31}+E_{N-1}^{64} & E_N^{32}+E_{N-1}^{65} & E_N^{33}+E_{N-1}^{66} & E_N^{34} & E_N^{35} & E_N^{36} \\
 & & & & & & & & & & E_N^{41} & E_N^{42} & E_N^{43} & E_N^{44}+E_{\mathrm{R}}^{11} & E_N^{45}+E_{\mathrm{R}}^{12} & E_N^{46}+E_{\mathrm{R}}^{13} \\
 & & & & & & & & & & E_N^{51} & E_N^{52} & E_N^{53} & E_N^{54}+E_{\mathrm{R}}^{21} & E_N^{55}+E_{\mathrm{R}}^{22} & E_N^{56}+E_{\mathrm{R}}^{23} \\
 & & & & & & & & & & E_N^{61} & E_N^{62} & E_N^{63} & E_N^{64}+E_{\mathrm{R}}^{31} & E_N^{65}+E_{\mathrm{R}}^{32} & E_N^{66}+E_{\mathrm{R}}^{33}
\end{bmatrix}
\tag{7-30}
$$

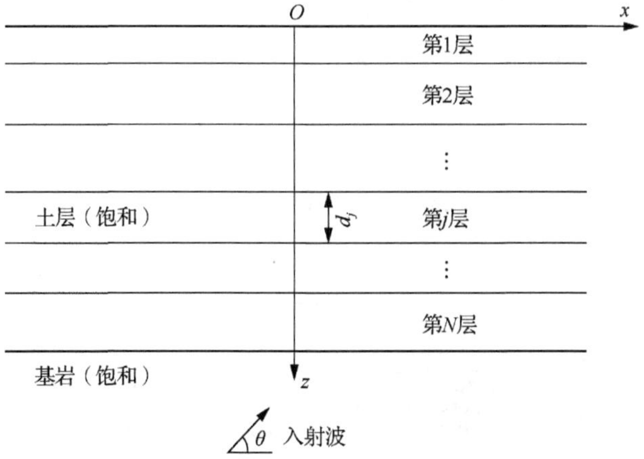

图 7-1　二维层状饱和场地

这与三维层状场地动力刚度矩阵（3-23）在形式上是相同的。对于饱和介质，还应额外考虑界面的透水性问题。当饱和介质中存在不透水界面时，该界面应满足边界条件，使孔隙水在此界面法线方向上与土骨架的相对位移为 0。例如，当场地第 j 界面（即第 j 层顶面）是不透水界面时，应将式（7-30）中第 $3j$ 行和第 $3j$ 列元素，除对角线元素置为 1 外，其余全部置为 0，以保证孔隙水在此界面上与土骨架的竖向相对位移 w_{zj} 为 0，即孔隙水不能透过界面。

3. 斜线荷载

如图 7-2 所示，设饱和层状半空间第 j 层作用斜线分布的水平荷载 p_j、竖向荷载 r_j 和孔隙水压 q_j，斜线的水平倾角为 γ，则分布荷载表达式为

$$p_j(x,z) = \delta(z - x\tan\gamma)\exp(\mathrm{i}\omega t) \tag{7-31a}$$

$$r_j(x,z) = \delta(z - x\tan\gamma)\exp(\mathrm{i}\omega t) \tag{7-31b}$$

$$q_j(x,z) = \delta(z - x\tan\gamma)\exp(\mathrm{i}\omega t) \tag{7-31c}$$

式中，δ 为狄拉克函数。按照第 3 章斜线分布荷载格林函数的式(3-55)，对式(7-31)进行傅里叶变换，可以得到波数域内的分布荷载表达式。

4. 控制运动方程

当第 j 层作用水平分布荷载 p_j 时，式（7-3）在波数域内的展开形式为

$$\begin{aligned}&-k^2(\lambda_{cj}^* + 2\mu_j^*)V_x + \mu_j^* V_{x,zz} - \mathrm{i}k(\lambda_{cj}^* + \mu_j^*)V_{z,z} - \alpha_j M_j k^2 w_x - \mathrm{i}\alpha_j M_j k w_{z,z} + p_j \\ &= -\rho_j\omega^2 V_x - \rho_{\mathrm{f}}\omega^2 w_x\end{aligned} \tag{7-32a}$$

$$-k^2\mu_j^* V_z + (\lambda_{cj}^* + 2\mu_j^*)V_{z,zz} - \mathrm{i}k(\lambda_{cj}^* + \mu_j^*)V_{x,z} - \mathrm{i}\alpha_j M_j k w_{x,z} + \alpha_j M_j w_{z,zz}$$
$$= -\rho_j\omega^2 V_z - \rho_{\mathrm{f}}\omega^2 w_z \tag{7-32b}$$

$$-\alpha_j M_j k^2 V_x - \mathrm{i}\alpha_j M_j k V_{z,z} - M_j k^2 w_x - \mathrm{i}M_j k w_{z,z} = -\rho_{\mathrm{f}}\omega^2 V_x - m_j\omega^2 w_x + \mathrm{i}b_j\omega w_x \tag{7-32c}$$

$$-\mathrm{i}\alpha_j M_j k V_{x,z} + \alpha_j M_j V_{z,zz} - \mathrm{i}M_j k w_{x,z} + M_j w_{z,zz} = -\rho_{\mathrm{f}}\omega^2 V_z - m_j\omega^2 w_z + \mathrm{i}b_j\omega w_z \tag{7-32d}$$

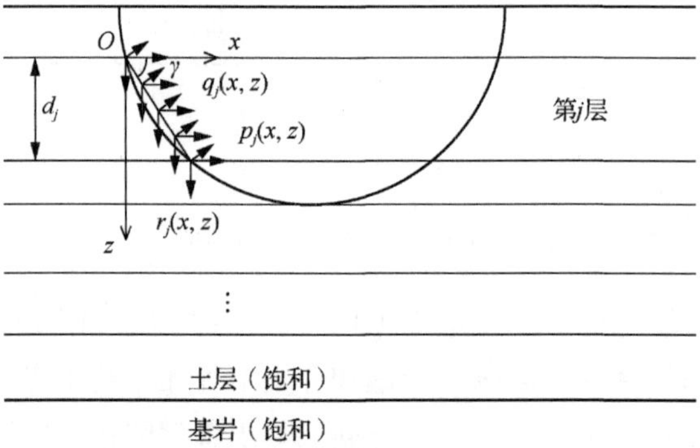

图 7-2　饱和场地斜线荷载格林函数

当该层作用竖向分布荷载 r_j 时，应将式（7-32）四个子式等号左侧的荷载项分别写成 $(0, r_j, 0, 0)$。而当该层作用孔隙水压时，由于孔隙水压的作用方向垂直于斜线，应将式（7-32）四个子式等号左侧的荷载项分别写成 $(\alpha_j q_j \sin\gamma,\ -\alpha_j q_j \cos\gamma,\ q_j \sin\gamma,\ -q_j \cos\gamma)$，并注意和土骨架相关的前两项要乘以压缩系数 α_j。

5. 结点荷载

设式（7-32）的特解为

$$V_x^{\mathrm{P}}(k,z) = \frac{a_1}{2\pi}\exp(\mathrm{i}kz\cot\gamma) \tag{7-33a}$$

$$V_z^{\mathrm{P}}(k,z) = \frac{a_2}{2\pi}\exp(\mathrm{i}kz\cot\gamma) \tag{7-33b}$$

$$w_x^{\mathrm{P}}(k,z) = \frac{a_3}{2\pi}\exp(\mathrm{i}kz\cot\gamma) \tag{7-33c}$$

$$w_z^{\mathrm{P}}(k,z) = \frac{a_4}{2\pi}\exp(\mathrm{i}kz\cot\gamma) \tag{7-33d}$$

将式（7-33）代入式（7-32），可求出特解中的 4 个未知量 a_1、a_2、a_3 和 a_4。含

这 4 个未知量的方程的具体形式请参见附录 C。然后通过 z=0 求得该层顶面位移和顶面应力的特解（$V_{x1}^{\mathrm{P}},V_{z1}^{\mathrm{P}},w_{z1}^{\mathrm{P}},\tau_{xz1}^{\mathrm{P}},\sigma_{z1}^{\mathrm{P}},P_{f1}^{\mathrm{P}}$），并通过 $z=d_j$ 求得该层底面位移和底面应力的特解（$V_{x2}^{\mathrm{P}},V_{z2}^{\mathrm{P}},w_{z2}^{\mathrm{P}},\tau_{xz2}^{\mathrm{P}},\sigma_{z2}^{\mathrm{P}},P_{f2}^{\mathrm{P}}$）。

偏微分方程（7-32）的全解必须满足零位移边界条件，因此该层顶面和底面的位移齐解是该层顶面和底面位移特解的负数值，而该层顶面和底面的应力特解可通过土层动力刚度矩阵得到

$$\begin{bmatrix} -\mathrm{i}\tau_{xz1}^{\mathrm{h}} \\ -\sigma_{z1}^{\mathrm{h}} \\ P_{f1}^{\mathrm{h}} \\ \mathrm{i}\tau_{xz2}^{\mathrm{h}} \\ \sigma_{z2}^{\mathrm{h}} \\ -P_{f2}^{\mathrm{h}} \end{bmatrix} = \boldsymbol{E}_j \begin{bmatrix} \mathrm{i}V_{x1}^{\mathrm{h}} \\ V_{z1}^{\mathrm{h}} \\ w_{z1}^{\mathrm{h}} \\ \mathrm{i}V_{x2}^{\mathrm{h}} \\ V_{z2}^{\mathrm{h}} \\ w_{z2}^{\mathrm{h}} \end{bmatrix} = -\boldsymbol{E}_j \begin{bmatrix} \mathrm{i}V_{x1}^{\mathrm{P}} \\ V_{z1}^{\mathrm{P}} \\ w_{z1}^{\mathrm{P}} \\ \mathrm{i}V_{x2}^{\mathrm{P}} \\ V_{z2}^{\mathrm{P}} \\ w_{z2}^{\mathrm{P}} \end{bmatrix} \tag{7-34}$$

因此该层顶面和底面的结点荷载 $\boldsymbol{N}_{\mathrm{L}}$ 是

$$\boldsymbol{N}_{\mathrm{L}} = \begin{bmatrix} -\mathrm{i}\tau_{xz1} \\ -\sigma_{z1} \\ P_{f1} \\ \mathrm{i}\tau_{xz2} \\ \sigma_{z2} \\ -P_{f2} \end{bmatrix} = \begin{bmatrix} -\mathrm{i}\tau_{xz1}^{\mathrm{P}} \\ -\sigma_{z1}^{\mathrm{P}} \\ P_{f1}^{\mathrm{P}} \\ \mathrm{i}\tau_{xz2}^{\mathrm{P}} \\ \sigma_{z2}^{\mathrm{P}} \\ -P_{f2}^{\mathrm{P}} \end{bmatrix} + \begin{bmatrix} -\mathrm{i}\tau_{xz1}^{\mathrm{h}} \\ -\sigma_{z1}^{\mathrm{h}} \\ P_{f1}^{\mathrm{h}} \\ \mathrm{i}\tau_{xz2}^{\mathrm{h}} \\ \sigma_{z2}^{\mathrm{h}} \\ -P_{f2}^{\mathrm{h}} \end{bmatrix} \tag{7-35}$$

6. 格林函数矩阵

通过结点荷载和场地动力刚度矩阵求解结点位移，以及通过结点位移求解任意深度的响应仍然与 3.3.2 节类似。荷载作用层（当 $j=l$ 时）的应力和位移还应额外包含特解部分和齐解部分。求解齐解部分来波和去波的 6 个幅值（$A_{\mathrm{P1}}, A_{\mathrm{P2}}, A_{\mathrm{SV}}, B_{\mathrm{P1}}, B_{\mathrm{P2}}, B_{\mathrm{SV}}$）时，应当采用的 6 个边界条件为 $V_{x1}^{\mathrm{h}}(z=0)$、$V_{z1}^{\mathrm{h}}(z=0)$、$w_{z1}^{\mathrm{h}}(z=0)$、$V_{x2}^{\mathrm{h}}(z=d_j)$、$V_{z2}^{\mathrm{h}}(z=d_j)$ 和 $w_{z2}^{\mathrm{h}}(z=d_j)$。

最后通过傅里叶变换将波数域内的计算结果变换回空间域，得到场点 $\boldsymbol{x}_l = (x_l \quad z_l)$的位移格林函数（$g_{Vx}^{lj}$，$g_{Vz}^{lj}$，$g_{wx}^{lj}$，$g_{wz}^{lj}$）和应力格林函数（$g_{\sigma x}^{lj}$，$g_{\sigma z}^{lj}$，$g_{\tau xz}^{lj}$，$g_{Pf}^{lj}$），且有

$$\boldsymbol{g}_u^{lj}(\boldsymbol{x}_l) = \begin{bmatrix} g_{Vx}^{lj}(\boldsymbol{x}_l,p_j) & g_{Vx}^{lj}(\boldsymbol{x}_l,q_j) & g_{Vx}^{lj}(\boldsymbol{x}_l,r_j) \\ g_{Vz}^{lj}(\boldsymbol{x}_l,p_j) & g_{Vz}^{lj}(\boldsymbol{x}_l,q_j) & g_{Vz}^{lj}(\boldsymbol{x}_l,r_j) \end{bmatrix} \tag{7-36a}$$

$$
\boldsymbol{g}_{\sigma}^{lj}(\boldsymbol{x}_l) = \begin{bmatrix} g_x^{lj}(\boldsymbol{x}_l,p_j) & g_x^{lj}(\boldsymbol{x}_l,q_j) & g_x^{lj}(\boldsymbol{x}_l,r_j) \\ g_z^{lj}(\boldsymbol{x}_l,p_j) & g_z^{lj}(\boldsymbol{x}_l,q_j) & g_z^{lj}(\boldsymbol{x}_l,r_j) \end{bmatrix}
$$

$$
= \begin{bmatrix} (e_x^l g_{\sigma x}^{lj} + e_z^l g_{\tau xz}^{lj})(\boldsymbol{x}_l,p_j) & (e_x^l g_{\sigma x}^{lj} + e_z^l g_{\tau xz}^{lj})(\boldsymbol{x}_l,q_j) & (e_x^l g_{\sigma x}^{lj} + e_z^l g_{\tau xz}^{lj})(\boldsymbol{x}_l,r_j) \\ (e_x^l g_{\tau xz}^{lj} + e_z^l g_{\sigma z}^{lj})(\boldsymbol{x}_l,p_j) & (e_x^l g_{\tau xz}^{lj} + e_z^l g_{\sigma z}^{lj})(\boldsymbol{x}_l,q_j) & (e_x^l g_{\tau xz}^{lj} + e_z^l g_{\sigma z}^{lj})(\boldsymbol{x}_l,r_j) \end{bmatrix}
$$

（7-36b）

Liang 等最早建立了饱和场地分布线荷载格林函数理论[15, 16]。巴振宁在博士论文中进一步考虑了土骨架压缩性的问题，并将土层动力刚度矩阵改写成为对称矩阵[22]，本章格林函数按照这种方法进行书写。

7. 奇性系数

当饱和场地作用水平和竖向线性分布荷载时，应力格林函数的奇性系数与弹性场地的情况是相同的。而当饱和场地作用孔隙水压分布荷载时，因孔隙水压的作用方向垂直于斜线，且控制运动方程（7-32）中的荷载部分为$(\alpha_j q_j \sin\gamma$, $-\alpha_j q_j \cos\gamma$, $q_j \sin\gamma$, $-q_j \cos\gamma)$，应将奇性系数写成

$$
\boldsymbol{g}_{\sigma}^{lj}(\boldsymbol{x}_l) = \begin{cases} \begin{bmatrix} g_x^{lj}(\boldsymbol{x}_l,p_j) & g_x^{lj}(\boldsymbol{x}_l,q_j) & g_x^{lj}(\boldsymbol{x}_l,r_j) \\ g_z^{lj}(\boldsymbol{x}_l,p_j) & g_z^{lj}(\boldsymbol{x}_l,q_j) & g_z^{lj}(\boldsymbol{x}_l,r_j) \\ g_{Pf}^{lj}(\boldsymbol{x}_l,p_j) & g_{Pf}^{lj}(\boldsymbol{x}_l,q_j) & g_{Pf}^{lj}(\boldsymbol{x}_l,r_j) \end{bmatrix} & l \neq j \\ \begin{bmatrix} g_x^{lj}(\boldsymbol{x}_l,p_j)+0.5\sin\gamma & g_x^{lj}(\boldsymbol{x}_l,q_j) & g_x^{lj}(\boldsymbol{x}_l,r_j)-0.5\sin\gamma(\alpha_j\sin\gamma) \\ g_z^{lj}(\boldsymbol{x}_l,p_j) & g_z^{lj}(\boldsymbol{x}_l,q_j)+0.5\sin\gamma & g_z^{lj}(\boldsymbol{x}_l,r_j)+0.5\sin\gamma(\alpha_j\cos\gamma) \\ g_{Pf}^{lj}(\boldsymbol{x}_l,p_j) & g_{Pf}^{lj}(\boldsymbol{x}_l,q_j) & g_{Pf}^{lj}(\boldsymbol{x}_l,r_j)+0.5\sin\gamma \end{bmatrix} & l = j \end{cases}
$$

（7-37）

7.2.3 自由场

设 P 波或 SV 波由基岩面入射，其谐振频率为ω且水平入射角为θ，则入射波的法矢量$[f_{x\mathrm{R}} \quad h_{x\mathrm{R}}]$为

$$f_{x\mathrm{R}} = \cos\theta \qquad 入射\ \mathrm{SV}\ 波 \tag{7-38a}$$

$$h_{x\mathrm{R}} = \cos\theta \qquad 入射\ \mathrm{P}\ 波 \tag{7-38b}$$

再根据式（7-25）确定波数及各土层中的波动法矢量。下面计算入射波激起的自由场运动。首先假想基岩面上方无覆盖土层，基岩面为自由地表面，则入射波在基岩面激起的结点荷载为

$$\begin{bmatrix} -\mathrm{i}\tau_{xz}^{\mathrm{f}} \\ -\sigma_z^{\mathrm{f}} \\ P_f^{\mathrm{f}} \end{bmatrix} = \boldsymbol{E}_{\mathrm{R}} \begin{bmatrix} \mathrm{i}V_x^{\mathrm{f}} \\ V_z^{\mathrm{f}} \\ w_z^{\mathrm{f}} \end{bmatrix} = \boldsymbol{E}_{\mathrm{R}} \left(\boldsymbol{C}_1 \begin{bmatrix} A_{\mathrm{P1}}^{\mathrm{f}} \\ 0 \\ A_{\mathrm{SV}}^{\mathrm{f}} \end{bmatrix} + \boldsymbol{C}_2 \begin{bmatrix} B_{\mathrm{P1}}^{\mathrm{f}} \\ 0 \\ B_{\mathrm{SV}}^{\mathrm{f}} \end{bmatrix} \right) = \boldsymbol{E}_{\mathrm{R}} \left(\boldsymbol{C}_1 + \boldsymbol{C}_2 \boldsymbol{C}_3 \right) \begin{bmatrix} A_{\mathrm{P1}}^{\mathrm{f}} \\ 0 \\ A_{\mathrm{SV}}^{\mathrm{f}} \end{bmatrix} \tag{7-39}$$

式中，$A_{\mathrm{P1}}^{\mathrm{f}}$为入射 P 波幅值；$A_{\mathrm{SV}}^{\mathrm{f}}$为入射 SV 波幅值；系数矩阵$\boldsymbol{C}_1$和$\boldsymbol{C}_2$中元素的具体表达方式可根据式（7-24）确定。

当基岩面Σ为透水界面时，应满足的基岩面边界条件为

$$\tau_{zx} = 0 \quad \sigma_z = 0 \quad P_f = 0 \tag{7-40}$$

则根据式（7-26a）、式（7-26c）和式（7-26d）可以确定基岩中来波幅值$[A_{\mathrm{P1}}^{\mathrm{f}} \;\; 0 \;\; A_{\mathrm{SV}}^{\mathrm{f}}]$和去波幅值$[B_{\mathrm{P1}}^{\mathrm{f}} \;\; 0 \;\; B_{\mathrm{SV}}^{\mathrm{f}}]$的关系矩阵$\boldsymbol{C}_3$。而当基岩面$\Sigma$为不透水界面时，应满足的基岩面边界条件为

$$\tau_{zx} = 0 \quad \sigma_z = 0 \quad w_z = 0 \tag{7-41}$$

则根据式（7-23d）、式（7-26c）和式（7-26d）来确定来波幅值$[A_{\mathrm{P1}}^{\mathrm{f}} \;\; 0 \;\; A_{\mathrm{SV}}^{\mathrm{f}}]$和去波幅值$[B_{\mathrm{P1}}^{\mathrm{f}} \;\; 0 \;\; B_{\mathrm{SV}}^{\mathrm{f}}]$的关系矩阵$\boldsymbol{C}_3$。

再将基岩与覆盖土层组合成原半空间，则半空间总结点荷载向量为

$$\boldsymbol{Q} = \begin{bmatrix} 0 & 0 & 0 & \cdots & 0 & -\mathrm{i}\tau_{xz}^{\mathrm{f}} & -\sigma_z^{\mathrm{f}} & P_f^{\mathrm{f}} \end{bmatrix}^{\mathrm{T}} \tag{7-42}$$

半空间结点位移仍可根据式（3-31）进行计算。由结点位移求任一场点位移和应力的过程，与格林函数计算中的第三步完全类似，只是波函数始终应包含空间因子$\exp(-\mathrm{i}kx)$。

7.3　土-结构相互作用系统

7.3.1　基础阻抗函数

将一组幅值未知的虚拟线源荷载$\boldsymbol{P} = [p_1 \;\; r_1 \;\; q_1 \;\; p_2 \;\; r_2 \;\; q_2 \;\; \cdots \;\; p_{\hat{j}} \;\; r_{\hat{j}} \;\; q_{\hat{j}} \;\; \cdots \;\; p_V \;\; r_V \;\; q_V]^{\mathrm{T}}$施加在基础边界$\Gamma$上，其中$V$是边界$\Gamma$上划分的单元数量，而$p_{\hat{j}}$、$r_{\hat{j}}$和$q_{\hat{j}}$分别为水平荷载、竖向荷载和孔隙水压（$\hat{j}$=1, 2,⋯, N）。设基础刚性位移为$\boldsymbol{u} = [u \;\; a\varphi \;\; v]^{\mathrm{T}}$，则$\Gamma$上的边界条件为

$$\boldsymbol{GP} = \boldsymbol{\Omega u} \tag{7-43}$$

式中，

$$\boldsymbol{G}=\begin{bmatrix} \boldsymbol{g}^{11}(\boldsymbol{x}_1) & \boldsymbol{g}^{12}(\boldsymbol{x}_1) & \dots & \boldsymbol{g}^{1\hat{j}}(\boldsymbol{x}_1) & \dots & \boldsymbol{g}^{1V}(\boldsymbol{x}_1) \\ \boldsymbol{g}^{21}(\boldsymbol{x}_2) & \boldsymbol{g}^{22}(\boldsymbol{x}_2) & \dots & \boldsymbol{g}^{2\hat{j}}(\boldsymbol{x}_2) & \dots & \boldsymbol{g}^{2V}(\boldsymbol{x}_2) \\ \vdots & \vdots & & \vdots & & \vdots \\ \boldsymbol{g}^{\hat{l}1}(\boldsymbol{x}_{\hat{l}}) & \boldsymbol{g}^{\hat{l}2}(\boldsymbol{x}_{\hat{l}}) & \dots & \boldsymbol{g}^{\hat{l}\hat{j}}(\boldsymbol{x}_{\hat{l}}) & \dots & \boldsymbol{g}^{\hat{l}V}(\boldsymbol{x}_{\hat{l}}) \\ \vdots & \vdots & & \vdots & & \vdots \\ \boldsymbol{g}^{V1}(\boldsymbol{x}_V) & \boldsymbol{g}^{V2}(\boldsymbol{x}_V) & \dots & \boldsymbol{g}^{V\hat{j}}(\boldsymbol{x}_N) & \cdots & \boldsymbol{g}^{VV}(\boldsymbol{x}_V) \end{bmatrix} \tag{7-44a}$$

$$\boldsymbol{\Omega}=\begin{bmatrix} \boldsymbol{\Omega}(\boldsymbol{x}_1) & \boldsymbol{\Omega}(\boldsymbol{x}_2) & \cdots & \boldsymbol{\Omega}(\boldsymbol{x}_{\hat{l}}) & \cdots & \boldsymbol{\Omega}(\boldsymbol{x}_V) \end{bmatrix}^{\mathrm{T}} \tag{7-44b}$$

1）若边界Γ为透水界面，则有

$$\boldsymbol{g}^{\hat{l}\hat{j}}(\boldsymbol{x}_{\hat{l}})=\begin{bmatrix} g_{Vx}^{\hat{l}\hat{j}}(p_{\hat{j}}) & g_{Vx}^{\hat{l}\hat{j}}(r_{\hat{j}}) & g_{Vx}^{\hat{l}\hat{j}}(q_{\hat{j}}) \\ g_{Vz}^{\hat{l}\hat{j}}(p_{\hat{j}}) & g_{Vz}^{\hat{l}\hat{j}}(r_{\hat{j}}) & g_{Vz}^{\hat{l}\hat{j}}(q_{\hat{j}}) \\ g_{Pf}^{\hat{l}\hat{j}}(p_{\hat{j}}) & g_{Pf}^{\hat{l}\hat{j}}(r_{\hat{j}}) & g_{Pf}^{\hat{l}\hat{j}}(q_{\hat{j}}) \end{bmatrix} \qquad \boldsymbol{x}_{\hat{l}}\in\Gamma^{\hat{l}} \tag{7-45a}$$

$$\boldsymbol{\Omega}(\boldsymbol{x}_{\hat{l}})=\begin{bmatrix} 1 & -z_{\hat{l}}/a & 0 \\ 0 & x_{\hat{l}}/a & 1 \\ 0 & 0 & 0 \end{bmatrix} \qquad \boldsymbol{x}_{\hat{l}}\in\Gamma^{\hat{l}} \tag{7-45b}$$

2）若边界Γ为不透水界面，则有

$$\boldsymbol{g}^{\hat{l}\hat{j}}(\boldsymbol{x}_{\hat{l}})=\begin{bmatrix} g_{Vx}^{\hat{l}\hat{j}}(p_{\hat{j}}) & g_{Vx}^{\hat{l}\hat{j}}(r_{\hat{j}}) & g_{Vx}^{\hat{l}\hat{j}}(q_{\hat{j}}) \\ g_{Vz}^{\hat{l}\hat{j}}(p_{\hat{j}}) & g_{Vz}^{\hat{l}\hat{j}}(r_{\hat{j}}) & g_{Vz}^{\hat{l}\hat{j}}(q_{\hat{j}}) \\ e_{x\hat{l}}g_{wx}^{\hat{l}\hat{j}}(p_{\hat{j}})+e_{z\hat{l}}g_{wz}^{\hat{l}\hat{j}}(p_{\hat{j}}) & e_{x\hat{l}}g_{wx}^{\hat{l}\hat{j}}(r_{\hat{j}})+e_{z\hat{l}}g_{wz}^{\hat{l}\hat{j}}(r_{\hat{j}}) & e_{x\hat{l}}g_{wx}^{\hat{l}\hat{j}}(q_{\hat{j}})+e_{z\hat{l}}g_{wz}^{\hat{l}\hat{j}}(q_{\hat{j}}) \end{bmatrix}$$

$$\boldsymbol{x}_{\hat{l}}\in\Gamma^{\hat{l}} \tag{7-46a}$$

$$\boldsymbol{\Omega}(\boldsymbol{x}_{\hat{l}})=\begin{bmatrix} 1 & -z_{\hat{l}}/a & 0 \\ 0 & x_{\hat{l}}/a & 1 \\ 0 & 0 & 0 \end{bmatrix} \qquad \boldsymbol{x}_{\hat{l}}\in\Gamma^{\hat{l}} \tag{7-46b}$$

第$\hat{l}$单元场点$\boldsymbol{x}_{\hat{l}}$的作用力由格林函数表示为

$$\boldsymbol{T}(\boldsymbol{x}_{\hat{l}})=\boldsymbol{G}_{\sigma}^{\hat{l}}(\boldsymbol{x}_{\hat{l}})\boldsymbol{P} \qquad \boldsymbol{x}_{\hat{l}}\in\Gamma^{\hat{l}} \tag{7-47}$$

式中，

$$\boldsymbol{G}_{\sigma}^{\hat{l}}(\boldsymbol{x}_{\hat{l}})=\begin{bmatrix} \boldsymbol{g}_{\sigma}^{\hat{l}1}(\boldsymbol{x}_{\hat{l}})s_{\hat{l}} & \boldsymbol{g}_{\sigma}^{\hat{l}2}(\boldsymbol{x}_{\hat{l}})s_{\hat{l}} & \dots & \boldsymbol{g}_{\sigma}^{\hat{l}\hat{j}}(\boldsymbol{x}_{\hat{l}})s_{\hat{l}} & \dots & \boldsymbol{g}_{\sigma}^{\hat{l}V}(\boldsymbol{x}_{\hat{l}})s_{\hat{l}} \end{bmatrix} \tag{7-48}$$

其中，$s_{\hat{l}}$ 为第 $\hat{l}$ 单元的弧长。由于式（7-26）中的应力已经包含了孔隙水压效应，应力格林函数矩阵不应再包含孔隙水压部分。

基础阻抗函数矩阵为

$$\boldsymbol{K}_0=\bar{\boldsymbol{\Omega}}^{\mathrm{T}}\boldsymbol{G}_{\sigma}\boldsymbol{G}_u^{-1}\boldsymbol{\Omega} \tag{7-49}$$

式中，

$$\boldsymbol{G}_u^{\hat{l}}(\boldsymbol{x}_{\hat{l}})=\left[\boldsymbol{g}_u^{\hat{l}1}(\boldsymbol{x}_{\hat{l}})\quad \boldsymbol{g}_u^{\hat{l}2}(\boldsymbol{x}_{\hat{l}})\quad \cdots\quad \boldsymbol{g}_u^{\hat{l}\hat{j}}(\boldsymbol{x}_{\hat{l}})\quad \cdots\quad \boldsymbol{g}_u^{\hat{l}V}(\boldsymbol{x}_{\hat{l}})\right] \tag{7-50}$$

且

$$\bar{\boldsymbol{\Omega}}(\boldsymbol{x}_{\hat{l}})=\begin{bmatrix}1 & -z_{\hat{l}}/a & 0\\ 0 & x_{\hat{l}}/a & 1\end{bmatrix} \tag{7-51}$$

二维饱和场地的基础阻抗函数矩阵仍为 3×3 矩阵，即

$$\boldsymbol{K}_0=\mu_{\mathrm{L}}\begin{bmatrix}K_{\mathrm{HH}} & K_{\mathrm{HM}} & 0\\ K_{\mathrm{MH}} & K_{\mathrm{MM}} & 0\\ 0 & 0 & K_{\mathrm{VV}}\end{bmatrix} \tag{7-52}$$

7.3.2　系统响应

图 7-3 所示是二维饱和场地的土-结构相互作用模型，这里将基础简化成半径为 a 的刚性半圆，沿 y 方向单位长度的质量为 M_0，上部结构简化为一弹性、均匀、各向同性的剪力墙，其宽度为 W，高度为 H，沿 y 方向单位长度的质量为 M_{b}，材料剪切波速为β_{b}，泊松比为ν_{b}，阻尼系数为ξ_{b}。饱和场地仍然简化为基岩上的单一土层，设基岩面 Σ 是透水界面。

由于水平运动和竖向运动不耦合，将固端剪力墙等效动力质量矩阵[14, 23]代入式（5-2），得到

$$\begin{bmatrix}K_{\mathrm{HH}} & K_{\mathrm{HM}} & 0\\ K_{\mathrm{MH}} & K_{\mathrm{MM}} & 0\\ 0 & 0 & K_{\mathrm{VV}}\end{bmatrix}\begin{bmatrix}u_0\\ \varphi_0\\ v_0\end{bmatrix}=\omega^2\begin{bmatrix}M_0 & S_0 & 0\\ S_0 & I_0 & 0\\ 0 & 0 & M_0\end{bmatrix}\begin{bmatrix}u\\ \varphi\\ v\end{bmatrix}$$
$$+\omega^2\begin{bmatrix}\dfrac{\tan\kappa_\beta}{\kappa_\beta} & \dfrac{1}{\kappa_\beta^2}\left(\dfrac{1}{\cos\kappa_\beta}-1\right)\dfrac{H}{a} & 0\\ \dfrac{1}{\kappa_\beta^2}\left(\dfrac{1}{\cos\kappa_\beta}-1\right)\dfrac{H}{a} & \dfrac{1}{\kappa_\beta^2}\left(\dfrac{\tan\kappa_\beta}{\kappa_\beta}-1\right)\dfrac{H^2}{a^2}+\dfrac{1}{12}\left(\dfrac{W}{a}\right)^2 & 0\\ 0 & 0 & \dfrac{\tan\kappa_\alpha}{\kappa_\alpha}\end{bmatrix}\begin{bmatrix}u\\ \varphi\\ v\end{bmatrix} \tag{7-53}$$

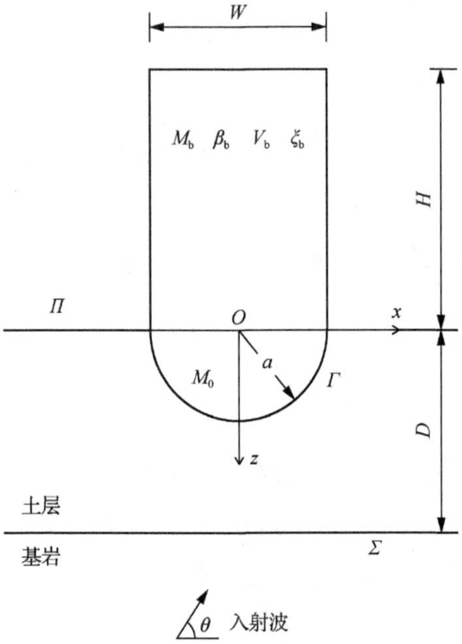

图 7-3　半圆基础-剪力墙-饱和场地模型

式中，$\kappa_\beta = \omega H/\beta_b^*$，$\beta_b^*$ 为剪力墙复数剪切波速；u、φ 和 v 分别为基础水平位移、转角和竖向位移。剪力墙顶部水平位移 u_b 和竖向位移 v_b 为[14, 23]

$$\begin{cases} u_b = u\left(\cos\kappa_\beta + \tan\kappa_\beta \sin\kappa_\beta\right) + \varphi \dfrac{\beta_b^*}{\omega\cos\kappa_\beta}\sin\kappa_\beta \\ v_b = v\left(\cos\kappa_\chi + \tan\kappa_\chi \sin\kappa_\chi\right) \end{cases} \tag{7-54}$$

式中，$\kappa_\chi = \omega H/\chi_b^*$，$\chi_b^*$ 为剪力墙复数压缩波速。

因此剪力墙顶部相对位移为

$$\begin{cases} u_{rel} = u_b - u - \varphi H \\ v_{rel} = v_b - v \end{cases} \tag{7-55}$$

当边界 Π 和 Γ 为不透水界面时，界面上任一点 $\boldsymbol{x} = [x \quad z]$ 的孔隙水压为

$$P_f(x,z) = \left[\boldsymbol{g}_{Pf}^{x1} \quad \boldsymbol{g}_{Pf}^{x2} \quad \cdots \quad \boldsymbol{g}_{Pf}^{x\hat{j}} \quad \cdots \quad \boldsymbol{g}_{Pf}^{xV}\right]\boldsymbol{P} \tag{7-56}$$

式中，

$$\boldsymbol{g}_{Pf}^{x\hat{j}} = \left[g_{Pf}^{x\hat{j}}(p_{\hat{j}}) \quad g_{Pf}^{x\hat{j}}(r_{\hat{j}}) \quad g_{Pf}^{x\hat{j}}(q_{\hat{j}}) \right] \tag{7-57}$$

P 波入射产生的孔隙水压采用土骨架正应力幅值σ_0进行归一化处理，而 SV 波入射产生的孔隙水压采用土骨架剪应力幅值τ_0进行归一化处理，即

$$\sigma_0 = \frac{\omega(\lambda + 2\mu)}{\chi} A_{\mathrm{P1}}^{\mathrm{f}} \tag{7-58a}$$

$$\tau_0 = \frac{\omega\mu}{\beta} A_{\mathrm{SV}}^{\mathrm{f}} \tag{7-58b}$$

因为 SV 波垂直入射时自由场孔隙水压为 0，所以这里不采用自由场孔隙水压作为归一化因子。

7.3.3　方法验证

图 7-4 比较了弹性场地和退化为干土的饱和场地的系统动力响应。其中弹性场地参数为μ_R/μ_L=4（对应剪切波速比β_R/β_L=2），D/a=2，ρ_{gR}/ρ_{gL}=1，$\nu_R=\nu_L$=1/3，ξ_R=0.02，ξ_L=0.05。退化为干土的饱和场地的土骨架参数为μ_R/μ_L=4，D/a=2，ρ_{gR}/ρ_{gL}=1，$\nu_R=\nu_L$=1/3，ξ_R=0.02，ξ_L=0.05，且与饱和特性有关的参数为$M_R=M_L$=0，$\alpha_R=\alpha_L$=0，ρ_f=0，$b_L=b_R$=0，$n_R=n_L$，这一组参数可使饱和场地退化为干土场地。基础和剪力墙参数为M_0/M_s=1，ε=2，M_b/M_0=2，W/a=2，H/a=2，ν_b=1/3，ξ_b=0。剪力墙刚度的无量纲量定义为$\varepsilon = \beta_L H / \beta_b a$。图 7-4 表明，两种场地的计算结果达到了很好的吻合。

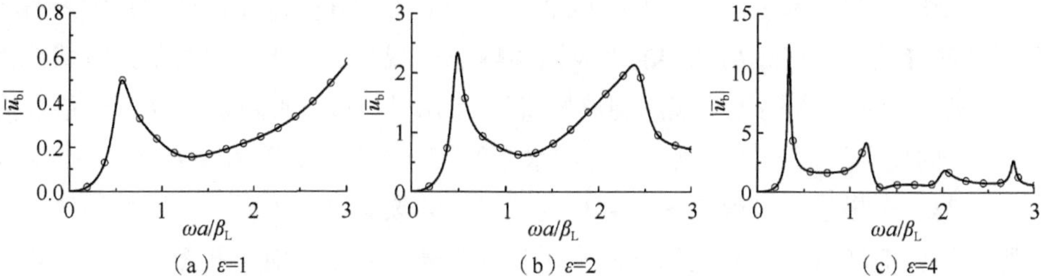

图 7-4　弹性场地（圆圈）和退化为干土的饱和场地（实线）的系统响应

7.4　孔 隙 水 压

本节仍然将层状场地简化为基岩上的单一土层，其中土层和基岩质量密度均

为$\rho_{gL}=\rho_{gR}$=2650kg/m^3，水质量密度为ρ_f=1000kg/m^3，土层剪切模量μ_L=3700MPa，土层和基岩孔隙率 $n_L=n_R$=0.3，泊松比$\nu_L=\nu_R$=1/4，土层阻尼系数ξ_L=0.05，基岩阻尼系数ξ_R=0.02，设土颗粒为球形颗粒，形状系数$\bar{\gamma}$=0.5，土骨架压缩参数$\alpha_L=\alpha_R$=0.829，流体压缩参数无量纲化为 M_L/μ_L=1.641，另外不考虑流体渗流力的影响，即 $b_L=b_R$=0。参数α_L、α_R、M_L/μ_L等的取值方法见附录 C。基岩与土层刚度比取两组值μ_R/μ_L=1, 4；土层厚度取三组值 D/a=2, 4, 8；边界Π和Γ为不透水界面。基础和剪力墙参数为 M_0/M_s=1, ε=2, M_b/M_0=2, W/a=2, H/a=2, ν_b=1/4, ξ_b=0。

图 7-5 和图 7-6 所示是在不同波路效应下，不透水界面Π和Γ的三维孔压图，两图分别对应基岩土层刚度比μ_R/μ_L=4 和μ_R/μ_L=25 的情况。其中，x 轴是土-结构相互作用模型的 x 轴（距离轴），采用基础半径进行无量纲化后的坐标范围为$|x/a|\leqslant 4$，y 轴是无量纲频率$\omega a/\beta_L$（频率轴），坐标范围$0\leqslant \omega a/\beta_L \leqslant 6$，$z$ 轴是采用式（7-58）归一化后的无量纲孔隙水压值（孔压轴）。图 7-5 和图 7-6 的组图（a）、（b）、（c）和（d）分别对应土层厚度 D/a=2, 4, 8 和∞的情况，其中 D/a=∞表示均匀半空间，每组图都考虑 4 个入射角度 θ=5°, 30°, 60°, 90° 和 2 种入射波，共 8 组波路效应。

当基岩刚度较大（μ_R/μ_L=25）时，不透水界面上的孔隙水压也较大。当土层厚度较大（D/a=4, 8）时，孔隙水压在图示频率范围内有较多的峰值。另外，孔隙水压随入射角度增加而增大，且入射角度较大时，孔压在频域内的峰值较为明显。由于模型的对称性，SV 波垂直入射时，对称轴 x/a=0 处的基底孔压值为 0。

对于以大角度入射的 SV 波（θ=60° 和 θ=90°），孔隙水压在低频范围内有一个明显的峰值，且在远离基础的地表面该峰值有减小的趋势；但对于某些情况而言，$|x/a|<4$ 的范围内还无法观测到该峰值的减小。以基岩刚度μ_R/μ_L=4 且土层厚度 $D/a=2$ 的场地为例，共振频率处孔隙水压的第一个极值出现在距离轴$|x/a|$=2.18 处，而第二个极值则出现在$|x/a|$=10 处。当 SV 波垂直入射时，不同场地情况的孔隙水压极值和$|x/a|$=10 处的孔隙水压值列于表 7-1 中。对于孔隙水压的高阶共振分量（即频率轴第二共振峰值及后面共振峰值），其值不仅沿距离轴 x/a 的衰减很快，且沿频率轴$\omega a/\beta_L$的衰减也很快，这与第一共振分量的性质有所不同。与入射 SV 波相比，入射 P 波产生的孔隙水压沿距离轴 x/a 的衰减较快，但沿频率轴$\omega a/\beta_L$的衰减反而比 SV 波入射的情况要慢。

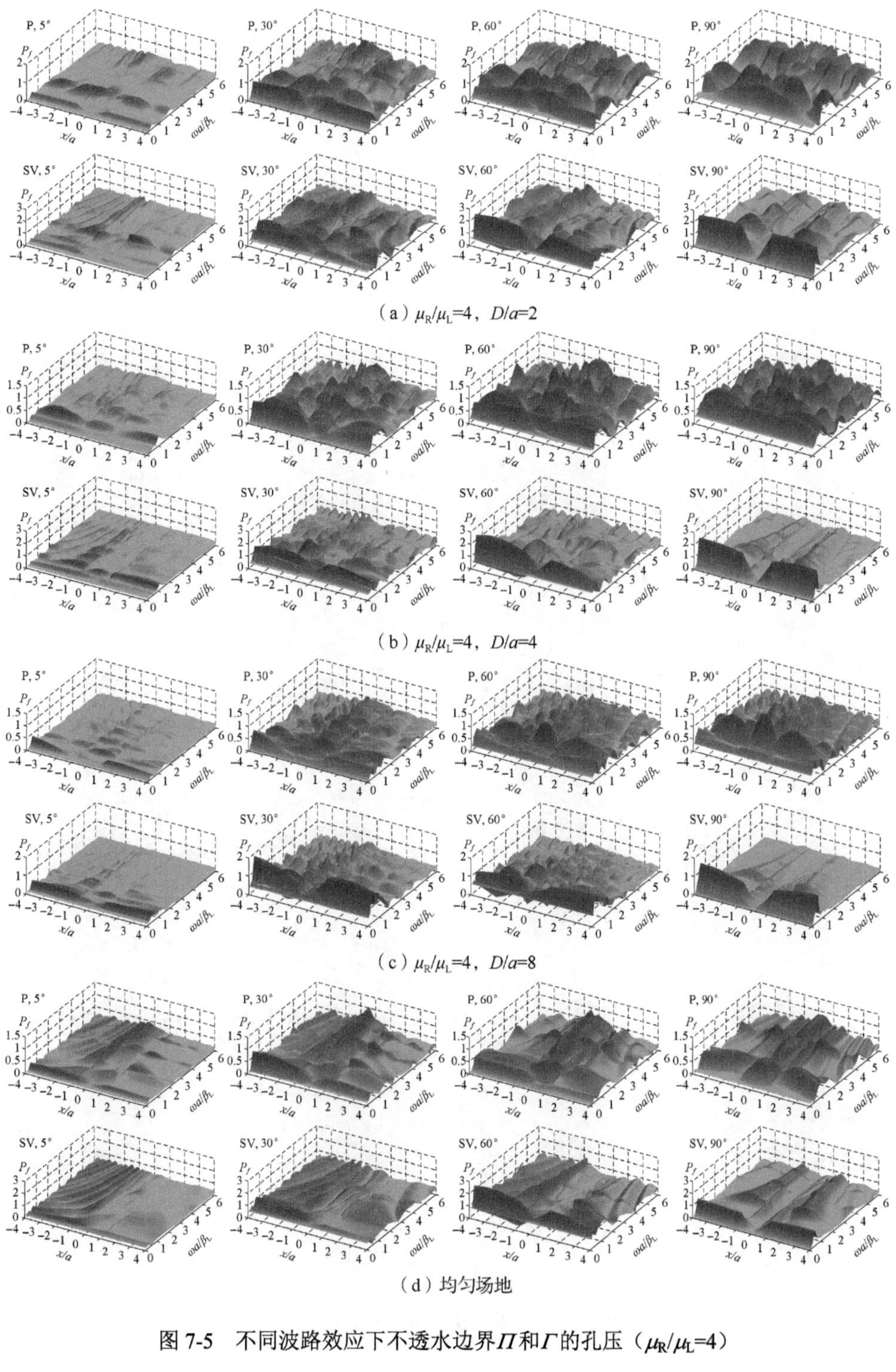

（a）μ_R/μ_L=4，D/a=2

（b）μ_R/μ_L=4，D/a=4

（c）μ_R/μ_L=4，D/a=8

（d）均匀场地

图 7-5　不同波路效应下不透水边界Π和Γ的孔压（μ_R/μ_L=4）

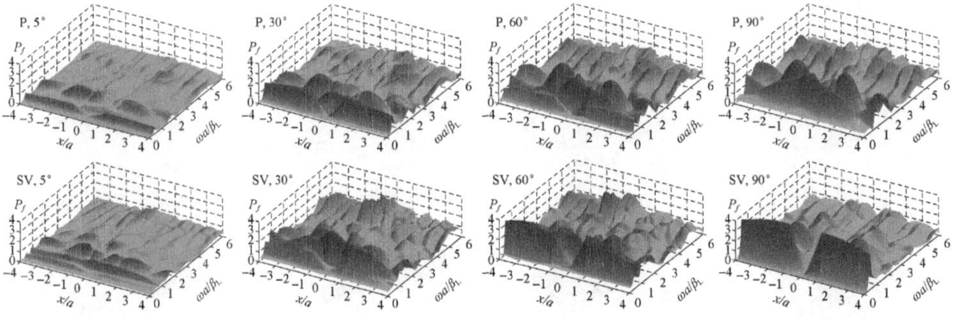

（a）μ_R/μ_L=25，D/a=2

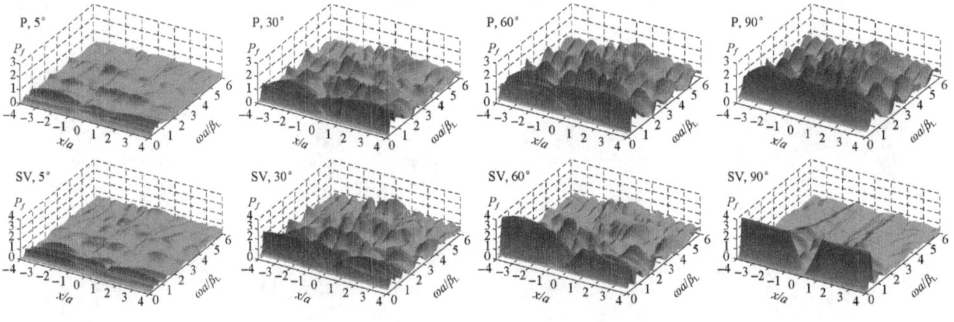

（b）μ_R/μ_L=25，D/a=4

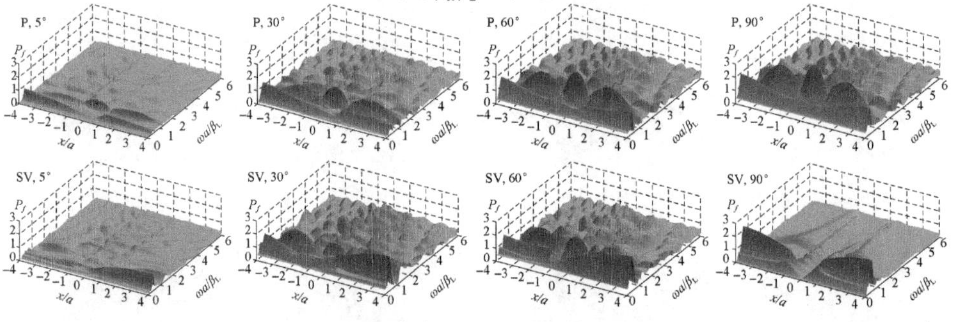

（c）μ_R/μ_L=25，D/a=8

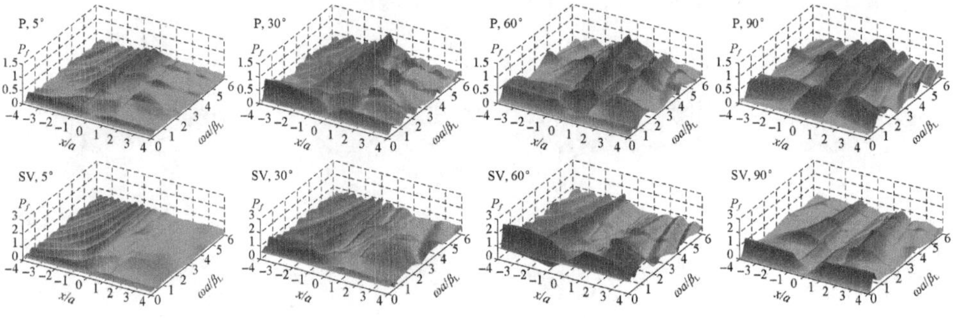

（d）均匀场地

图 7-6　不同波路效应下不透水边界Π和Γ的孔压（μ_R/μ_L=25）

表 7-1　SV 波垂直入射下第一共振频率处的孔隙水压极值和位置

场地	孔隙水压极值及位置	$\|x/a\|$=10 处孔隙水压
均匀半空间	1.237 （$\|x/a\|$=3.40）	0.712
μ_R/μ_L=4, D/a=2	2.442 （$\|x/a\|$=2.18）	1.241
μ_R/μ_L=4, D/a=4	2.256 （$\|x/a\|$=3.07）	0.898
μ_R/μ_L=4, D/a=8	1.451 （$\|x/a\|$=3.73）	0.550
μ_R/μ_L=25, D/a=2	4.581 （$\|x/a\|$=1.03）	2.696
μ_R/μ_L=25, D/a=4	3.802 （$\|x/a\|$=3.04）	1.634
μ_R/μ_L=25, D/a=8	3.802 （$\|x/a\|$=3.10）	0.689

图 7-7 阐述了层状场地中孔隙水压和系统频率的关系。每组图的上半部分是谐波垂直入射时界面Π和Γ上的三维孔隙水压，但视图角度为孔压轴和频率轴组成的坐标面的正立面，从这个角度可以将共振情况展示得更加清晰，距离轴坐标$-4\leqslant x/a\leqslant 4$ 的标识省略以节省绘图空间。对于入射 P 波，每组图下半部分的灰线是自由场孔隙水压幅值，代表了场地动力特性，而黑线是结构顶部竖向位移幅值$|v_{\rm rel}|$，代表了系统动力特性。其中将灰线幅值人为乘以一个 2π因子以使幅值适应坐标轴范围。对于入射 SV 波，每组图下半部分的黑线是结构顶部水平位移幅值$|u_{\rm rel}|$，而 SV 波垂直入射时自由场地表孔隙水压为 0，故没有标注灰线。图 7-8 与图 7-7 类似，但表现的是均匀场地中孔隙水压和系统频率的关系。两图中的所有量均为无量纲量。

对于入射 P 波，当土层厚度较大（D/a=8）时，土-结构相互作用系统的孔压共振频率完全对应自由场地表孔压共振频率，与结构动力特性基本无关。对于中等厚度的土层（D/a=4），系统的孔压共振频率大体上对应了自由场地表孔压共振频率，但在中低频段，在结构传递函数$|v_{\rm rel}|$的局部极值处孔压也出现共振趋势，尤其是当基岩相对刚度较大（μ_R/μ_L=25）时。这说明对于中等厚度土层，土-结构相互作用系统的孔压不仅与场地动力特性有关（表现为自由场孔压），还在一定程度上取决于结构动力特性。而对于厚度较小的土层（D/a=2），孔隙水压共振不仅取决于场地动力特性，还明显取决于结构动力特性。

对于入射SV波，土-结构相互作用系统的孔隙水压则完全对应系统共振频率，即传递函数$|u_{\rm rel}|$的峰值频率，而且可以观察到结构传递函数上的“涟漪”和系统孔隙水压频谱上的“涟漪”也得到了很好的对应。P 波和 SV 波入射时，不透水边界上孔隙水压的性质之所以不同，原因在于，当 P 波垂直入射时，边界Π和Γ上的孔隙水压是自由场运动和系统动力特性共同作用的结果，而当 SV 波垂直入射时，孔隙水压则只取决于系统动力特性，因为此时自由场孔隙水压为 0。另外，如图 7-8 所示，均匀场地的系统孔隙水压共振则完全取决于系统动力特性，这是因为均匀场地的自由场地表孔压在频域中无峰值，无法表现出场地动力特性。这与层状场地系统孔隙水压的特性完全不同。

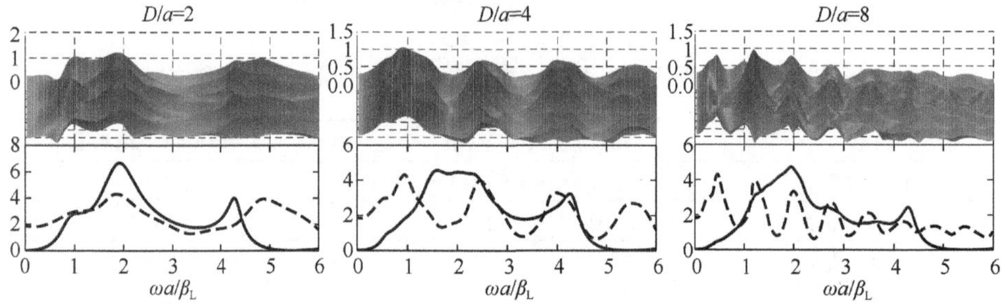

上半部分纵轴变量为基底孔压P_f；下半部分纵轴变量为自由场地表孔压与系统响应。

（a）P波（μ_R/μ_L=4）

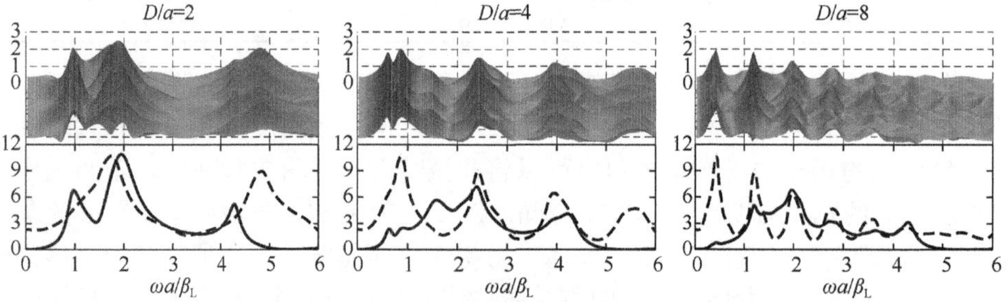

上半部分纵轴变量为基底孔压P_f；下半部分纵轴变量为自由场地表孔压与系统响应。

（b）P波（μ_R/μ_L=25）

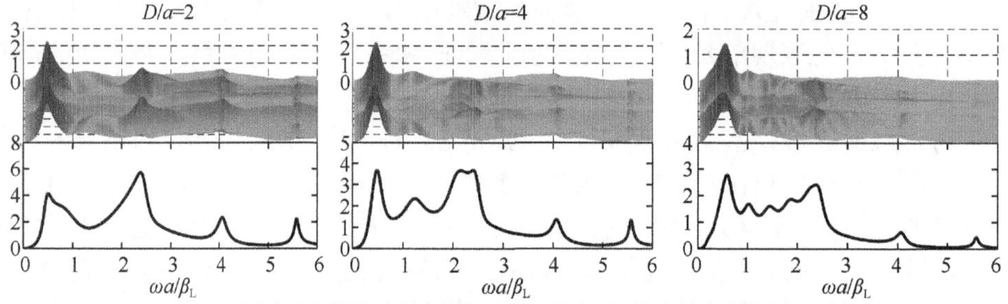

上半部分纵轴变量为基底孔压P_f；下半部分纵轴变量为系统响应。

（c）SV波（μ_R/μ_L=4）

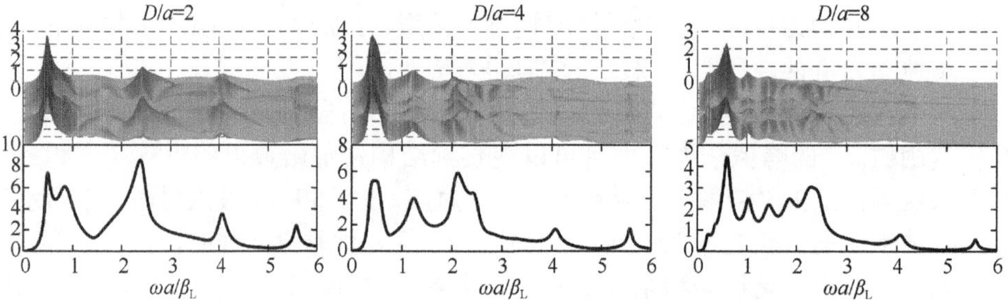

上半部分纵轴变量为基底孔压P_f；下半部分纵轴变量为系统响应。

（d）SV波（μ_R/μ_L=25）

——$|v_{rel}|$；-----自由场孔隙水压

图 7-7　层状场地的孔隙水压、场地频率和系统频率的关系

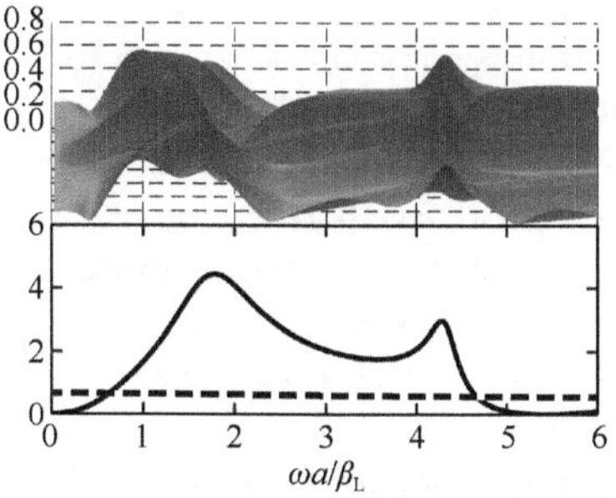

上半部分纵轴变量为基底孔压；下半部分纵轴变量为自由场地表孔压与系统响应。

（a）P波

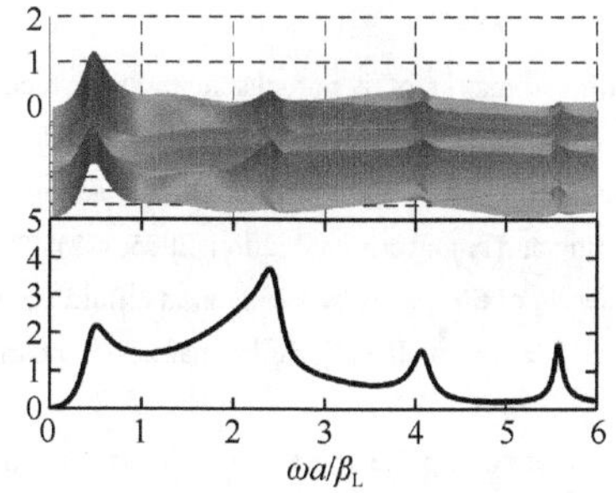

上半部分纵轴变量为基底孔压；下半部分纵轴变量为系统响应。

（b）SV波

—— $|v_{rel}|$　- - - - -自由场孔隙水压

图 7-8　均匀场地的孔隙水压、场地频率和系统频率的关系

参 考 文 献

[1] BIOT M A. Theory of propagation of elastic waves in a fluid-saturated porous solid (I): low frequency range[J]. Journal of the acoustical society of America, 1956, 28(2): 168-178.

[2] BIOT M A. Mechanics of deformation and acoustic propagation in porous media[J]. Journal of applied physics, 1962, 33(4): 1482-1498.

[3] BIOT M A, WILLIS D G. The elastic coefficients of the theory of consolidation[J]. Journal of applied mechanics, 1957, 24: 594-601.

[4] DOMINGUEZ J. An integral formulation for dynamic poroelasticity[J]. Journal of applied mechanics, 1991, 58(2): 588-591.

[5] DOMINGUEZ J. Boundary element approach for dynamic poroelastic problems[J]. International journal for numerical methods in engineering, 1992, 35(2): 307-324.

[6] RAJAPAKSE R K N D, SENJUNTICHAI T. Dynamic response of a multi-layered poroelastic medium[J]. Earthquake engineering and structural dynamics, 1995, 24(5): 703-722.

[7] 杜修力，李立云. 饱和多孔介质近场波动分析的一种黏弹性人工边界[J]. 地球物理学报，2008，51（2）：575-581.

[8] BOUGACHA S, ROESSET J M, TASSOULAS J L. Dynamic stiffness of foundation on fluid filled poroelastic

stratum[J]. Journal of engineering mechanics, 1993, 119(8): 1649-1662.
[9] PHILIPPACOPOULOS A J. Axisymmetric vibration of disk resting on saturated layered half-space[J]. Journal of engineering mechanics, 1989, 115(10): 2301-2322.
[10] JAPON B R, GALLEGO R, DOMINGUEZ J. Dynamic stiffness of foundations on saturated poroelastic soils[J]. Journal of engineering mechanics, 1997, 123(11): 1121-1129.
[11] SENJUNTICHAI T, MANI S, RAJAPAKSE R K N D. Vertical vibration of an embedded rigid foundation in a poroelastic soil[J]. Soil dynamics and earthquake engineering, 2006, 26(6-7): 626-636.
[12] WANG P, CAI Y Q, XU C J, et al. Rocking vibrations of a rigid circular foundation on poroelastic half-space to elastic waves[J]. Soil dynamics and earthquake engineering, 2011, 31(4): 708-715.
[13] 陈少林，赵宇昕. 一种三维饱和土-基础-结构动力相互作用分析方法[J]. 力学学报，2016，48（6）：1362-1370.
[14] TODOROVSKA M I, ALRJOUB Y. Environmental effects on measured structural frequencies – model prediction of short-term shift during heavy rainfall and comparison with full-scale observations[J]. Structural control and health monitoring, 2009, 16(4): 406-424.
[15] LIANG J, YOU H. Dynamic stiffness matrix of a poroelastic multi-layered site and its Green's functions[J]. Earthquake engineering and engineering vibration, 2004, 3(2): 273-282.
[16] LIANG J, YOU H. Green's functions for uniformly distributed loads acting on an inclined line in a poroelastic layered site[J]. Earthquake engineering and engineering vibration, 2005, 4(2): 233-241.
[17] LIANG J, YOU H, LEE V W. Scattering of SV waves by a canyon in a fluid-saturated, poroelastic layered half-space, modeled using the indirect boundary element method[J]. Soil dynamics and earthquake engineering, 2006, 26(6-7): 611-625.
[18] LIANG J, FU J, TODOROVSKA M I, et al. In-plane soil-structure interaction in layered, fluid-saturated, poroelastic half-space I: structural response[J]. Soil dynamics and earthquake engineering, 2016, 81: 84-111.
[19] LIANG J, FU J, TODOROVSKA M I, et al. In-plane soil-structure interaction in layered, fluid-saturated, poroelastic half-space Ⅱ: pore pressure and volumetric strain[J]. Soil dynamics and earthquake engineering, 2017, 92: 585-595.
[20] BERRYMAN J G. Confirmation of Biot's theory[J]. Applied physics letters, 1980, 37(4): 382-438.
[21] LIN C H, LEE V W, TRIFUNAC M D. The reflection of plane waves in a poroelastic half-space saturated with inviscid fluid[J]. Soil dynamics and earthquake engineering, 2005, 25(3): 205-223.
[22] 巴振宁. 层状半空间动力格林函数和局部场地对弹性波的散射[D]. 天津：天津大学，2005.
[23] Todorovska M I. Effects of the wave passage and the embedment depth for in-plane building-soil interaction[J]. Soil dynamics and earthquake engineering, 1993, 12(6): 343-355.

附录 A　张量和主值积分

1. 指标符号和张量

（1）指标符号

一般的，可以将一组一维的 M 个变量或一组二维的 $M\times N$ 个变量记作

$$x_m \quad m=1,2,\cdots,M \tag{A-1}$$

$$a_{mn} \quad m=1,2,\cdots,M;\ \ n=1,2,\cdots,N \tag{A-2}$$

式中，下标 m 和 n 分别称为指标，采用指标的符号系统称为指标符号。

对于二维平面坐标和二维矢量等指标符号，其指标的取值范围为 $\{1, 2\}$，如 x_m 可以表示坐标分量(x_1, x_2)，u_m 可以表示位移分量(u_1, u_2)，σ_{mn} 可以表示应力分量（$\sigma_{11},\sigma_{12},\sigma_{21},\sigma_{22}$）等。此时不再每次都专门说明下标的取值范围，而是采用独立符号，即

$$x_m \quad u_m \quad \sigma_{mn} \tag{A-3}$$

来代表所有的可能取值范围。三维情况下指标的取值范围为 $\{1, 2, 3\}$，如 x_m 可以表示 3 个坐标分量，u_m 可以表示 3 个位移分量，而 σ_{mn} 可以表示 9 个应力分量。

（2）求和约定

Einstein 求和约定规定：①同一项中，如果同一指标成对出现，就表示遍历其整个取值范围并求和，此时求和符号可以省略；②这种成对出现的指标称为哑指标，表示哑指标的小写字母可以用另一对小写字母替换，无论采用哪对字母，哑指标表达的意义都是相同的，但是不能和其他指标发生混淆；③当两个求和式相乘时，两个求和式的哑指标不能使用相同的小写字母，为避免混乱，通常采用的办法是根据上一条规则，先将其中一个求和式的哑指标改换成其他小写字母。

例如，根据求和约定，可以写出诸如下面的表达式

$$\begin{aligned} & a_m x_m = c \\ \Leftrightarrow\ & a_1x_1 + a_2x_2 + a_3x_3 = c \end{aligned} \tag{A-4}$$

式中，c 为任意常数。采用指标符号和求和约定可将公式写得非常简洁。在指标符号系统中，如果在同一项中出现了 3 个同样的重复下标，或者是错误，或者是必须另加说明的特例。

（3）自由指标

在指标符号公式中，同一项中不重复的指标称为自由指标，自由指标也应遍历整个取值范围，但不求和，如

$$a_{mn}x_n = c_m \Leftrightarrow \begin{cases} a_{11}x_1 + a_{12}x_2 + a_{13}x_3 = c_1 \\ a_{21}x_1 + a_{22}x_2 + a_{23}x_3 = c_2 \\ a_{31}x_1 + a_{32}x_2 + a_{33}x_3 = c_3 \end{cases} \tag{A-5}$$

利用自由指标可将一个方程组用单个的指标符号方程来表示，同样使公式变得非常简洁。

（4）特殊的指标符号 δ_{mn}

当克罗内克符号 δ_{mn} 和其他指标符号相乘，形成一对哑指标时，它的作用相当于将指标置换，如

$$\delta_{mn}a_n = a_m \qquad \delta_{mn}a_{nk} = a_{mk} \qquad \delta_{mn}\delta_{nk} = \delta_{mk} \tag{A-6}$$

（5）矢量和张量

本书中的矢量采用粗体字母表示，而张量是矢量的推广。在三维坐标系下二阶张量 $\boldsymbol{T}$ 共含有 9 个元素，其展开形式为

$$\boldsymbol{T} = \begin{bmatrix} T_{11} & T_{12} & T_{13} \\ T_{21} & T_{22} & T_{23} \\ T_{31} & T_{32} & T_{33} \end{bmatrix} \tag{A-7}$$

为了方便，一个二阶张量也可以用指标符号的形式记作 T_{mn}。弹性力学中的位移、应力、应变等量都可以表示成为张量的形式。张量存在阶数，零阶张量即标量，一阶张量是矢量，二阶张量则构成矩阵。

（6）张量的微分

如果标量场函数 $\psi(\boldsymbol{x})$ 和矢量场函数 $\boldsymbol{u}(\boldsymbol{x})$ 都是连续可导的函数，则存在以下几种基本的场微分运算。

1）标量场的梯度

$$\nabla\psi = e_1\frac{\partial\psi}{\partial x_1} + e_2\frac{\partial\psi}{\partial x_2} + e_3\frac{\partial\psi}{\partial x_3}，\quad 指标符号表示为 \nabla\psi = e_m\frac{\partial\psi}{\partial x_m} \tag{A-8}$$

2）矢量场的散度

$$\nabla\cdot\boldsymbol{u} = \frac{\partial u_1}{\partial x_1} + \frac{\partial u_2}{\partial x_2} + \frac{\partial u_3}{\partial x_3}，\quad 指标符号表示为 \nabla\cdot\boldsymbol{u} = u_{m,m} \tag{A-9}$$

3）标量场的拉普拉斯算子

$$\nabla^2\psi = \frac{\partial^2\psi}{\partial x_1^2} + \frac{\partial^2\psi}{\partial x_2^2} + \frac{\partial^2\psi}{\partial x_3^2},\qquad 指标符号表示为\nabla^2\psi = \psi_{,mm} \tag{A-10}$$

式中，e_m 为笛卡尔坐标系的单位基矢量，m=1, 2, 3。

2. 主值积分

设 Ω 是平面 x_1Ox_2 上的某区域，$f(\boldsymbol{x})$ 是定义在 Ω 上的函数，但其定义域不包含域内奇点 $\boldsymbol{\xi}$。$\Delta\Omega$ 是以奇点 $\boldsymbol{\xi}$ 为圆心，以 ε 为半径的圆域。若下列极限存在

$$I = \lim_{\varepsilon\to 0}\int_{\Omega-\Delta\Omega} f(\boldsymbol{x})\,\mathrm{d}\Omega \tag{A-11}$$

则将其记为

$$I = \mathrm{P}\cdot\mathrm{V}\cdot\int_{\Omega} f(\boldsymbol{x})\,\mathrm{d}\Omega \tag{A-12}$$

令

$$\varphi(\boldsymbol{x}) = r^2 f(\boldsymbol{x}) \tag{A-13}$$

式中，r 为从奇点 $\boldsymbol{\xi}$ 到任一点 $\boldsymbol{x}$ 的矢径长度，$r = |\boldsymbol{x}-\boldsymbol{\xi}|$，若假设 $\varphi(\boldsymbol{x})$ 在除奇点 $\boldsymbol{\xi}$ 之外的区域内连续，则有

$$I = \int_{\Omega}\frac{\varphi(\boldsymbol{x})}{r^2}\,\mathrm{d}\Gamma \tag{A-14}$$

将式（A-14）所表示的积分做以下分类。

1）若其在 Riemann 意义下可积，则称该积分是非奇异的，显然积分为非奇异的必要条件是被积函数有界。

2）若条件 1）不成立，但是通常意义下的广义积分存在，则称该积分是弱奇性的。对非奇异积分或弱奇性积分，必有

$$\lim_{\boldsymbol{x}\to\boldsymbol{\xi}}\varphi(\boldsymbol{x}) = 0 \tag{A-15}$$

和

$$\lim_{\varepsilon\to 0}\int_{\Omega-\Delta\Omega}\frac{\varphi(\boldsymbol{x})}{r^2}\,\mathrm{d}\Gamma = \int_{\Omega}\frac{\varphi(\boldsymbol{x})}{r^2}\,\mathrm{d}\Gamma \tag{A-16}$$

3）若以上两条均不成立，但极限 I 仍然存在，则称该积分是强奇性的，将这种强奇性积分称为 Cauchy 主值积分。Cauchy 主值积分的过程通常都会产生不为 0 的奇性系数，边界元法的强奇性积分一般是这一类型的主值积分。

附录 B　动力刚度矩阵

1. 土层动力刚度矩阵

在式（3-21）中，

$$\boldsymbol{E}_1=\begin{bmatrix} h_{xj} & h_{xj} & -\dfrac{m_{xj}m_{zj}}{\sqrt{m_{xj}^2+m_{yj}^2}} & \dfrac{m_{xj}m_{zj}}{\sqrt{m_{xj}^2+m_{yj}^2}} & -\dfrac{m_{yj}}{\sqrt{m_{xj}^2+m_{yj}^2}} & -\dfrac{m_{yj}}{\sqrt{m_{xj}^2+m_{yj}^2}} \\ h_{yj} & h_{yj} & -\dfrac{m_{yj}m_{zj}}{\sqrt{m_{xj}^2+m_{yj}^2}} & \dfrac{m_{yj}m_{zj}}{\sqrt{m_{xj}^2+m_{yj}^2}} & \dfrac{m_{xj}}{\sqrt{m_{xj}^2+m_{yj}^2}} & \dfrac{m_{yj}}{\sqrt{m_{xj}^2+m_{yj}^2}} \\ \mathrm{i}h_{zj} & -\mathrm{i}h_{zj} & -\mathrm{i}\sqrt{m_{xj}^2+m_{yj}^2} & -\mathrm{i}\sqrt{m_{xj}^2+m_{yj}^2} & 0 & 0 \\ h_{xj}R_1 & h_{xj}R_2 & -\dfrac{m_{xj}m_{zj}}{\sqrt{m_{xj}^2+m_{yj}^2}}R_3 & \dfrac{m_{xj}m_{zj}}{\sqrt{m_{xj}^2+m_{yj}^2}}R_4 & -\dfrac{m_{yj}}{\sqrt{m_{xj}^2+m_{yj}^2}}R_3 & -\dfrac{m_{yj}}{\sqrt{m_{xj}^2+m_{yj}^2}}R_4 \\ h_{yj}R_1 & h_{yj}R_2 & -\dfrac{m_{yj}m_{zj}}{\sqrt{m_{xn}^2+m_{yn}^2}}R_3 & \dfrac{m_{yj}m_{zj}}{\sqrt{m_{xj}^2+m_{yj}^2}}R_4 & \dfrac{m_{x}}{\sqrt{m_{xj}^2+m_{yj}^2}}R_3 & \dfrac{m_{xj}}{\sqrt{m_{xj}^2+m_{yj}^2}}R_4 \\ \mathrm{i}h_{zj}R_1 & -\mathrm{i}h_{zj}R_2 & -\mathrm{i}\sqrt{m_{xj}^2+m_{yj}^2}R_3 & -\mathrm{i}\sqrt{m_{xj}^2+m_{yj}^2}R_4 & 0 & 0 \end{bmatrix}$$

（B-1）

式中，$R_1=\exp(\mathrm{i}k_{z\mathrm{P}}d_j)$；$R_2=\exp(-\mathrm{i}k_{z\mathrm{P}}d_j)$；$R_3=\exp(\mathrm{i}k_{z\mathrm{S}}d_j)$；$R_4=\exp(-\mathrm{i}k_{z\mathrm{S}}d_j)$。

$$\boldsymbol{E}_2=\begin{bmatrix} S_{11} & -S_{11} & S_{13} & S_{13} & S_{15} & -S_{15} \\ S_{21} & -S_{21} & S_{23} & S_{23} & S_{25} & -S_{25} \\ S_{31} & S_{31} & S_{33} & -S_{33} & S_{35} & S_{35} \\ -S_{11}R_1 & S_{11}R_2 & -S_{13}R_3 & -S_{13}R_4 & -S_{15}R_3 & S_{15}R_4 \\ -S_{21}R_1 & S_{21}R_2 & -S_{23}R_3 & -S_{23}R_4 & -S_{25}R_3 & S_{25}R_4 \\ -S_{31}R_1 & -S_{31}R_2 & -S_{33}R_3 & S_{33}R_4 & -S_{35}R_3 & -S_{35}R_4 \end{bmatrix} \qquad \text{(B-2)}$$

式中，

$$S_{11}=-\mathrm{i}\mu_j^*(h_{xj}k_{z\mathrm{P}}+h_{zj}k_x)$$

$$S_{13}=\mathrm{i}\mu_j^*\left(\frac{m_{xj}m_{zj}k_{z\mathrm{S}}}{\sqrt{m_{xj}^2+m_{yj}^2}}-\sqrt{m_{xj}^2+m_{yj}^2}k_x\right)$$

$$S_{15}=\frac{\mathrm{i}\mu_j^* m_{yj}k_{z\mathrm{S}}}{\sqrt{m_{xj}^2+m_{yj}^2}}$$

$$S_{21}=-\mathrm{i}\mu_j^*(h_{yj}k_{z\mathrm{P}}+h_{zj}k_y)$$

$$S_{23}=\mathrm{i}\mu_j^*\left(\frac{m_{yj}m_{zj}k_{z\mathrm{S}}}{\sqrt{m_{xj}^2+m_{yj}^2}}-\sqrt{m_{xj}^2+m_{yj}^2}k_y\right)$$

$$S_{25}=\frac{-\mathrm{i}\mu_j^* m_{xj}k_{z\mathrm{S}}}{\sqrt{m_{xj}^2+m_{yj}^2}}$$

$$S_{31}=-\lambda_j^*(h_{xj}k_x+h_{yj}k_y)-(\lambda_j^*+2\mu_j^*)h_{zj}k_{z\mathrm{P}}$$

$$S_{33}=\frac{\lambda_j^* m_{zj}(m_{xj}k_x+m_{yj}k_y)}{\sqrt{m_{xj}^2+m_{yj}^2}}-(\lambda_j^*+2\mu_j^*)\sqrt{m_{xj}^2+m_{yj}^2}k_{z\mathrm{S}}$$

$$S_{35}=\lambda_j^*\left(\frac{m_{yj}k_x}{\sqrt{m_{xj}^2+m_{yj}^2}}-\frac{m_{xj}k_y}{\sqrt{m_{xj}^2+m_{yj}^2}}\right)$$

2. 半空间动力刚度矩阵

$$\boldsymbol{E}_{\mathrm{R}}=\begin{bmatrix} E_{\mathrm{R}}^{11} & E_{\mathrm{R}}^{12} & E_{\mathrm{R}}^{13} \\ E_{\mathrm{R}}^{21} & E_{\mathrm{R}}^{22} & E_{\mathrm{R}}^{23} \\ E_{\mathrm{R}}^{31} & E_{\mathrm{R}}^{32} & E_{\mathrm{R}}^{33} \end{bmatrix} \tag{B-3}$$

式中，

$$E_{\mathrm{R}}^{11}=\mathrm{i}\mu_{\mathrm{R}}^*\frac{h_{x\mathrm{R}}m_{x\mathrm{R}}k_{z\mathrm{P}}+h_{y\mathrm{R}}m_{y\mathrm{R}}k_{z\mathrm{P}}+h_{z\mathrm{R}}m_{z\mathrm{R}}k_{z\mathrm{S}}}{h_{x\mathrm{R}}m_{x\mathrm{R}}+h_{y\mathrm{R}}m_{y\mathrm{R}}+h_{z\mathrm{R}}m_{z\mathrm{R}}}$$

$$E_{\mathrm{R}}^{12}=\mathrm{i}\mu_{\mathrm{R}}^*\frac{(k_{z\mathrm{P}}-k_{z\mathrm{S}})h_{x\mathrm{R}}m_{y\mathrm{R}}}{h_{x\mathrm{R}}m_{x\mathrm{R}}+h_{y\mathrm{R}}m_{y\mathrm{R}}+h_{z\mathrm{R}}m_{z\mathrm{R}}}$$

$$E_{\mathrm{R}}^{13}=\mathrm{i}\mu_{\mathrm{R}}^*\frac{(h_{x\mathrm{R}}m_{x\mathrm{R}}+h_{y\mathrm{R}}m_{y\mathrm{R}}+l_{z\mathrm{R}}m_{z\mathrm{R}})k_x+h_{x\mathrm{R}}m_{z\mathrm{R}}(k_{z\mathrm{P}}-k_{z\mathrm{S}})}{h_{x\mathrm{R}}m_{x\mathrm{R}}+h_{y\mathrm{R}}m_{y\mathrm{R}}+h_{z\mathrm{R}}m_{z\mathrm{R}}}$$

$$E_{\mathrm{R}}^{22}=\mathrm{i}\mu_{\mathrm{R}}^*\frac{h_{x\mathrm{R}}m_{x\mathrm{R}}k_{z\mathrm{S}}+h_{y\mathrm{R}}m_{y\mathrm{R}}k_{z\mathrm{P}}+h_{z\mathrm{R}}m_{z\mathrm{R}}k_{z\mathrm{S}}}{h_{x\mathrm{R}}m_{x\mathrm{R}}+h_{y\mathrm{R}}m_{y\mathrm{R}}+h_{z\mathrm{R}}m_{z\mathrm{R}}}$$

$$E_{\mathrm{R}}^{23}=\mathrm{i}\mu_{\mathrm{R}}^*\frac{(h_{x\mathrm{R}}m_{x\mathrm{R}}+h_{y\mathrm{R}}m_{y\mathrm{R}}+l_{z\mathrm{R}}m_{z\mathrm{R}})k_y+h_{y\mathrm{R}}m_{z\mathrm{R}}(k_{z\mathrm{P}}-k_{z\mathrm{S}})}{h_{x\mathrm{R}}m_{x\mathrm{R}}+h_{y\mathrm{R}}m_{y\mathrm{R}}+h_{z\mathrm{R}}m_{z\mathrm{R}}}$$

$$E_{\mathrm{R}}^{33}=\mathrm{i}(\mu_{\mathrm{R}}^{*}+2\lambda_{\mathrm{R}}^{*})\frac{(h_{x\mathrm{R}}m_{x\mathrm{R}}+h_{y\mathrm{R}}m_{y\mathrm{R}})k_{z\mathrm{S}}+h_{z\mathrm{R}}m_{z\mathrm{R}}k_{z\mathrm{P}}}{h_{x\mathrm{R}}m_{x\mathrm{R}}+h_{y\mathrm{R}}m_{y\mathrm{R}}+h_{z\mathrm{R}}m_{z\mathrm{R}}}$$

当$\alpha\to\infty$，$\beta\to\infty$时，矩阵（B-3）中的各元素都是$0/0$型不定式，其极限为

$$\begin{cases}E_{\mathrm{R}}^{11}=\dfrac{\mu_{\mathrm{R}}^{*}k_x^2}{(3-4\nu_{\mathrm{R}})\sqrt{k_x^2+k_y^2}}+\mathrm{i}\mu_{\mathrm{R}}^{*}k_{z\mathrm{S}}\\ E_{\mathrm{R}}^{12}=\dfrac{\mu_{\mathrm{R}}^{*}k_xk_y}{(3-4\nu_{\mathrm{R}})\sqrt{k_x^2+k_y^2}}\\ E_{\mathrm{R}}^{13}=\mu_{\mathrm{R}}^{*}k_x\dfrac{2-4\nu_{\mathrm{R}}}{3-4\nu_{\mathrm{R}}}\\ E_{\mathrm{R}}^{22}=\dfrac{\mu_{\mathrm{R}}^{*}k_y^2}{(3-4\nu_{\mathrm{R}})\sqrt{k_x^2+k_y^2}}+\mathrm{i}\mu_{\mathrm{R}}^{*}k_{z\mathrm{S}}\\ E_{\mathrm{R}}^{23}=\mu_{\mathrm{R}}^{*}k_y\dfrac{2-4\nu_{\mathrm{R}}}{3-4\nu_{\mathrm{R}}}\\ E_{\mathrm{R}}^{33}=-\dfrac{(\lambda_{\mathrm{R}}^{*}+2\mu_{\mathrm{R}}^{*})\sqrt{k_x^2+k_y^2}}{3-4\nu_{\mathrm{R}}}+\mathrm{i}(\lambda_{\mathrm{R}}^{*}+2\mu_{\mathrm{R}}^{*})k_{z\mathrm{S}}\end{cases}\tag{B-4}$$

附录C　饱和场地动力刚度矩阵

1. 土层动力刚度矩阵

土层动力刚度矩阵为

$$\boldsymbol{E}_j = \boldsymbol{E}_1 \boldsymbol{E}_2^{-1}$$

对于饱和场地，

$$\boldsymbol{E}_1 = \begin{bmatrix} \mathrm{i}h_1 & \mathrm{i}h_1 & \mathrm{i}h_2 & \mathrm{i}h_2 & -\mathrm{i}ft & \mathrm{i}ft \\ -h_1 s_1 & h_1 s_1 & -h_2 s_2 & h_2 s_2 & -f & -f \\ -h_1 s_1 D_1 & h_1 s_1 D_1 & -h_2 s_2 D_2 & h_2 s_2 D_2 & -fD_3 & -fD_3 \\ \mathrm{i}h_1 Q_1 & \mathrm{i}h_1 Q_2 & \mathrm{i}h_2 Q_3 & \mathrm{i}h_2 Q_4 & -\mathrm{i}ftQ_5 & \mathrm{i}ftQ_6 \\ -h_1 s_1 Q_1 & h_1 s_1 Q_2 & -h_2 s_2 Q_3 & h_2 s_2 Q_4 & -fQ_5 & -fQ_6 \\ -h_1 s_1 D_1 Q_1 & h_1 s_1 D_1 Q_2 & -h_2 s_2 D_2 Q_3 & h_2 s_2 D_2 Q_4 & -fD_3 Q_5 & -fD_3 Q_6 \end{bmatrix}$$

$$\boldsymbol{E}_2 = k \begin{bmatrix} 2\mu^* h_1 s_1 & -2\mu^* h_1 s_1 & 2\mu^* h_2 s_2 & -2\mu^* h_2 s_2 & -\mu^* f(1-t^2) & \mu^* f(1-t^2) \\ -\mathrm{i}h_1 \varpi_1 & -\mathrm{i}h_1 \varpi_1 & -\mathrm{i}h_2 \varpi_2 & -\mathrm{i}h_2 \varpi_2 & 2\mathrm{i}\mu^* ft & -2\mathrm{i}\mu^* ft \\ \mathrm{i}h_1 \eta_1 & \mathrm{i}h_1 \eta_1 & \mathrm{i}h_2 \eta_2 & \mathrm{i}h_2 \eta_2 & 0 & 0 \\ -2\mu^* h_1 s_1 Q_1 & 2\mu^* h_1 s_1 Q_2 & -2\mu^* h_2 s_2 Q_3 & 2\mu^* h_2 s_2 Q_4 & -\mu^* f(1-t^2) Q_5 & -\mu^* f(1-t^2) Q_6 \\ \mathrm{i}h_1 \varpi_1 Q_1 & \mathrm{i}h_1 \varpi_1 Q_2 & \mathrm{i}h_2 \varpi_2 Q_3 & \mathrm{i}h_2 \varpi_2 Q_4 & -2\mathrm{i}\mu^* ftQ_5 & 2\mathrm{i}\mu^* ftQ_6 \\ -\mathrm{i}h_1 \eta_1 Q_1 & -\mathrm{i}h_1 \eta_1 Q_2 & -\mathrm{i}h_2 \eta_2 Q_3 & -\mathrm{i}h_2 \eta_2 Q_4 & 0 & 0 \end{bmatrix}$$

（C-1）

式中，

$$Q_1 = \exp(\mathrm{i}ks_1 d_j)；\ Q_2 = \exp(-\mathrm{i}ks_1 d_j)；\ Q_3 = \exp(\mathrm{i}ks_2 d_j)；\ Q_4 = \exp(-\mathrm{i}ks_2 d_j)；$$

$$Q_5 = \exp(\mathrm{i}ktd_j)；\ Q_6 = \exp(-\mathrm{i}ktd_j)；$$

$$\eta_J = (\alpha + D_J)(1+s_J^2)M；\ \varpi_J = -\lambda(1+s_J^2) - 2\mu^* s_J^2 - \alpha\eta_J，J=1, 2。$$

2. 特解未知量求解

待解未知量求解具体如下：

$$\begin{bmatrix} g_{11} & g_{12} & g_{13} & \alpha g_{14} \\ & g_{22} & \alpha g_{23} & g_{24} \\ & & g_{33} & g_{34} \\ \text{对称} & & & g_{44} \end{bmatrix} \begin{bmatrix} a_1 \\ a_2 \\ a_3 \\ a_4 \end{bmatrix} = \begin{bmatrix} -p & 0 & \alpha q \sin\gamma \\ 0 & -r & -\alpha q \cos\gamma \\ 0 & 0 & q\sin\gamma \\ 0 & 0 & -q\cos\gamma \end{bmatrix} \qquad \text{（C-2）}$$

式中，

$g_{11}=-k^2[\lambda_c^*+\mu^*(2+\cot^2\gamma)]+\rho\omega^2$；$g_{12}=k^2(\lambda_c^*+\mu^*)\cot\gamma$；$g_{13}=\rho_f\omega^2-\alpha Mk^2$；$g_{14}=Mk^2\cot\gamma$；$g_{22}=-k^2[(\lambda_c^*+2\mu^*)\cot^2\gamma+\mu^*]+\rho\omega^2$；$g_{24}=\rho_f\omega^2-\alpha Mk^2\cot^2\gamma$；$g_{33}=m\omega^2-\mathrm{i}b\omega-Mk^2$；$g_{44}=m\omega^2-\mathrm{i}b\omega-Mk^2\cot^2\gamma$；$g_{23}=g_{14}$；$g_{34}=g_{14}$。

3. 参数取值

饱和介质的两个压缩常数 α 和 M 一般无法直接测定，下面介绍一种通过体积模量来确定两个压缩常数的方法*，计算公式为

$$\mu=\frac{3(1-2\nu)}{2(1+\nu)}K_{\mathrm{dry}} \tag{C-3}$$

$$\alpha=1-\frac{K_{\mathrm{dry}}}{K_{\mathrm{g}}} \tag{C-4}$$

$$M=\frac{K_{\mathrm{g}}}{1-n-K_{\mathrm{dry}}/K_{\mathrm{g}}+nK_{\mathrm{g}}/K_{\mathrm{f}}} \tag{C-5}$$

式中，K_{dry}、K_{g} 和 K_{f} 分别为土骨架、土颗粒和流体的体积模量，而进一步可将土骨架体积模量 K_{dry} 表示为

$$K_{\mathrm{dry}}=K_{\mathrm{cr}}+\left(1-\frac{n}{n_{\mathrm{cr}}}\right)\left(K_{\mathrm{g}}-K_{\mathrm{cr}}\right) \tag{C-6}$$

式中，K_{cr} 为土骨架的临界体积模量；n_{cr} 为两相介质的临界孔隙率，当 $n<n_{\mathrm{cr}}$ 时，两相介质和固体介质在宏观上具有类似的性质，而当 $n\geqslant n_{\mathrm{cr}}$ 时，两相介质在宏观上解体，土颗粒松散分布于液相中。

在工程实践中，K_{g}、K_{f} 和 K_{cr} 是相对较为容易测得的物理量，通过式（C-3）～式（C-5）和式（C-6）可以确定饱和介质的两个压缩常数。本书采用的体积模量值如下，土层土颗粒体积模量 K_{gL} =36000MPa，土层土骨架临界体积模量 K_{crL}=200MPa，土层孔隙率和基岩孔隙率均为 $n_{\mathrm{crL}}=n_{\mathrm{crR}}=0.36$，另外有 $K_{\mathrm{gR}}/K_{\mathrm{crR}}=K_{\mathrm{gL}}/K_{\mathrm{crL}}$，水的体积模量 K_{f}=2000MPa。因此，算得土骨架压缩参数 $\alpha_{\mathrm{L}}=\alpha_{\mathrm{R}}=0.829$，土层流体压缩参数 $M_{\mathrm{L}}/\mu_{\mathrm{L}}=1.641$，当基岩刚度为 $\mu_{\mathrm{R}}/\mu_{\mathrm{L}}=1, 4, 25, \infty$ 时，基岩流体压缩参数分别对应为 $M_{\mathrm{R}}/\mu_{\mathrm{R}}=1.641, 0.440, 0.072, 0$。

---

* LIN CH, LEE V W, TRIFUNAC M D. The reflection of plane waves in a poroelastic half-space saturated with inviscid fluid[J]. Soil dynamics and earthquake engineering, 2005, 25: 205-223.

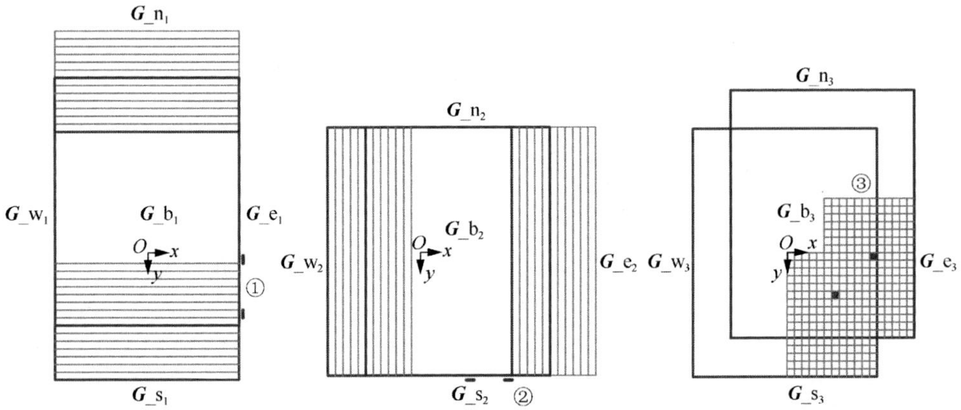

（a）区域①的阶梯对称　　（b）区域②的阶梯对称　　（c）区域③的阶梯对称

彩图 1　矩形的阶梯对称

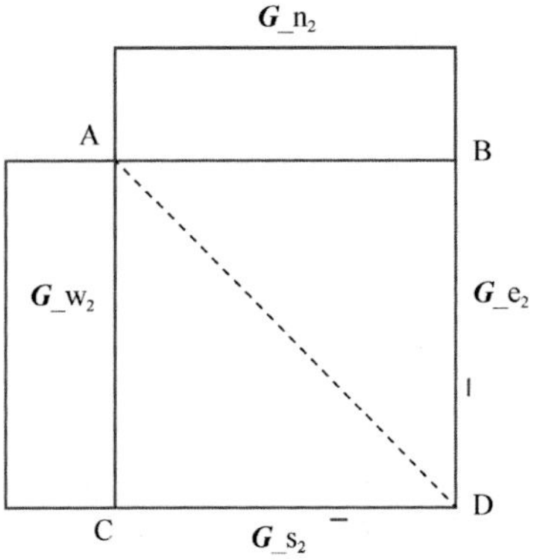

彩图 2　八分之一对称

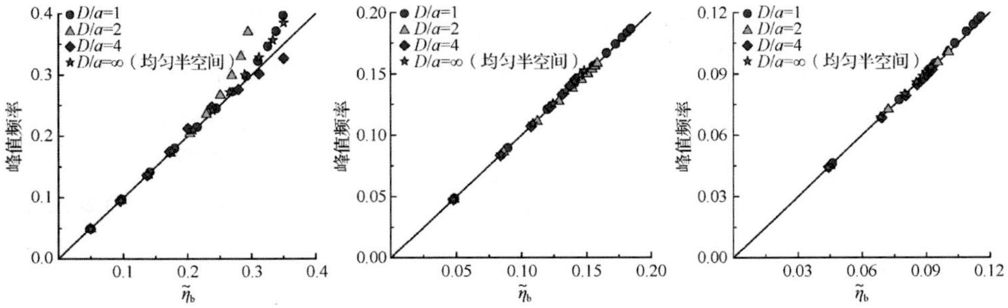

（a）H/a=1，M_b/M_0=5　　（b）H/a=2，M_b/M_0=10　　（c）H/a=3，M_b/M_0=15

彩图 3　模态分析法系统频率和传递函数峰值频率对比图

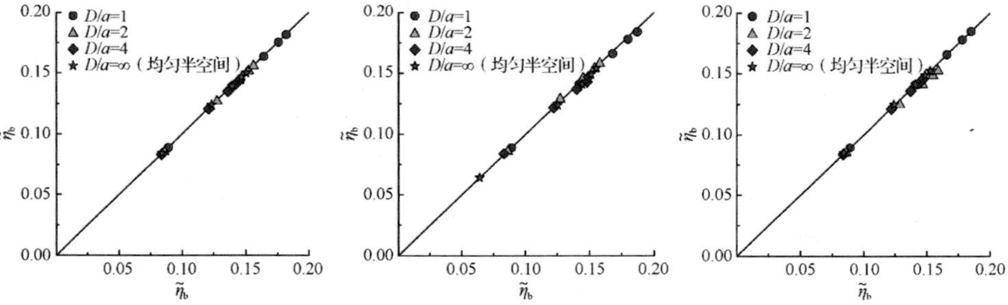

（a）M_0/M_s=0　　（b）M_0/M_s=0.2　　（c）M_0/M_s=1

H/a=2；M_b/M_0=10；β_R/β_L=2

彩图 4　系统频率计算精度与式（5-20）适用性验证

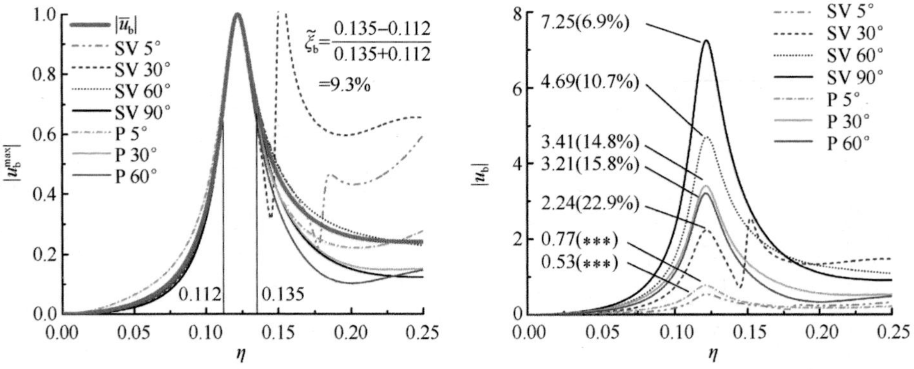

（a）半功率法　　（b）峰值法

β_R/β_L=2；D/a=4；η_b=0.2；H/a=2；M_b/M_0=10；***表示采用该方法后，此处的值无法计算

彩图 5　半功率法及峰值法计算的系统阻尼示意图

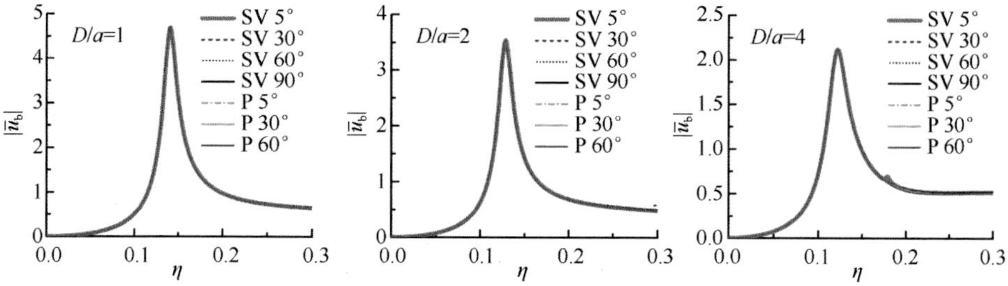

（a）$|\bar{u}_b|=|u_b/(u_*+\varphi_* H)|$

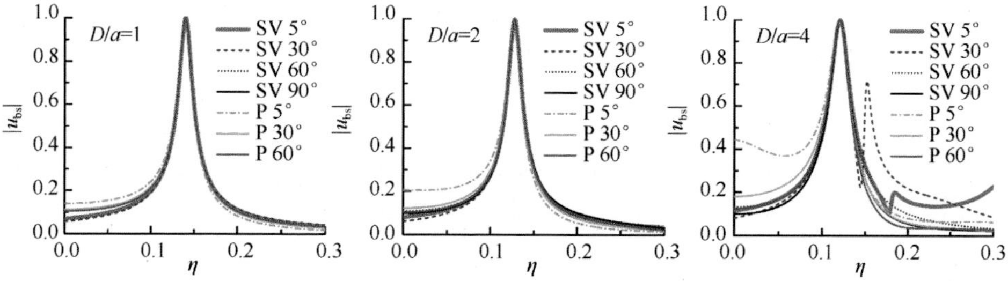

（b）$|u_{bs}|=|u_b+u+\varphi H|$

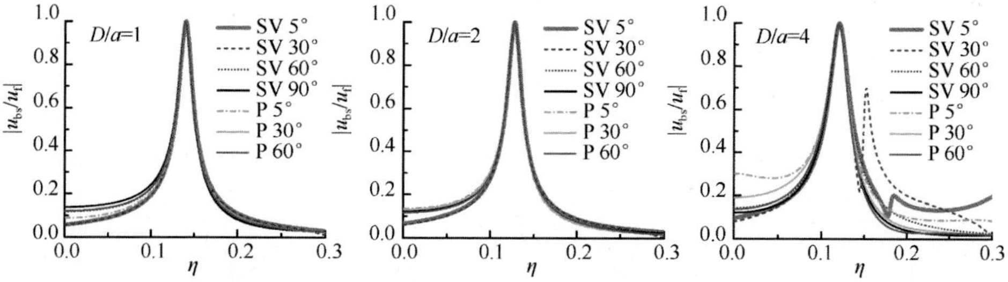

（c）$|u_{bs}/u_f|$，$u_f=\sqrt{|u_{fx}|^2+|u_{fz}|^2}$

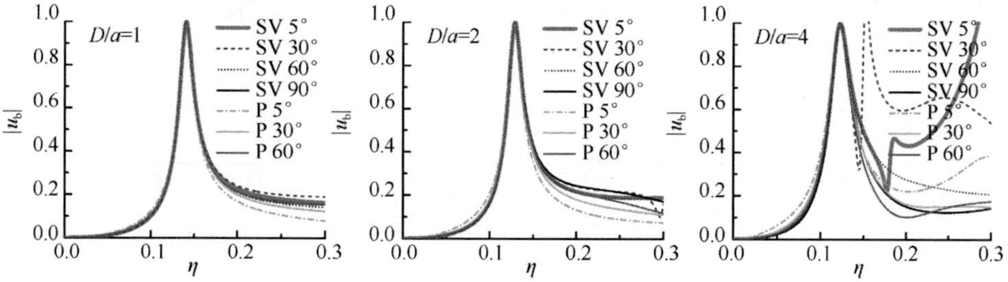

（d）$|u_b|$

$\beta_R/\beta_L=2$；$\eta_b=0.2$；$H/a=2$；$M_b/M_0=10$

彩图 6　理想归一化因子传递函数及非理想传递函数

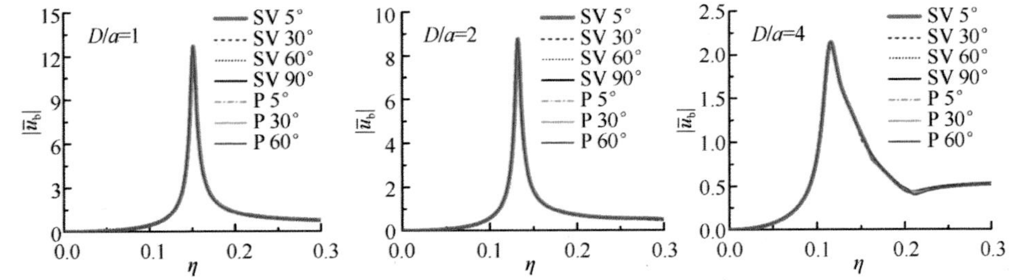

（a）$|\bar{u}_b|=|u_b/(u_*+\varphi_* H)|$

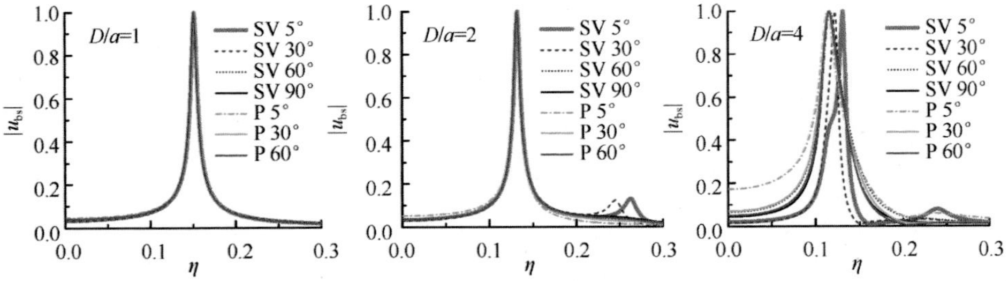

（b）$|u_{bs}|=|u_b+u+\varphi H|$

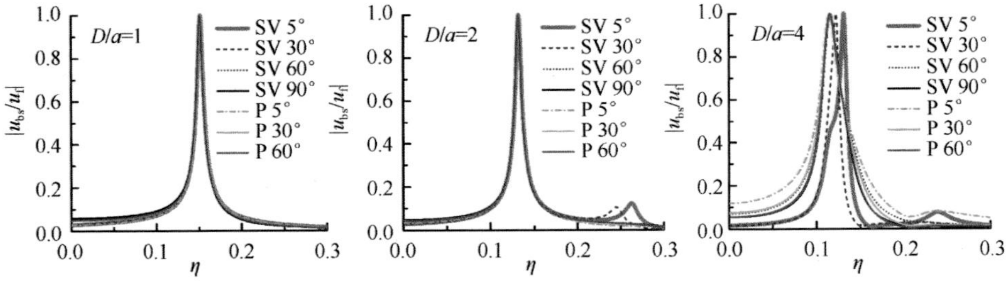

（c）$|u_{bs}/u_f|$，$u_f=\sqrt{|u_{fx}|^2+|u_{fz}|^2}$

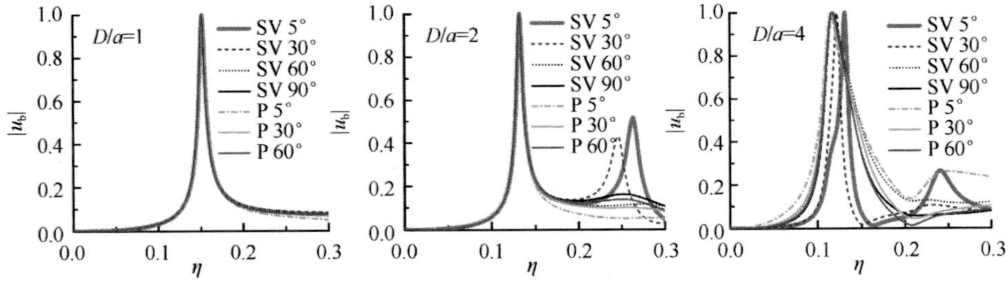

（d）$|u_b|$

$\beta_R/\beta_L=5$；$\eta_b=0.2$；$H/a=2$；$M_b/M_0=10$

彩图 7　理想归一化因子传递函数及非理想传递函数